路易斯·I·康：

秩序的理念

路易斯·I·康：

秩序的理念

[瑞士] 克劳斯－彼得·加斯特　编著
马　琴　　　　　　　　译

中国建筑工业出版社

著作权合同登记图字：01-2005-4058号

图书在版编目（CIP）数据

路易斯·I·康：秩序的理念 /（瑞士）加斯特编著；马琴译.—北京：中国建筑工业出版社，2007（2025.5重印）
ISBN 978-7-112-08866-9

Ⅰ.路... Ⅱ.①加... ②马... Ⅲ.康，L.I.—建筑艺术—艺术评论 Ⅳ.TU-867.12

中国版本图书馆CIP数据核字（2006）第153780号

Louis I. Kahn: The idea of order / Klaus-Peter Gast

Copyright © 2001 Birkhäuser Verlag AG (Verlag für Architektur), P.O. Box 133, 4010
Basel, Switzerland

Translation Copyright © 2007 China Architecture & Building Press

All rights reserved.

本书经Birkhäuser Verlag AG出版社授权我社翻译出版

责任编辑：孙书妍
责任设计：董建平
责任校对：李志立　张　虹

路易斯·I·康：秩序的理念

[瑞士] 克劳斯－彼得·加斯特　编著
　　　　马　琴　　　　　　　　译
*
中国建筑工业出版社出版、发行（北京海淀三里河路9号）
各地新华书店、建筑书店经销
北京雅盈中佳图文设计公司制版
建工社（河北）印刷有限公司印刷
*
开本：880×1230毫米　1/20　印张：10　字数：370千字
2007年6月第一版　2025年5月第十次印刷
定价：58.00元
ISBN 978-7-112-08866-9
　　　　（35529）

目 录

前 言

赫曼·H·赛斯

　　路易斯·I·康的作品在20世纪下半叶的建筑发展过程中举足轻重。从这一点上讲，他的作品可以和弗兰克·劳埃德·赖特、密斯·凡·德·罗、沃尔特·格罗皮乌斯或者是勒·柯布西耶的作品相提并论。这些建筑师的作品界定了20世纪20年代及30年代早期，也就是说1950年以后结束的现代主义时期。结构主义、新理性主义以及后现代主义的基本特征对路易斯·I·康的理念和建筑的影响，就如同国际式对那些被称作现代主义运动的——或者说德国人所说的"古典的现代主义"——代表人物的模型和主要作品的影响一样深远。

　　我们从历史发展的角度对路易斯·I·康的作品了解得越清楚，就越强烈地感觉到用历史和概念化的术语去思考和表现它、用历史和逻辑的方法去展现它的本源的重要性。它不应该是用抽象的概念去对20世纪50年代以来的建筑分支进行分类，而是应该致力于具体设计和建筑的形象和理解。对单个的、重要的建筑起源的洞察力，并用概念化的术语进行重构的做法，在建立一种被尊重的、批判而理性的建筑史的时候有至关重要的意义。

　　对20世纪下半叶的建筑和它的历史进行恰如其分的描画的惟一办法，就是对建筑专论进行系统的综合、相互的检验和批判的比较。它不应该过多地建立在粗制滥造的建筑文章里那些唾手可得的、精练的格言警句上，而应该建立在对作品本身的研究上。这样，作品的延续性才可以让我们认识到传统和近代的现代建筑结合在一起的连续性。

　　本书采用的正是这种方法。它致力于对路易斯·I·康的每一个设计项目和实践过程进行谨慎的分析。它并不关注每一个设计的一般要求，那些东西是外部的法律规范应该关心的问题。本书关注的是对建筑的每一部分的本质起决定性作用的那些内在因素——"它想成为什么"（康）——以及那些因此而确保其独立性并使之实体化的东西。

　　结果是令人惊喜而富有启迪性的。它们展现了路易斯·I·康的建筑，其中大多数重要的作品都被作者以全新的视角收录到了这本书里，它们的结构的内在法则，得到了比以前更加清晰地展示。通过对主要命题的陈述、对整个序列的重构、转换、变形和回顾的联系，我们发现这些东西必须根据设计过程中的不同阶段来进行描述。结果可以从建筑产生的起源和过程来理解，而建成的建筑本身的样子从感官上就可以进行很鲜明的了解。这里有一种特别的研究和表现的工具——康的设计方法中采用的对平面和立面的分析方法（Riβanalyse）。如果有人通过对设计过程的逐步重构也能取得"同样"的结果，那么他肯定已经很深刻地认识了路易斯·I·康的实际设计过程。

　　本书为比较工作提供了非常有价值的可能性，它既可以使读者更好地理解康的单个设计和建筑，也可以用各种方式把它们与现代主义和现代建筑的概念和原理联系起来。我们可以看到类推和变形、重新阐述和新的公式。它们让我们对康的单个建筑的理解变得可能。那些建筑看上去很自我，只服从于自己的规则，就像一部社会化的法案。和每个西方历史中的"重要人物"一样，这些建筑把它们自己放在与它一致的历史的连续统一体中。通过刻意地把自己区别出来，它和一些完全不同的东西联系在了一起；它以自己的特质与这些不同的东西作比较，并且进入"历史"的进程。不仅是古罗马和中世纪地中海建筑遗留了很大的影响；意大利文艺复兴时期的通用建筑理想的主张和乔万尼·巴蒂斯塔·皮拉内西（Giovanni Battista Piranesi）的作品和文章一样，以一种全新的、出人意表的方式进入了康的视野，它界定了现代主义建筑的年代。"现代主义"建筑和艺术以及它们的双重结构和正反感情并存，也被用来解释特殊的"康现象"。通过对塞德尔梅耶（Sedlmayr）、威特科尔（Wittkower）、罗（Rowe）和文丘里（Venturi）的借鉴，界定了一些领域——在这些领域中从建筑和理论的历史两个角度进行深入地挖掘是非常有益的。

　　在我们这个年代，巴黎美术学院持续不断的影响依然涉及很大的范围。但是勒·柯布西耶作品中的内在法则与立体派、甚至纯粹主义的图解之间的密切关系，也具有同样重要的作用。这里选择的平面分析方法也对那些肯定需要与路易斯·I·康的设计方法作比较的自主的设计过程进行了深入研究。因此，我们再一次看到，从勒·柯布西耶在20世纪上半叶的重要地位开始，路易斯·I·康也可以在20世纪下半叶要求同样的地位。他们两者的作品中对历史建筑传统的摒弃形成了建筑新的观念和形象，它们的自主性决定了它们的品质。因此它们就变成了相对比较新的和完全独立于传统的出发点。结构主义、后现代主义以及那些用它们不同的变化超越了现代主义的建筑，使路易斯·I·康那些复杂而重要的作品受益匪浅——它们引导着"事物存在的愿望"以及那些变得真实的对事物的认知生动的"实现过程"。

前　言

安妮·格里斯沃尔德·唐

克劳斯－彼得·加斯特对路易斯·I·康的建筑的几何分析可以使我们更加深入地了解他的创作过程。几何学的抽象形式和比例超越了时空限制，而且几何学可以描述从亚原子的粒子到宇宙星系的各种尺度的空间关系。它可以使我们摆脱表面上的"风格"的运用而深入到空间创造的本源。几何形式本质的和最基本的秩序原则消除了多余的东西，同时它还提供了自然进化和人类创造活动无穷的、切实的变化。

路易斯·I·康从他早期所受的巴黎美术学院的教育和他的极其简洁的国际式廉价住宅中破茧而出，摆脱了两种极端的、彼此对立的风格，最终实现了深刻的真理，在本质上把三维几何综合成一个整体。[1] 康看着那4个完全不同的项目从同样的几何秩序中发展起来：在1949—1951年做的8个一组的小学，由3个尖端变细的同样的几何体支撑着附加层；康在1951—1953年做的耶鲁美术馆中可以看到的8个一组的空心混凝土顶棚；在1951—1953年做的木屋——第一个建成的完全是三角形的空间构架起居空间，以及我们在1952—1957年做的在垂直方向动态波动的城市之塔的设计。

1953年11月18日，康从罗马给我写的信中提到了关于他三个阶段的创作过程的理论——第一个阶段是"空间的本质"，接下来是"秩序"，然后是"设计"。[2] 作为一个性格内向的建筑师，康开始的阶段是最内向和难以理解的。但是在陷入那个阶段之前，两个更早的阶段是必需的——首先是接受挑战或者任务，然后是看看先例和历史。那之后，许多建筑师很快就进入到设计阶段中。康对采用这种方式的学生的不满，导致了他对"空间的本质"的认识，包括对超越了历史和超越了对任何特殊形式的记忆的深入探究。这个阶段还包括对任何时空的可能性保持开放的态度，放弃一些自负而提出"空间想要成为什么"的问题。这是一个无序和混乱的阶段。如果你足够幸运，最不可能到达的"秩序"阶段也许会不期而至，就像一个抽象几何概念凭借它自主的生命，促使康把它称为"种子"，并且试图去把它变成秩序。简单地说，就是"秩序是"。抽象的力量形成了秩序，然后发展到外向的设计阶段，在切实的实现过程中把基地、结构、材料、预算和项目的特殊要求等实际情况考虑进来。就像尼采在《查拉图斯特拉如是说》(Thus Spoke Zarathustra)中所写的："一个人必须感受到内在的无序才能变成一位舞蹈明星。"

"舞蹈明星"在几何学上的超自然力量在于它同时具备了随意和秩序。[3] 两种几何学的共鸣可以把两种秩序或者说秩序和随意结合在一起。克劳斯－彼得·加斯特揭示了从1到√2以及1到1.61803（黄金分割比）的分层几何学，这是这种共鸣的一个很好的例子。一个1：√2的矩形可以无限地等分或者加倍，而仍然保持同样的1：√2的比例。"黄金矩形"再加上或者减去一个正方形以后仍然保持同样的比例。这种共鸣来自概率法则。帕斯卡的三角形证明了头尾之间不断重复的摇摆，一个关于可能的随意性和不可能的秩序的二元进程。从帕斯卡的三角形对角线切开的横断面的总和产生了斐波纳契的总和数列：1，1，2，3，5，8，13，21，34，55，89，144，233……233/144=1.61805。黄金分割比为1.61803。相邻数字之间的比值越来越接近这个值，但是永远不会到达数学上精确的黄金分割比。黄金比的数列在总和与对数上都是独一无二的。它们潜在的联系产生了秩序，否则就会造成无法挽救的随意性。我相信黄金分割比是一张可以捕获宇宙的混乱的网络。我已经发现了一些非常具有说服力的例子。[4]

1959年，我发现四种从简单到复杂的几何秩序——从两面的到转动的、到螺旋、再到三维螺旋的——它们和自然形体中潜藏的几何周期有关。[5] 更令人兴奋的是，我发现与隐藏在由卡尔·G·金（Carl G. Jung）所提出来的个人精神上的四种几何秩序下面的一系列几何原型之间也存在着类似的联系。正如同潜在的原型几何学描述了个人发展过程中不同的精神取向阶段一样，历史上也存在着集体的取向和态度的变化的循环周期。这种变化标志着存在于建筑风格变化中的移情的形式的改变。周而复始的四种秩序中意识和创造力的持续发展，在随意性和秩序的共鸣中产生了伟大的艺术作品。阿布拉罕·莫尔斯（Abraham Moles）把那些唤醒了我们最深处的惊异和移情的最伟大的艺术作品描述成同时具有"丰富和创意"，埃德温·勒琴斯（Edwin Lutyens）称之为"意料之外情理之中"，而路易斯·I·康则称之为"共性和个性"、"目的和手段"以及"静谧和光"。斐波纳契数列中并存的随意性和秩序——黄金分割矩阵既像脚趾间的沙粒一样无处不在，又如皇冠上的钻石一样绝无仅有。

1　安妮·格里斯沃尔德·唐，"Synthesis of a Traditional House With a Space Frame"，国际空间结构期刊，编辑：J·F·贾博利尔（J. F. Gabriel），Multi-Science出版有限公司。

2　安妮·格里斯沃尔德·唐，"Louis I. Kahn's Order in the Creative Process"，《Louis I. Kahn, l'huomo, il maestro》，编辑：亚利桑德拉·拉特尔（Alessandra Latour），爱迪松尼·卡帕（Edizioni Kappa），罗马，1986年，第277—289页；《Louis Kahn to Anne Tyng, The Rome Letters 1953—1954》，安妮·格里斯沃尔德·唐注，Rizzoli，1997年，第71—75页。

3　安妮·格里斯沃尔德·唐，《The Fibonacci-Divine Proportion as a Universal Forming Principle》，博士论文，1975年宾夕法尼亚大学，国际微缩胶片大学，安阿伯，密歇根。

4　安妮·格里斯沃尔德·唐，"Inner Vision Toward an Architecture of Organic Humanism"，《Morphology and Architecture》，编辑：哈列什·拉凡尼（Haresh Lalvani），国际空间结构期刊，第11卷，第1，2号，1996年，第71—77页。

5　安妮·格里斯沃尔德·唐，"Geometric Extensions of Consciousness"，《黄道19》，编辑：玛丽亚·波蒂洛（Maria Bottero），米兰，1969年，第130—162页。

绪　论

路易斯·I·康的作品代表了 20 世纪建筑的转折点。功能主义、现代主义和寻找建筑形式的历史原则在他的设计中交会。在 20 世纪 50 年代中期，他对形式有了新的理解，这使他超越了当时在美国占有重要地位的空洞的功能主义。康的手法对处于 20 世纪末的我们仍然具有影响力。

从 20 世纪 60 年代初，康的作品渐渐为世人所知之后，出现了大量的出版物。[1] 它们对作品进行仔细的筛选而不是简单的记录。把它们按照时间的顺序排列起来：文森特·斯卡利 (Vincent Scully) 从 1962 年开始的反思是非常重要的；他饱含着激情，大量地提到了康的富有创造性的贡献。同年，理查德·索尔·乌曼 (Richard Saul Wurman) 和基尼·费尔德曼 (Gene Feldman) 的草图和手写的选集也紧接着出版。罗伯特·文丘里广为人知而且颇受争议的《建筑的复杂性与矛盾性》出版于 1966 年；他把康的作品直接放到了历史文脉之中，并且把“模糊性”作为康建筑作品第一个阶段的原则。罗马尔多·朱尔戈拉 (Romaldo Giurgola) 对康的归类有待商榷；他从康的所有作品中选取了一小部分重要的迄今为止尚不为人知的草图和图纸。直到 20 世纪 80 年代初，康的女儿亚历山德拉·唐 (Alexandra Tyng) 的著作让我们看到了她父亲的作品和康个人生活的一些细节；她采用了非常个人化的视角，强调了哲学方法的重要性。乌曼的书内容广泛但是不完整、而且很不幸没有被列入到 1986 年之前康说过和写过的材料的合集之中，它补充了那些与康私交甚厚或者曾经和他一起工作过的人在访谈中对康的评价。近来最值得注意的出版物是，1991 年汇编并且很好地复制了简·霍克斯蒂姆 (Jan Hochstim) 的图纸、康的草图和绘画，由戴维·B·布朗宁和戴维·G·德·龙于 1991 年出版的书籍，这本书非常值得称道的地方是提到了之前被忽略的 20 世纪 50 年代之前的创作阶段。如果没有搞错的话，我们还应该关注一本关于康的思想和论文的最早的德译本；它出版于 1993 年，收录了以亚历山德拉·拉图尔 (Alexandra Latour) 的英文版为基础的、康在 1955 年题为《纪念性》的文章以及他在 1959 年荷兰奥特洛国际现代建筑师协会 (CIAM) 大会上的重要讲话。

除了文丘里对康的作品进行的重要而生动的讲解之外，这些出版物中的大多数都是建立在说明和猜测性的评论之上——除了那些仅仅是综合和记录的出版物之外。虽然斯卡利早在 20 世纪 60 年代初就指出了康的图形在数学上的精确性，但是康自己却一直坚持以诗化的语言陈述秩序的法则，而且也并没有人对他的建筑进行建立在尺寸和几何学基础上的研究分析。

本书试图用具体的分析进入康的作品。很显然，几何结构在康的作品中占有非常重要的地位，它让我们对复杂性提出了质疑。这里面的关键是对作为一个系统——这个系统推动设计并且把建筑变成一个整体——的内在的秩序探究。

虽然康的建筑平面和立面的图形都非常明确和简洁，但是它们的结构并不是一目了然的：必须对它进行解码。为了达到这个目的，本书专门对平面进行了绘制并且提供了必要的根据；它们也是进一步深入研究的出发点。

平面分析采用对建筑的基本结构在尺寸和几何学上进行解剖的方法。赫曼·塞斯 (Harman Thies) 在他对巴尔塔萨·诺埃曼 (Balthasar Neumann) (1980 年) 的平面和米开朗琪罗的神庙 (1982 年) 进行分析的时候采用的就是这种方法。[2] 用一个连续的几何图解来表现设计中理性的、清晰的、易于了解的起源——比如说圆形、方形和矩形。这种方法使我们对康的作品有了一个全新的——与以往不同但是又很生动的——视角。这

1 所有的出版物在绪论中都以如下文本进行命名：
　　——文森特·斯卡利，《路易斯·I·康》；
　　——理查德·索尔·乌曼和基尼·费尔德曼，《路易斯·I·康的笔记和手稿》；
　　——罗伯特·文丘里，《建筑的复杂性与矛盾性》；
　　——罗马尔多·朱尔戈拉，《路易斯·I·康》；
　　——亚历山德拉·唐，《起点》；
　　——理查德·索尔·乌曼，《将要出现的东西早已存在》；
　　——戴维·布朗宁和戴维·德·龙，《路易斯·I·康：在建筑的王国中》；
　　——亚历山德拉·拉图尔，《路易斯·I·康：论文、演讲和访谈》；
　　——简·霍克斯蒂姆，《路易斯·I·康的绘画和草图》。
2 赫曼·塞斯，"Grundfiguren Balthasar Neumanns; Zum maßstäblich-geometrischen Rißaufbau der Schönbornkapelle und der Hofkirche in Würzburg"，佛罗伦萨，1980 年。
　赫曼·塞斯，"Michelangelo, Das Kapitol"，佛罗伦萨艺术历史学院出版；Bruckmann Verlag，慕尼黑，1982 年。在这里，塞斯第一次使用了平面分析的方法（第 48、58、62 页）。

种平面分析的方法关注的是伴随着设计过程中直觉的发展，设计思想是如何根据指导原则进行理性的贯彻的。但是这两种方法——直觉的和理性的——被看作是既相互独立、又彼此影响的过程。

康的作品中的某一个方面会占到绝对主导的位置，例如他对自然光炉火纯青地运用产生了一种特殊的空间品质；在那个年代，建筑元素之间的联系也是他的独创的手法；或者，就是特别关注细部和材料的选择。他作品中的这些品质在这个讨论中只会一带而过，因为他们已经在不同场合受到了足够的重视。

本书分成三个部分：为了后面的更加复杂的工作，首先谈到的是康非常重要的早期阶段的建筑作品。第一个例子就是那些可以看出后来他成熟时期作品中的特色的建筑，但是从不同的建筑观点来看，它们也可以被看作是杂糅的。在这后面，仔细分析了九个被挑选出来的、近来平面刚刚被修整过的康的作品；它们起到了对平面分析方法进行循序渐进的介绍的作用，并且让我们能够发现那些虽然影响了康的设计、但是之前没有被认真对待和用简单的序列来表示的原则。最后一部分是对印度艾哈迈达巴德的印度管理学院———所国际商界领导人的培训学校，同时也是康最重要的作品——详细而彻底的分析。印度管理学院的复杂性意味着用上面提到的分析方法对各个部分的布置中格外令人感兴趣的东西一视同仁！关键问题是各个图形之间以及它们和整体之间的关系，以及两者之间在通用秩序之下的相互作用。但是这种解释不仅仅阐明了几何图形的系统，或者说建筑的理性方面。它超越了这些内容，并且从哲学和精神方面深入到康的设计中。地方性以及那些与场地无关的东西表现出印度管理学院非同寻常的位置，因为它通过思考把西方和东方联系在了一起。而且我们还可以看到它有一种深远的历史文脉在里面。所有这些都说明康试图发展一种永恒的、超越时间的建筑。

但是需要说明的是，用平面分析的方法进行研究的目的并不是要把设计的过程完全定义为一个排他的、理性起决定作用的"数学建构"；在运用这些理性原则的时候仍然需要直觉的判断。

从最初的方向而不是最终的建成的效果中鉴别一个设计的

维度，可以使我们把实际建成的印度管理学院的建筑放在一边，而把它的平面作为分析的对象。这种做法得到了费城宾夕法尼亚大学《路易斯·I·康合集》中大量的平面资料和康原先在的艾哈迈达巴德的同事安南·瑞嘉（Anant Raje）的办公室的帮助。

其他项目的分析还可以从康的档案以及罗纳／ 贾文理（Ronner/Jhaveri）的《路易斯·I·康作品全集（1935-1974年）》中找到资料，它们都非常有用。萨尔克学院和达卡的国会建筑群都比较大，所以都只是在一个大的尺度上进行了分析，没有深入到细部，但是这个过程仍然是以事实为根据而进行阐述的。它可以被看作是进行更广泛的研究的理由和原因。本书试图以一种新的方法对20世纪下半叶最重要的建筑师进行研究和分析，同时也希望为专业的读者自己的设计工作提供一个启发。本书意在把这里推荐的分析方法转化为实践的第一步。在此，我要感谢朱莉娅·摩尔·康文思（Julia Moore Converse），《路易斯·I·康合集》的主编以及她的同事们，当我在费城档案馆里工作的时候得到了他们无私的帮助。感谢安南·瑞嘉和他的妻子为我提供了原始的平面图，感谢他与我长时间的对话。

3 作者主要采访了下列人员，大多是在1988年，也有一部分是在1993年进行的；他们提供了路易斯·I·康事务所的位置以及康的个人生活情况的相关信息：
——埃瑟·康，路易斯·I·康的遗孀；
——苏·安·康，埃瑟和路易斯·I·康的女儿；
——安妮·格里斯沃尔德·唐博士，建筑师（亚历山德拉·唐的母亲），康的同事；
——卡尔斯·E·沃尔宏莱特（Carles E. Vallhonrat），建筑师，康的同事；
——罗伯特·文丘里，建筑师，康在宾夕法尼亚大学期间的助手；
——亨利·威尔考斯（Henry Wilcots），建筑师，康的同事；
——G·赫尔姆·帕金斯（G. Holmes Perkins），建筑师，康的建筑系主任（以上这些都居住在费城）。
——乔纳斯·萨尔克博士，圣迭戈生物研究所主任；
——巴尔克里斯纳·V·多什，艾哈迈达巴德的建筑师；
——安南·瑞嘉，艾哈迈达巴德的建筑师。
下列人员为作者提供了康为他个人和建筑所作的说明：
——鲍勃和林·贾拉戈尔（Lynn Gallagher），栗子山埃塞里克住宅的主人；
——多利斯·费舍（Doris Fisher），哈特波罗费舍住宅的主人；
——史蒂夫·考曼（Steve Koman），怀特马什考住宅的主人（业主的儿子）
——唐纳德·朱迪，纽约和得克萨斯州马尔法的艺术家。

方法解说

还要感谢埃瑟·康 (Esther Kahn)、罗伯特·文丘里、唐纳德·朱迪 (Donald Judd) 以及所有在访谈中[3]耐心地回答我的问题的人。我还要感谢所有在印度帮助我的人，特别是拉马什·纳尔 (Ramesh Nair)、约瑟夫·普里卡尔 (Joseph Pulikkal)、阿思什·沙哈 (Ashish Shah) 和比宾·斯卡利亚 (Bibin Skaria)。感谢伦敦的麦克尔·罗宾逊 (Michael Robinson) 把这本书翻译成英文。感谢柏林的博德·费舍尔 (Bernd Fischer) 和他的助手满含激情的图形设计以及柏林的安德里亚斯·穆勒 (Andreas Müller) 为本书所做的准备和编辑工作。尤其感谢赫曼·塞斯把作为本书核心的分析方法介绍给我，感谢他的鼓励和细致的校对工作。

"自由的线是最令人着迷的。

铅笔和意识偷偷地想让他们生存下来。

更加严格一些的几何学把它们领向直接的计算

把任性的细节放在一边，

它喜欢结构和空间的简单

这样可以便于它不断使用。"[4]

像柏拉图或者毕达哥拉斯那样的思想家认为，宇宙世界作为一个和谐的结构是建立在一个数字序列的基础上的。[5]他们认为这个世界的每一个部分与相邻部分的关系以及它们自己在数字上的比例都可以进行抽象而理性的理解。作为彼此依存的两个元素的数字和比例，形成了认知在整个历史过程中不断的变化中的和谐的基础。它们同样也存在于作为世界秩序的一个翻版的建筑创作过程之中。[6]人们带着对成功的不同理解，在这个过程中苦苦奋斗。在建筑史中，我们可以看到建设者不断地想把世界的秩序转变成人工的产品。用这些万变不离其宗的基本几何原则建立起来的东西总是正确的。[7]许多研究的目的都是想要证明自然中包含着作为秩序存在的几何结构，正如维拉尔·德·洪内库尔 (Villard de Honnecourt) 在中世纪所提到的那样[8]，自从文艺复兴以来有意识地在设计中运用理性原则开始，建筑本身就被用来研究和表现它所象征的结构。鲁道夫·威特科尔 (Rudolf Wittkower) 对阿尔伯蒂和柏拉图的建筑[9]的研究分析了文艺复兴时期对理性原则的长期使用。与此相同，赫曼·塞斯对米开朗琪罗的神庙[10]的研究表明了几何秩序中存在着一种可以理解的体系，它证明了米开朗琪罗设计的每一个 **见图1** 部分都是一个实体。18 世纪后期出现了示意性的秩序原则，尤

4 引自路易斯·I·康，《Architectural Forum》，1966 年 7—8 月，第 43 页。
5 柏拉图，《Timaeus》。
6 奥里利乌斯·奥古斯丁尼斯（圣奥古斯丁，354—430 年），《De Ordine》："秩序就是决定上帝所预言的万物的意义。"在康的秩序中可以看到这一点，第 185 页。
7 保罗·冯·纳雷蒂－莱诺 (Paul von Naredi-Rainer)，《Architektur und Harmonie》，Du Mont Verlag，科隆，1982—1989 年。对试图把秩序加入到建筑中去的建筑历史进行了简单的概括。
8 汉斯·鲁道夫·哈恩罗瑟 (Hans Rudolf Hahnloser)，《Villard de Honnecourt》，Graz，1972 年，1935 年威尼斯第一版。
9 鲁道夫·威特科尔，《Architectural Principles in the Age of Humanism》，伦敦，1949 年，伦敦及纽约，1952 年。对意大利文艺复兴时期建筑史用理性原则进行了详细的研究，并附有大量的参考书目。
10 塞斯，《Michelangelo, Das Kapitol》，见注释 2。

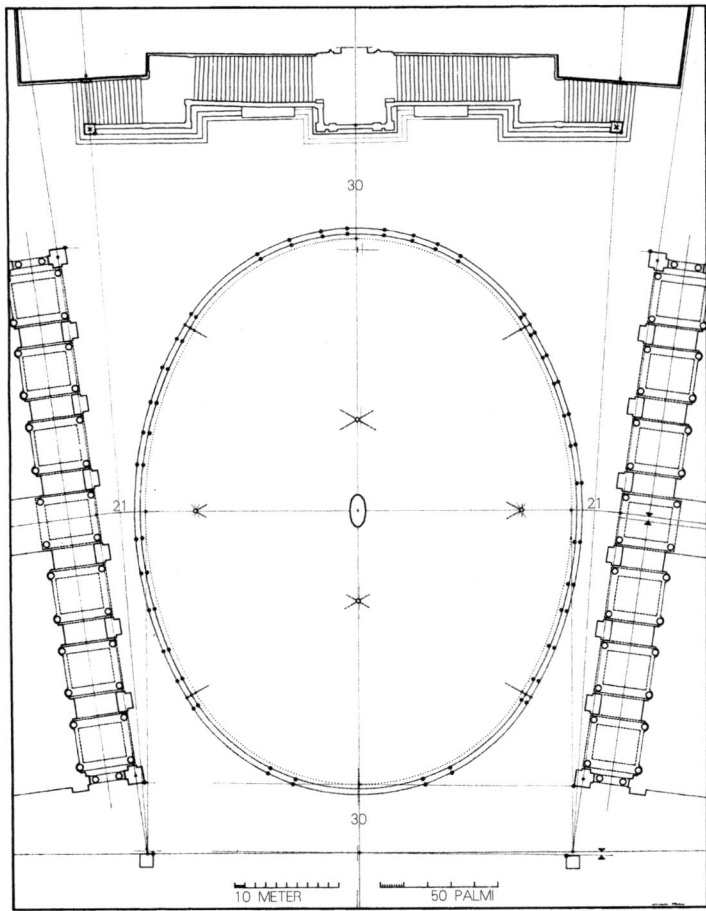

图 1
赫曼·塞斯绘制的带有比例尺的米开朗琪罗神庙一层平面

30

21   21

30

10 METER   50 PALMI

11 让·尼古拉斯－路易斯·唐纳德，《Précis des leçons》，巴黎，1805 年。

12 柯林·罗，《The Mathematics of the Ideal Villa and Other Essays》，麻省理工大学出版社，剑桥和伦敦，1982 年。

13 史蒂芬·基默和阿金姆·普雷布，《Giuseppe Terragni 1904—1943》，Klinkhart und Biermann verlag，慕尼黑，1991 年。

14 里昂奈尔·马奇和朱迪斯·夏奈，《RM Schindler, Composition and Construction》，学院版，伦敦，1993 年。

15 莱昂纳多·达·芬奇，《Proportionsschema der menschlichen Gestalt nach Vitruv (1485/90)》，学院美术馆，威尼斯。

16 详见胡安·帕布罗·邦塔 (Juan Pablo Bonta)，《Architecture and Its Interpretation》，伦敦，1979 年。

（Rudolf Michael Schindler）的研究（1993 年）[14]，他们证实了秩序原则的存在，这些原则是建筑与生俱来的，并且直接影响建筑的结构，他们用本世纪建筑证明了它们在几何上的复杂性。

经常被用作基本方法的人体工学——把人作为主要的尺度参照物——就像莱昂纳多·达·芬奇所做的那样，通过添加在一个圆和方的基本几何形体上人的图形[15]，把人定义为建筑创作以及人和上帝之间关系的"模度"和尺度。

如果我们想要精确地分析一座建筑，就必须要对来自不同源头的假设和观察加以证实，尽可能地保证它不含糊。在这里，我们往往会发现我们获得的资料都是一种阐述，换句话说，那里面的观念是个人的，是从个人的观点出发的，是"不客观的"。[16] 这些信息通常都是描述性的，经过了某种程度的过滤和删减，所以必须把它们和那些比较容易被正确理解的东西放在一起，证明它们是合乎"逻辑"的，只有这样才能接近真理。可以断定，在分析过程中那些没有参与其中的旁观者可以理解的东西，往往比那些只是通过解说得出的结论正确。逻辑作为一个连续的过程，是一个论证而不是一个论述过程，它用一个累积的过程把观察者所看到的东西表现出来，在这里它指的是建筑结构的内在逻辑。作为一个整体的建筑设计是由具有不同的创作过程、不同的起源的部分组成的，它在平面中的形式，就表现为设计师所画的图纸。他的各种想法结合成一个整体，这个整体在建筑图纸中有最直接的表现。同时，图纸也可以反过来指导实践并对设计进行补充：如果图纸画得很精确，那么实际建成的效果也会很精确。与之相反，一张用来表现一闪而过的想法的含糊不清的草图，在指导其后建成的平面时仍然需要有精确的线和尺寸。一张"建立"在尺寸上的施工图已经描绘出了将要建成的建筑的形象，提供一个理解和分析建筑设

其是在让·尼古拉斯－路易斯·唐纳德 (Jean Nicolas—Louis Durand) 时期[11]，他对经济和建造方面的因素一视同仁，都看作是网格结构，消除了它们的复杂性。柯林·罗 (Colin Rowe) 试图通过比例的图解对帕拉第奥和勒·柯布西耶进行比较研究，从而把 20 世纪的建筑之间建立起直接的联系。[12] 更近一些的是史蒂芬·基默 (Stefan Germer) 和阿金姆·普雷布 (Achim Preiβ) 对朱塞佩·泰拉尼 (Giuseppe Terragni) 的建筑的研究（1991 年）[13] 以及里昂奈尔·马奇 (Lionel March) 和朱迪斯·夏奈 (Judith Sheine) 对鲁道夫·麦克尔·辛德勒

计的基础，现在它使我们有可能把由各个部分集合而成的整体进行解剖和拆分。因此，平面和立面图形成了建筑分析的基础。它们是对已经建成或者将要建成的建筑最具体、而且往往也是最精确的抽象，完全可以和音乐的乐谱相提并论。平面或者立面，既是设计的形象也是设计的过程——这里指的是最后确定的"施工图"：设计师对各个部分的深思熟虑最终浓缩到一个全面的解决方案里。为了看到建筑设计的构成必须把这个浓缩的体量拆开，它们之间必然是彼此依赖的。一个逻辑的过程在它的构成中有一个起点：设计的起点。一定要找到这个出发点，或者说出发的图形，把它作为一个定点，并且尽可能鲜明地把它表现出来。

为了证明图纸和实际建成物之间是非常一致的，我们必须检查它的尺寸，尽管它们只允许把实际建成的建筑的尺寸作为对照。对平面和建筑物的比较研究可以证明具体的、实际的、全面的实施。它也第一次表明了什么地方与设计相背离或者没有完成，同时还可以在平面中记录变更的地方。建筑的构成是建立在理性原则的基础上的，这些原则可以在平面与建成物的比较分析中表明它们的系统，这个系统看上去很合理而且易于理解——因此是正确的。塞斯把这种方法称为"平面分析法"[17]，并且展示了如何用这种方法把建筑的基本构成剥离出来：举例分析，对设计建立于其上的平面和所有独立的组成部分进行深入研究。

进一步研究会发现，路易斯·I·康的建筑模糊而神秘。我们可以很快证明他从来没有对他的设计进行过明确的解释，恰恰相反，"只有"一些定义而已。在许多讨论康的作品和生平的著作中，这种被掩藏的语言表达导致非常个人化的解释。与之相反，这里选择了一个鲜为人知的出发点，它的确存在，而且就是——作为进一步讨论的基础——这种方法的重点所在。

接下来的分析是研究路易斯·I·康的建筑中的秩序存在的前提——作为未经证实的一种假设。在二维的关系中研究平面图形的几何构成，组成部分的布置方式以及把所有部分组合成一个更大的整体的假设。在这里，设计中的正交的结构非常有用：通过每个单独的区域的边界之间的关系——它们的角部是如何连接起来的（通常是正交的）——把几何关系建立起

来，这种关系把各个部分组成一个像矩形或者方形那样的秩序网络。我们可以很快地意识到一个框架体系的存在，这个体系由相互依赖的叠加和网格来定形。把这个现存的网络分解成单个的几何形体会产生一系列连续的，因此也是渐进的步骤，这是我们可以确定结构的出发点。这么做的目的是要提炼一个原型——一个几何秩序开始的图形。结果，我们发现路易斯·I·康的设计原则是要用空间的几何构成来做建筑。

本书揭示了康把各个部分连接起来并让它们之间彼此联系的方法，但同时也超越了方法本身，还揭示了用张力和对抗触发运动过程的想像的力量。本书揭示一个由有尺寸的几何图形支撑起来的内在的秩序体系，就像自然界中类似的生长过程，从一个生殖细胞到整个有机体的过程。

需要说明的是，作为理解被分析图纸的图形抽象的辅助手段，每一个阶段中最重要的"生成的"结构，也就是说从前面的图像中发展而来的图形，都会通过粗线强调出来。这是这种分析序列的渐进过程的特点，细线既可以被看作是对前面出现过的图形的回忆，也可以被看作是将要出现的图像的暗示。

17 塞斯，《Michelangelo，Das Kapitol》，第48、58、62页。

阿哈瓦斯以色列集会中心

1935—1937 年　美国宾夕法尼亚州费城

路易斯·I·康第一座独立设计并建成的建筑是"阿哈瓦斯以色列集会中心"的一个社区中心；它现在依然保持着原来的状态，它的使用功能在 1982 年之前一直没有改变过。

在这座建筑里依然可以清楚地感受到康对美国早期现代主义抽象建筑的迷恋。但是这建筑同时也因为它的"粗野"而让人着迷；周围有露台的建筑——我们不得不承认它们的质量不高——由于康喜欢简洁的街区而被完全忽略了，这个事实表明了早期的现代主义的新建筑在美国西海岸得到发展的时候是多么不成熟。但是这座或多或少有点含糊其辞的立方体建筑已经是康的一个宣言。他对形式和布局的果断的选择表明他决定推翻看待事物的传统方法，而对新的理解方式保持开放的态度。这个街区是一个标准的矩形，并且形成了与现有的、复杂而清晰的住宅之间鲜明的对比，那些住宅采用的是加法和等级的英式手法；它确定了一个定点，一个自我联系的、从整体上来讲是正确的形式，你很难从外部看出它的功能。

但是康在主要立面和次要立面之间作了区分：入口一侧和西南立面使用的是均匀的面砖，突出其硬朗的轮廓。在建筑的中心，我们可以预见到康后期作品中真实反映材料的基本特征。沿街的主立面在入口的部位开了一些"洞"。它们追随功能的原则，在需要的地方开洞，一个是为楼梯提供采光，其他的是作为入口。然而，材料选择的"纯粹性"并不是这些立面的特征：洞口上的预应力梁被贴在它上面的砖覆盖了起来。康彻底放弃了诸如对称、分段之类的古典表现模式；这座建筑，尤其是它的入口立面，更像一种个人的"解放运动"，因为它是如此的坚定。但是其中仍然存在着康在巴黎美术学院所受教育的影响；虽然立面是不对称的"自由立面"，但是它上面的砖在顶部仍然有檐口的线脚收头。康用了一个明确的设计元素来抵御费城冬天的严寒，并且因此显露出他的精神源头。他并没有让自己完全背叛他所接受的教育，尽管在别的立面上，在北侧和西北侧的立面上，毫不含糊地使用了"国际式"的现代主义语汇。在这里，康用（也许是白色的）粉刷把一个有孔的立面和窗户与小的划分和（也许是黑色的）金属框架结合起来。背面采用了玻璃砖，这样使得建筑在不那么引人注目的一侧看上去有点工业化的味道，这一点通过细部很粗糙的预应力钢部件和钢管

做成的楼梯格外强调了出来。这是对诸如包豪斯或者是勒·柯布西耶的别墅之类的 20 世纪欧洲范本的怀旧，它们的里面包括金属条以及特别复杂且富有装饰的金属楼梯，或者，就像勒·柯布西耶的建筑那样，采用管状的钢楼梯扶手，换句话说，也就

砖墙角部和
楼梯间窗户

是工业元素。这一点对于康来说很清楚，海茨考克（Hitchcock）和约翰逊（Johnson）1932 年在纽约现代艺术馆和费城举行"国际式"展览之后[18]，以及他早期和乔治·豪的合作中，都可以看到革命运动的设计原则对康的影响，我们可以看到康试图把它们运用到他第一栋独立设计的建筑中去。他把长边的壁柱似的支撑元素放到了立面中去，这也表明了康希望像工业建筑那样把结构从外部区分出来，让人感受到建筑有完全不同的两个面：L 形的砖墙面掩盖了建筑"真实"的身体，它就是掩藏在围护结构后面的结构元素。砖墙也给人两种不同印象：在西南侧它形成了一个封闭的体量，但是从北端看又可以清楚地辨别出它是一片墙。

作为面向公共空间的维护结构，并且与背立面形成鲜明对比的砖墙，在康后来的建筑口还会被继续使用并且更加重视：这种特点在 1953 年纽黑文的耶鲁美术馆中再一次出现。

从后面看粉刷的立面和玻璃墙

去往管理者公寓的楼梯

18 亨利－鲁塞尔·海茨考克（Henry－Russell Hitchcock），菲利普·约翰逊（Philip Johnson），"The International Style, Architecture since 1922"，现代艺术馆，纽约，1932 年。

木材立面及
车库入口

奥瑟住宅

1940—1942 年　美国宾夕法尼亚州艾尔金斯公园

康把这座位于费城边缘的住宅设计成一个石块似的立方体，从中可以看到几年前阿哈瓦斯以色列犹太人集会中心的影子。明确的建筑边界形成了入口。南向的背立面进行了变异，并且被一个单层的起居室的扩展部分和花园一侧的宽大的玻璃区域所打破。上面楼层复杂且富有装饰的金属平台栏杆以及一个作为起居室入口的凉棚似的区域消解了建筑的体量，改变了建筑单纯的棱柱形。

不同的材料在两个主要的表面形成了对比：康在建筑主体上采用了未经加工的石材，在向入口方向延伸的次要部分上采用了水平的木材；建筑的背立面——南立面上也采用了这种材料。和阿哈瓦斯的以色列集会中心一样，这形成了由两种不同表面肌理所形成的双 L 形。当我们从角部看的时候，可以看到建筑的体量，但是在他们相交的地方却是两维的。这个次要的部分穿过了整个建筑，从较矮的楼层中突出来，很明显地保存着自己的样子，但是它接下来又把自己和建筑背面的轮廓线重

新结合成一个整体。因此我们发现，康在建立一种双重关系，这种关系让我们很难在匆匆忙忙的一瞥中理解设计的概念：它要求我们对它进行更加精确的思考。开洞的方式也千差万别，尽管我们可以清楚地看到比较大的洞口都开在使用木材的立面上，例如沿着穿过建筑的体量首层和二层的角部的带形窗户，尽管角部本身不是玻璃的。而且后面的起居室窗户也是如此，它把木材的立面和上面的楼层连接起来，阳台采用木板而首层采用石材。入口一侧未经加工的石材立面以及短边一侧立面上的窗户，看上去像不同形状的孔一样穿在上面；它们的过梁要么是顶棚的托梁，要么就是一个混凝土饰面的结构。像阿哈瓦斯的集会中心中对结构的真实表现的特征一样，在这个设计中并不是很明显。这个特点在康后来的建筑中举足轻重。

平面按照惯例是"功能主义的"，它试图通过不同的室外效果表现主要和次要空间之间的等级关系。在这里我们第一次看到了"空间统一体"：主要的入口区域、门厅和起居室各司其

见图 2

有小桥的主入口

职，另外南侧的玻璃窗暗示着自然景观在起居区的重要地位；壁炉则是它们之间的联系元素。外部空间形式的仔细叠加设计与一层平面图形的有角度的特征形成了对比。它是个不对称的异类——尤其是露台上多边形的板材——是一种自由和有机的概念的融合，但是它的轮廓依然很清晰，与当时的流行趋势保持着一致。在这里我们可以看到康对外部几何形体布局的谨慎，这种谨慎他坚持了很多年。起居室的一角全部采用了玻璃，用地面铺装加以分割，仅仅通过巨大的壁炉来加以限定。这个区域并不是在后来的设计中加进去的，恰恰相反，它从一开始就是轮廓线的重要特点：被平台覆盖的入口上的支撑的位置展现出一个方形，它是平面中重要的组成部分，它可以被看作是设计的原型，它把外面看到的"玻璃角"包括在内。纯粹的方形

见图3 的几何形体只在后面有一点"变形"：方形的一角被"打破"，把室外的一部分变成了露台。木材饰面穿出去的部分也是后加的；所以才会在材料上有这么清楚的区分，它与平面的几何图形是一致的，并且通过这种文脉进行调整。这部分的"转动"与外部线条的关系，跟通过把壁炉往南侧的外部空间转动后与内部的方形的轮廓线之间形成的关系是一致的。

在这个早期的设计项目中，我们第一次看到了康在设计过程中把方形作为出发点和可能的原型。这个设计第一次暗示了几何形体在康后来的平面布置中占据的重要地位。

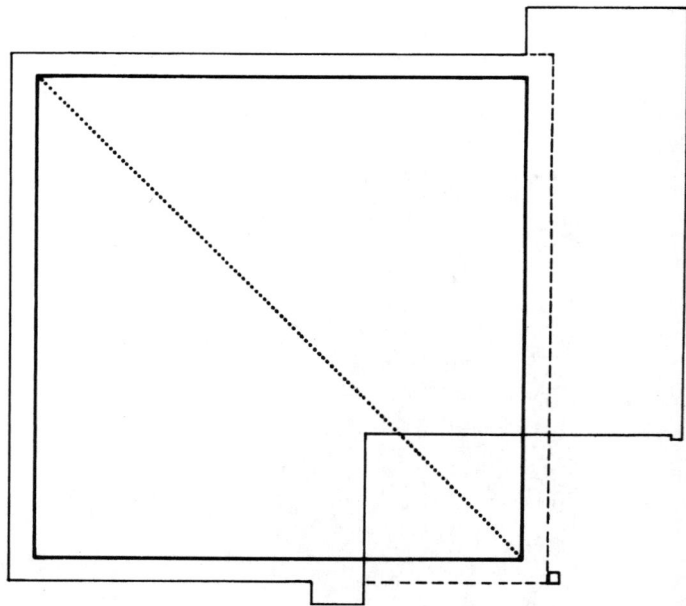

图 3
奥瑟住宅中作为设计出发点的方形

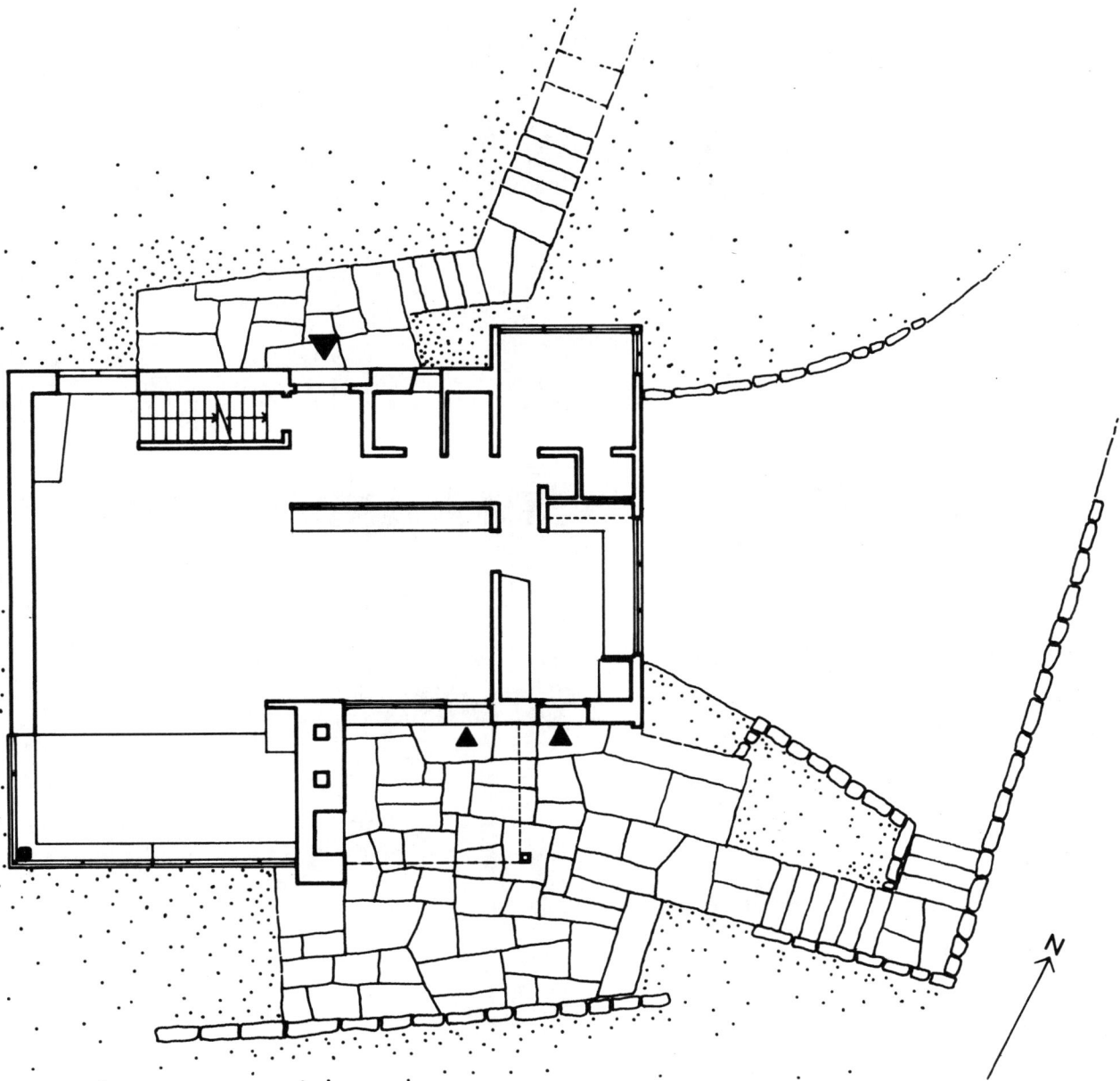

图 2
奥瑟住宅平面
及附属房屋

调节光线变化
的滑动木板

威斯住宅

1947—1950 年　美国宾夕法尼亚州诺里顿镇东部

在奥瑟住宅之后，康开始设计非对称和功能化平面的私人住宅，这是他的设计发展过程的中间阶段。他放弃了"纯粹的"石块似的、基本上是封闭的、近乎原始的立方体，开始追求消融的、如画般的建筑，这些建筑以复杂而富有装饰意味的结构和大面积的玻璃为特点。

在位于费城北部郊区的威斯住宅中，康又回归到了清晰的轮廓线。在他的同事安妮·唐的大力帮助之下，他设计了一个由同一个屋顶下的两个体量连接而成的附属结构，它代表着这种发展过程的结束。这种把建筑分成两个相同进深的区域，它们彼此之间通过形式又重新连接起来的做法，来自它们的功能：

见图 4　中心位置带有壁炉的起居室以及与外面的空地相协调的厨房通过一条走廊与独立的睡眠区联系在一起。等级秩序在这里表现为从外面就可以看到的建筑形体的差异，每个体量中都有次要的空间，例如起居区的厨房和睡眠区的浴室都设计在外围。设计的基本结构被分成了三种形式，从中我们可以看到后来变得很清晰的"服务／被服务"的思想（例如我们在理查德楼里所看到的）。次要的房间、连廊和壁炉以及它凹陷的座位区形成了往外延伸的主要"轨道"的中枢。它给平面的图形带来了特别硬朗的特征，这在康后来的作品中是一个非常突出的特点，它给建筑整体及它独立的车库带来了稳定性。

这个设计中出现了图形组合中的轴线和对称；平面不是从一个随意的结构发展而来的，而是以把各个部分联系起来的秩序为条件的。与前些时候的作品不同，平面中不对称的多边形的分量大大减少了；这影响到了壁炉、家具以及沿着壁炉旁边很长的座位区延伸到外面的墙体。现在它们的特征几乎完全图解化了，表现了先前的设计遗留的影响，例如奥瑟住宅的外部；康已经意识到这座建筑仅仅是它所处的时代的一个反映而已。

一个突出的、往里面倾斜的折叠式屋顶板——被布朗宁及德·龙称为对马歇尔·布劳耶的怀旧[19]——同样也理所当然地追随着当时把体量化整为零的趋势，但是康的大量的未经处理的石材墙面证明了他对坚固性和体量的追求。从整体上看，**见图 5**　在这座建筑中，康对这种形式语言并不得心应手；立面处理的不均衡可以证实这种观点，那上面虚实之间的比例并不恰当。这座建筑位于一个低密度的区域，有着向南微微倾斜的开阔的

从花园看到的景象

视野，它调整了康对威斯立面的处理：起居室内部从地板到顶棚大面积的开敞，通过可以移动的木构件来形成一个由环境和光线构成的景观。

连续的屋顶在后面靠近壁炉的地方微微拱起，最后消失在入口两侧凉棚似的架子中，强调了建筑的两个部分之间的分界点。在威斯住宅中，第一次出现了后来的设计中的一个重要的

从角部看有出口的壁炉区

19　戴维·B·布朗宁，戴维·G·德·龙，《路易斯·I·康：在建筑的王国中》，中国建筑工业出版社，北京，2005 年，第 39 页。

特点：我们并不清楚康是在中间的分割区域里对体量从整体上在两边进行"切割"，还是把两个独立的图形放在一起。我们将会在后面*对立的模糊性*中对这个问题进行更加深入地讨论。

　　威斯住宅是康在这个时期最成功的设计，它的朴素和秩序引导着康后来的、非常重要的创作阶段。

图5
威斯住宅总平面以及基地往南倾斜的坡地

建筑的毛石和木材部分的分隔

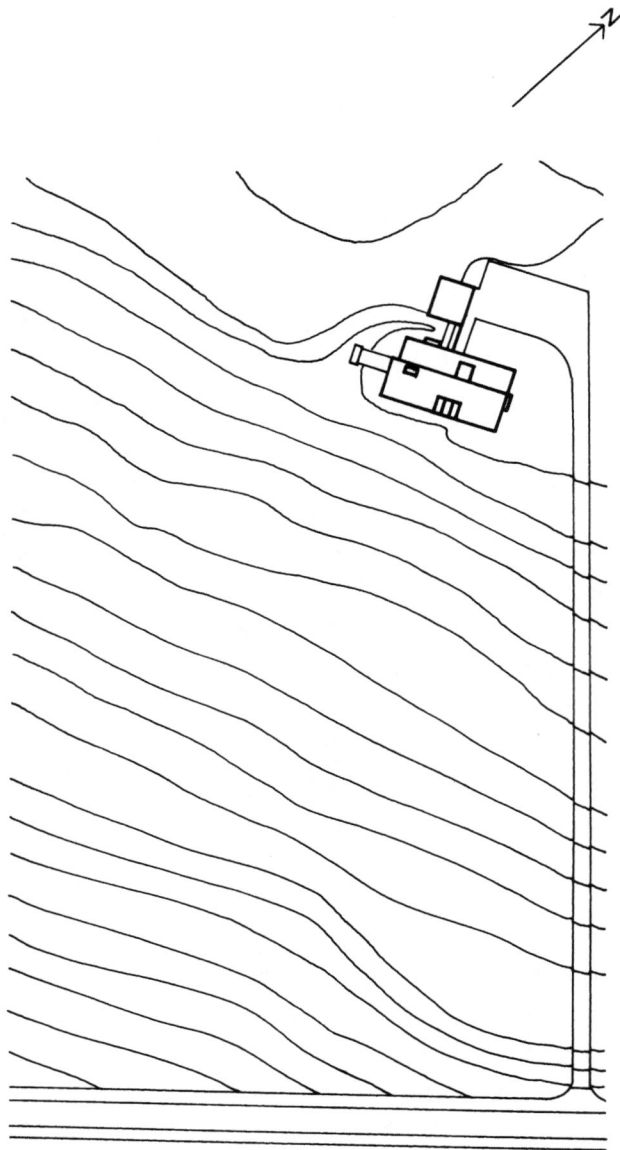

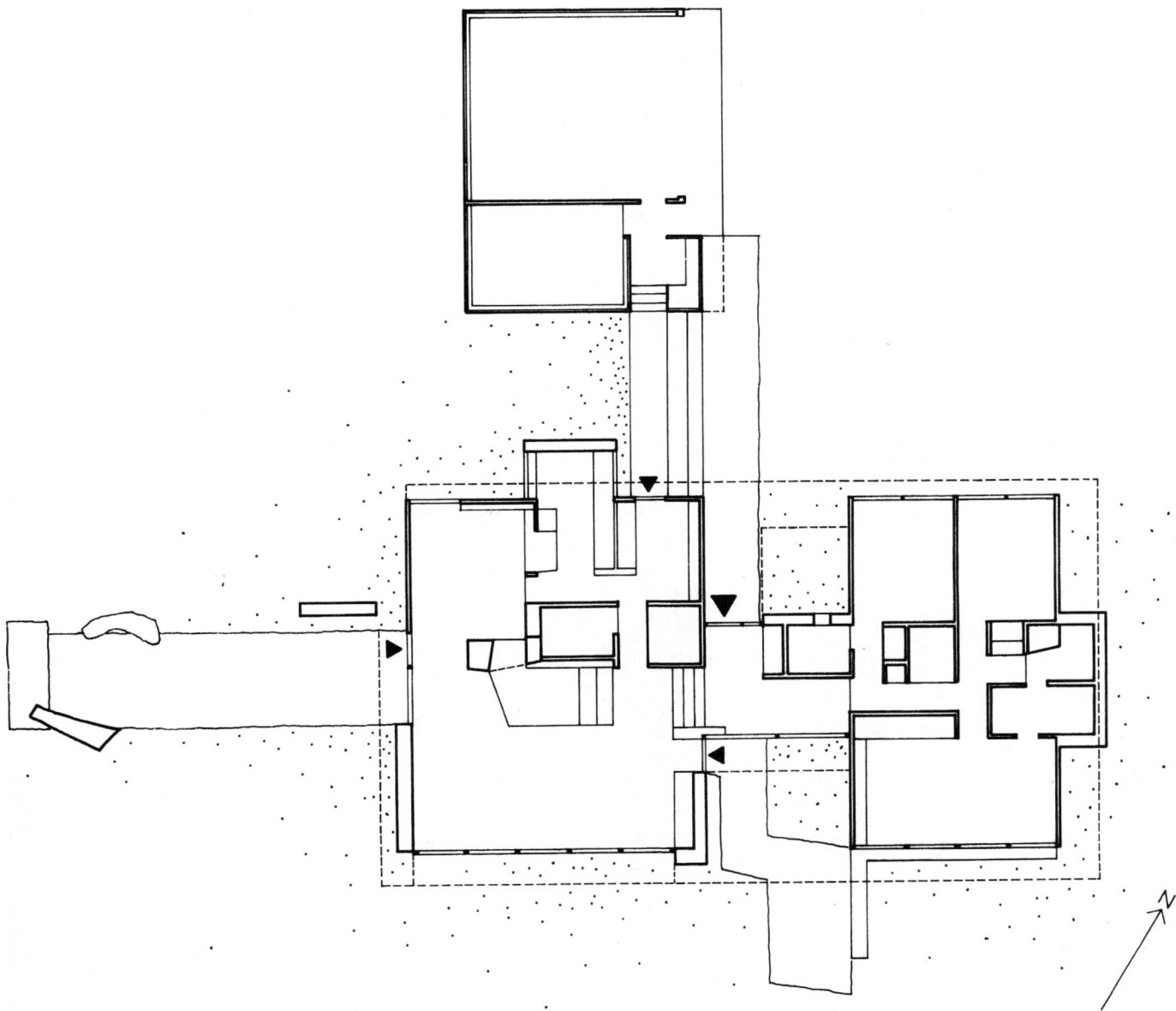

图 4
威斯住宅平
面及花园的
壁炉

沿夏佩尔街
的砖墙转角

耶鲁大学美术馆

1951—1953 年　美国康涅狄格州纽黑文

见图 6

康在耶鲁大学教书的时候，接受了纽黑文美术馆扩建项目的委托，康在这里又回归到他自位于费城的第一座建筑——阿哈瓦斯以色列集会中心——以来广为人知的主题：一个具有明确的轮廓线的简单体块。由于要把老建筑包括在展区内，所以设计了一个小小的连接区；这个沿街的锯齿形布置为主入口的设计提供了可能性。这个连接的元素与威斯住宅中类似的刻意设计的走廊一脉相承，但是在那里它连接的是两栋同样的建筑。而在这里它非常明确，是一个附加的区域，因为新的建筑虽然选择了与老建筑的轮廓相协调，但彻底忽略了它的划分和细部。

在这个设计中，康还是设计了两个对比强烈的立面，它们是根据外部条件确定。在马路和入口一侧——南侧——令人印象深刻的砖墙在主要的连接方向都以一种完全封闭的状态出现。建筑的另外的三个面，除了楼梯间的实墙外几乎完全是玻璃的。引人注目的砖墙上有着凸出墙面的浅颜色的水平混凝土带，这种表现手法是全新的。在这里，这是用抽象的表现手法对古老的模式进行回应。它们的确在外立面上表现出了楼板的划分，但是最重要的是它们代表了它们自己并且沿着角部延伸，它们在砖墙和砖本身之间转换。这个墙面的设计说明了康以一种新的、非传统的方式对纪念性建筑（包括古建筑）产生了兴趣。这个设计第一次在康的作品中成功地实现了与历史建筑的结合，是他把彼此对立的表现形式结合在一起的能力的证明。但是透明的立面，尤其是后面冲着庭院的立面，采用了当时在美国非常有影响的密斯·凡·德·罗的形式语言：它们透露出黑色的、精心雕琢的金属框架。因此这个建筑可以被称作最后一个康希望通过高度的透明——这种手法不是他自己的，是"借来"的——来实现对体量的追求的混血儿。

支撑体系的结构框架在建筑两侧通过浅色的天然石材的饰面表现出来。壁柱把这一点很清楚地表现了出来（就像阿哈瓦斯以色列集会中心的立面一样），壁柱在这里使用得很消极，也就是说它退到了玻璃立面的后面或者直接和表面平齐。顶层阁楼或者类似元素的水平荷载消失了，这再一次质疑了这些带有支撑的立面的可信度，把支撑变成了立面的装饰。在外部，它们是立面的组成部分，而不是支撑结构。这种效果是通过著名的混凝土楼板四面空间框架来实现的，它的大跨度落在这些支撑的内部端点上，与玻璃／金属的立面相脱离，在室内造成一种更加戏剧化的效果。关于它的文章已经不计其数，因此我在这里不再作进一步的讨论。

这座建筑平面的布局是非常重要的；地板／顶棚的结构形式为没有阻碍的展示空间创造了条件。它创造了一种"多功能空间"，可以分成三个部分（和密斯的概念一样）：周围的空间，清晰的轮廓线，在中心区域插入入口。这种布局方式第一次在康的作品中出现了绝对的对称，作为一个独立的设计元素的"容器"被插入其中，形成了垂直通道。在一个用作通风道和电梯井的矩形旁边，耶鲁美术馆主要的楼梯间的形式是一个特别引人注目的形象，在一个圆的内接三角形中有着三个梯段——功能追随着形式。这个楼梯间的形成是第一个康*独立设计并建成的图形*。它以一种排他的、自我参照的形式取得了独立，它代表着康成功的迈出了通往新的体验和设计阶段的重要一步，这是他后来的作品的特点。

外部形式的几何比例是根据老建筑的轮廓线确定。在现有的边界之外增加了两个在老建筑的宽度基础上设计的正方形；这两个正方形有两条典型的对角线并且有明确的边框。因此新建筑的总长度包括花园一侧的支撑的外部轮廓线，而在沿街一侧，与这个几何轮廓线发生关系的是支撑内部的线条，对支撑的宽度的选择以结构的必需为依据，它反过来又决定了室内的

有着表现很清晰的装饰带的砖墙与完全是玻璃的立面在短边的交点

楼梯井天窗
细部

建筑面向花园一侧的背立面，对
密斯·凡·德·罗的怀旧

净宽（图中虚的轮廓线），因此在这个宽度上产生了新的内部 **见图7**
正方形。为了在长边一侧突出这个正方形的对角线，康设计
了一个使用圆弧的简单的几何结构，从而产生了建筑主体右
手边轮廓线的边界。最后形成的矩形有着 1 : $\sqrt{2}$ 的比例[20]：它
的短边与对角线的比例是 1 : 1.414。这个几何图形在康的作
品中有着极其重要的地位；它是一个关键尺寸，后面将会进
行详细讨论。

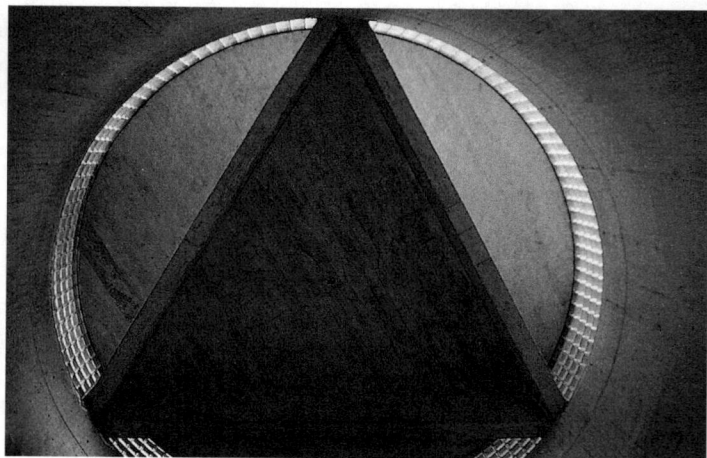

有着三角形梯段的圆
形楼梯井的天窗

20 说明在本书的最后。

26

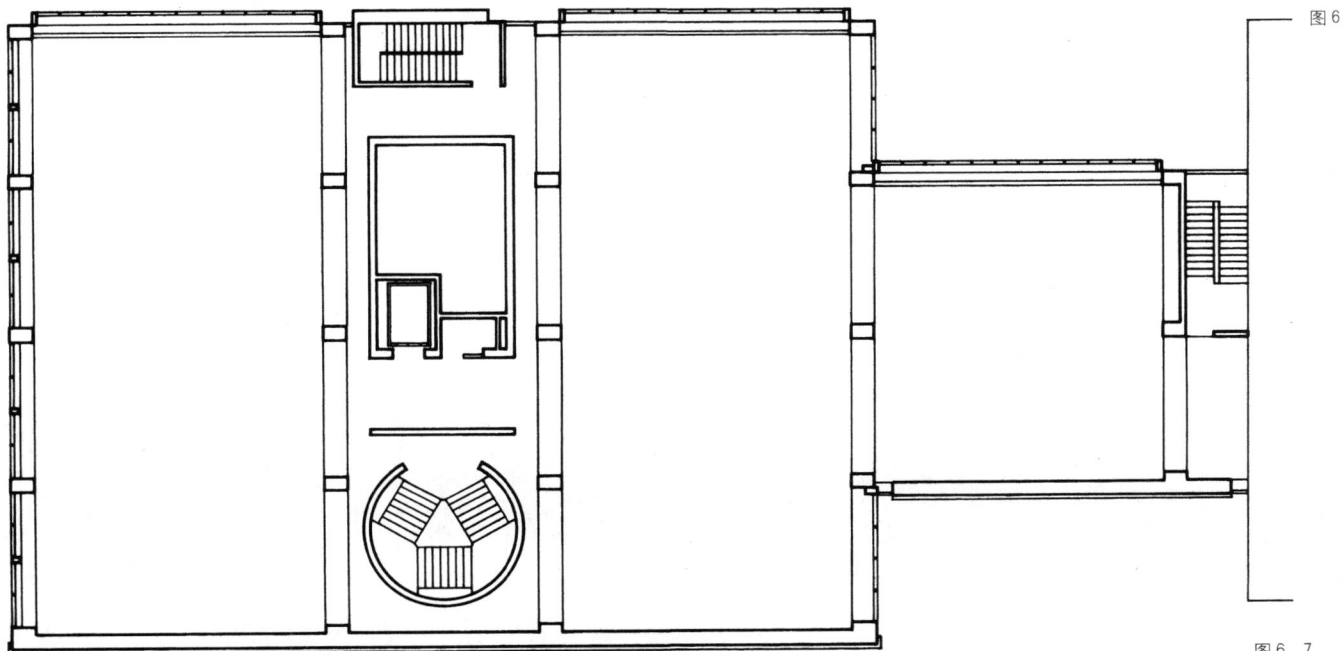

图 6

图 6、7
耶鲁美术馆
标准层平面
和它的几何
分析

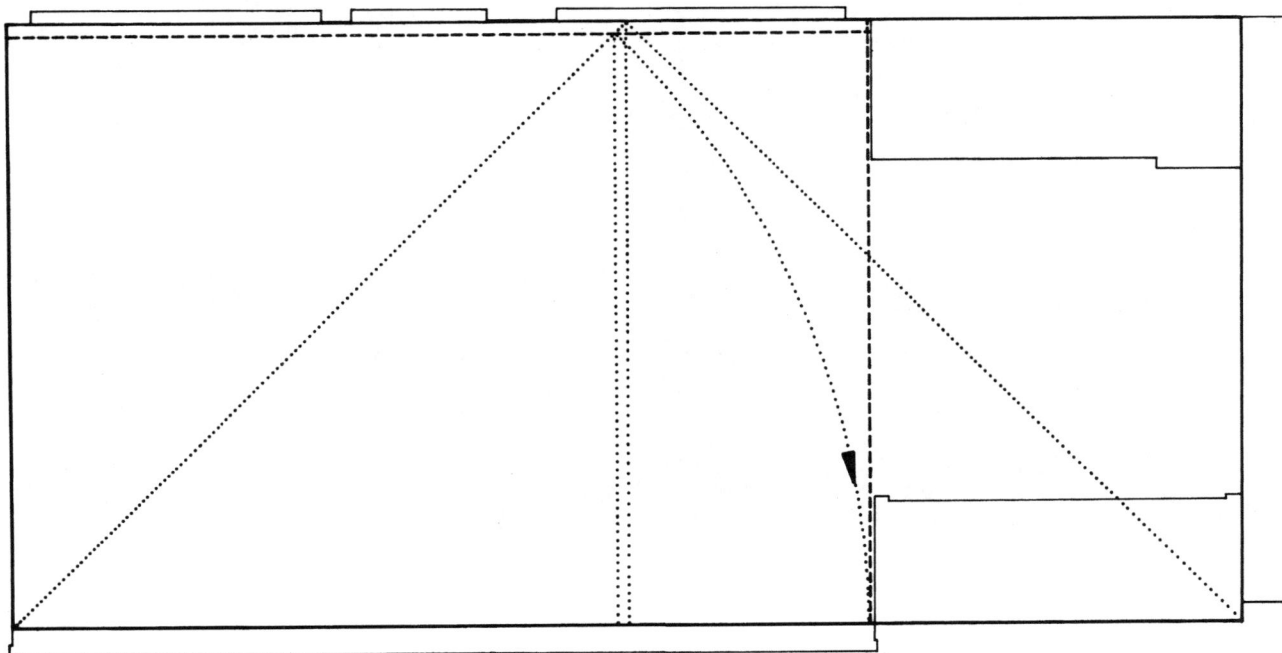

图 7

从后面看
"空心柱"

特林顿浴室

1955 年　美国新泽西州特林顿

见图8
图9

这座建筑在体量上并不大。它只是已经设计好但是没有建成的，包括运动、娱乐和会议设施在内的"犹太人社区中心"建筑群体中的一部分，这个社区中心位于距离费城西北部大约 60km 的特林顿附近的埃文镇。它的"浴室"的名字让人稍感疑惑，因为它实际上只是附近的露天游泳池的更衣间和厕所；它最终的形式是康于 1955 年 4 月设计的。[21] 它由四个双向轴线对称并且由空心的立方体连接起来的正方形组成；这个平面中可以看到让－尼古拉斯－路易斯·唐纳德 (Jean–Nicolas–Louis Durand) 的影子，它非常硬朗，拒绝任何"如画的"组成成分。

见图10
图11

1954—1955 年，在 1955 年春天特林顿浴室最终的概念确定之前，康一直在进行"独立单元"在一个住宅的平面中的布局的试验，那座也是位于费城外围的为阿德勒 (Adler) 和韦伯－

德·沃尔 (Weber–De Vore) 家族设计的住宅最终没有建成；它们建得很"自由"，换句话说它并没有网格的模式，可以被看作是一个重要阶段的开始。

在这座浴室中，基本的图形是一个希腊十字，它以一种非

模型立面（摘自《路易斯·I·康：在建筑的王国中》，1992年，展出于巴黎蓬皮杜艺术中心）

传统的、由康首创的方式保持其完整性。平面中有五个相同尺寸的正方形，它们以各自的取决于空心体的宽度的分隔墙为区别，从而表现不同的功能：入口庭院，中间作为集会的区域，两边分别作为更衣室和卫生间的区域以及通往游泳池的过厅。

这个形式看上去完全背离了根据专门的功能"自动的"选择其大小和位置的逻辑。因此我们第一次看到了康最终克服功能主义者提倡的"形势追随功能"的概念的有力证据；新的想法在建筑中实现了极端的连续性，它的空间定义了同样的*自主的实体*。功能区的划分问题毫无"疑惑"[22]的——康对传统功能主义平面布局的表现——得到了解决。这座有着每个单元之间的连接和类似金字塔的屋顶的建筑成为 20 世纪原创建筑的重要作品之一。

文森特·斯卡利把这座浴室描述成康的作品中"结构设计的出发点"[23]；他显然并不是要通过"基本的"意义来清楚

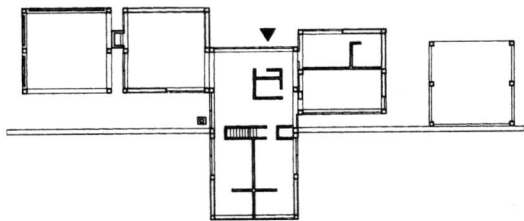

图10
韦伯－德·沃尔
住宅平面

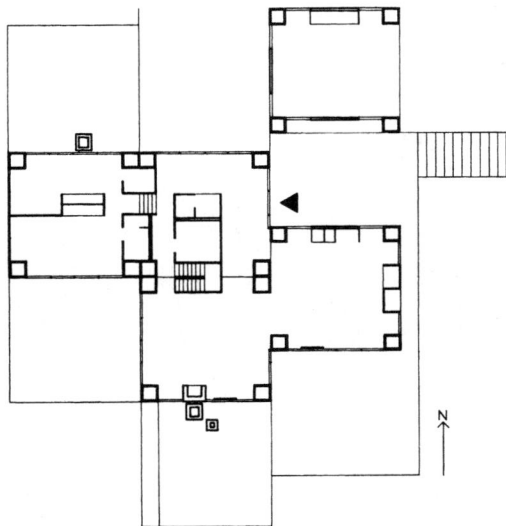

图11
阿德勒住宅
首层平面

---

21 布朗宁，德·龙，《路易斯·I·康：在建筑的王国中》，第 420 页。
22 理查德·索尔·乌曼，《What will be has always been–The words of Louis I. Kahn》，Rizzoli 国际出版社，纽约，1986 年，第 130 页。
23 《Architecture and Urbanism, Louis I. Kahn》，论文，本书第 287 页；斯科利，《Works of Louis I. Kahn and His Method》，东京，1975 年。

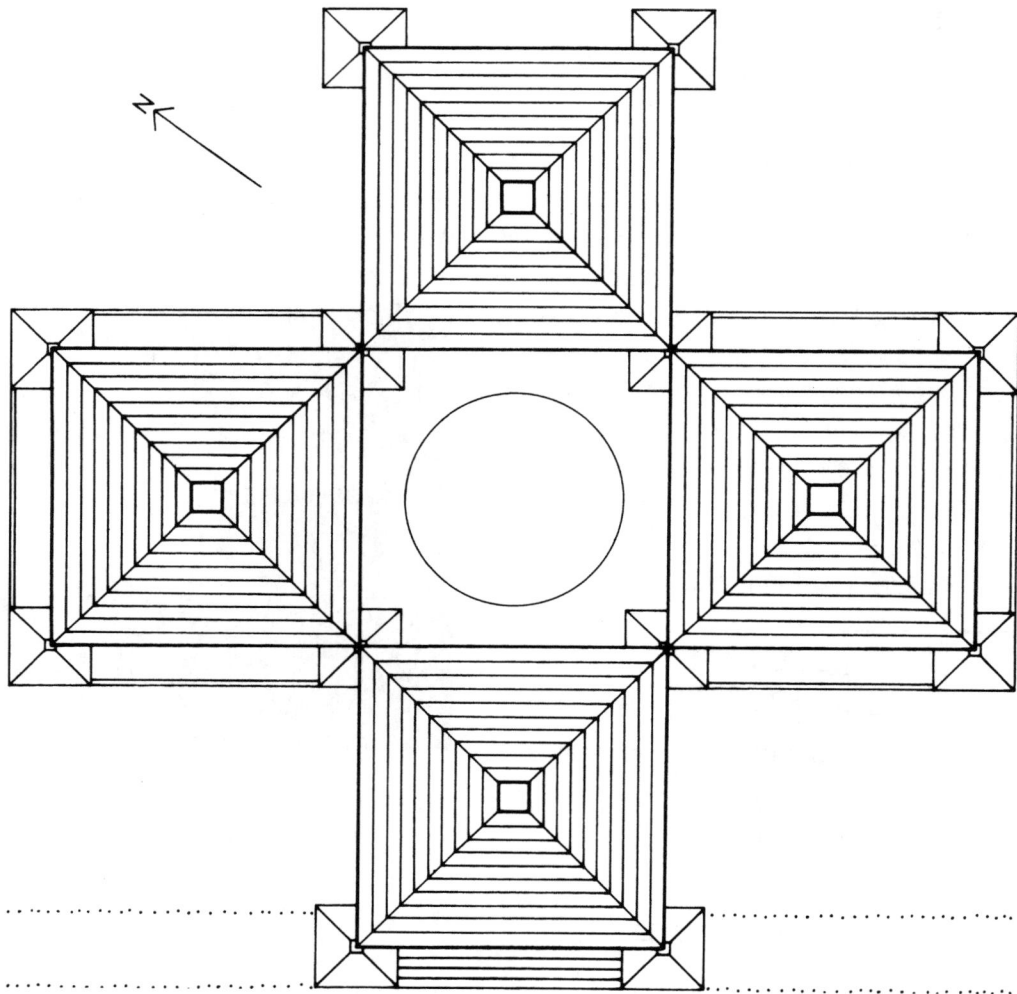

図 8
特林顿浴室
屋顶平面

全景

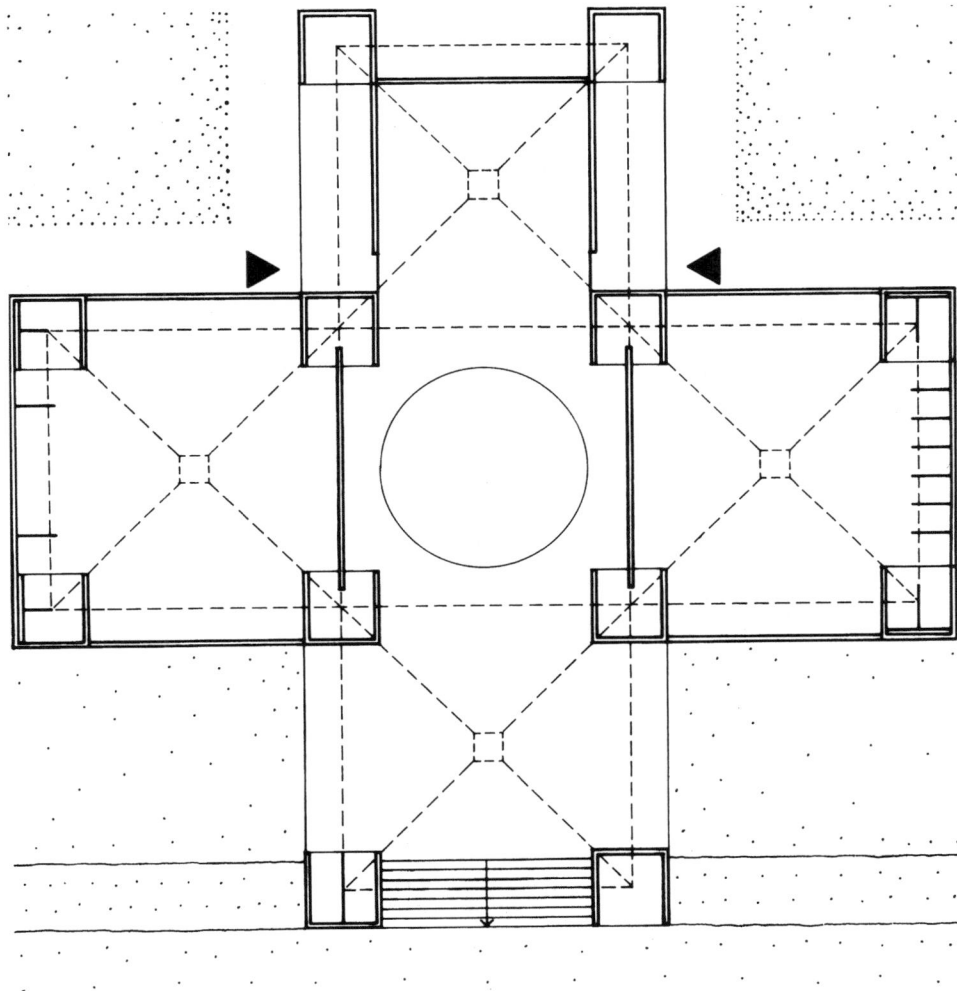

图 9
特林顿浴室
平面及基地
高差

浴室入口

的表现结构，而是把结构和空间创造结合起来，从而形成秩序并且建立等级体系，所有后来的作品都是用它来确定形式的。有一个很好的说明了等级元素的公式，那就是康的"服务与被服务空间"的概念。在一个精简的形式中，它决定了次要空间——例如服务空间和交通空间——和重要的、实际使用的空间之间的关系。这里出现在连接处的空心空间扮演着屋顶结构的支撑或者一个入口区域（服务）的角色，或者作为更衣室（被服务）。然而，尽管像交通空间那样的服务空间很次要，但是它们富有戏剧性的三维空间——在角上局部插入并且几乎在物理上占据主要地位——在功能上是必不可少的。康把它们称为"空心柱"。亚历山德拉·唐声称实用的想法和"空心柱"的说法从 20 世纪 50 年代起就有了，在 1954 年康做阿达什·加苏伦（Adath Jeshurun）犹太人集会中心的时候变成了他的作品中重要的组成部分。[24] 这个概念首先用来巩固特林顿浴室"服务与被服务"的理论。[25]

尽管它们的作用是次要的，但是"空心柱"位于如此严格的网格之中，它们的位置被看作是空间边界的制造者，这一点依然引人注目。因此，被服务空间的存在只能通过服务空间来体现。它们插入式的聚集强化它们的存在，从而对空心体本身所固有的次要性提出了质疑。与之相反，它们看上去起着决定性的作用，因为我们能感受到它们的品质。很显然，结构和空间之间被划分成两个等级的联系是完全结合在一起的。我们可以说康给结构本身分派了一个服务的功能。康自己对结构作出区别，你创造它是"……因为你喜欢它……"并且对结构进行运用，它们在建成的建筑中的任务显然是由使用者决定的。他说结构的功能是作为建筑组成部分中的一个元素，甚至是作为人类行为的一个刺激物，它的行动使它的价值合法化。这种说法来自于建筑的品质只能由人、空间和结构三者之间的相互作用来决定的理论。[26] 对于康来说，结构也可以创造光，交替的柱子创造消极的光，它们之间的空隙创造积极的光，从而"自私"地强调它自己。必须把光和给定的空间连接在一起，在方形的平面中，就比如这个浴室，给它提供使之成为方形的光。

屋顶的形状——一个把轻盈的体量和空间联合起来的组合体——被非常简洁地表现为一个缩短了的金字塔。令人惊讶的

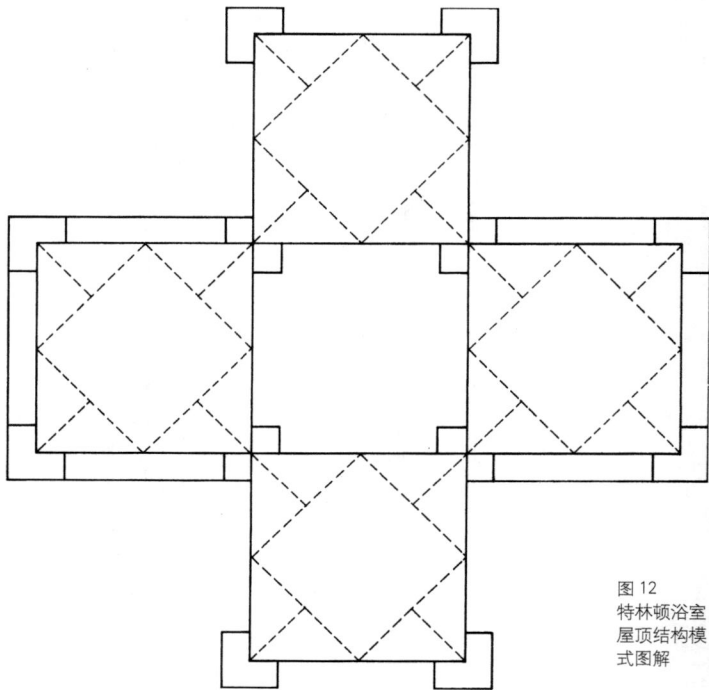

图 12
特林顿浴室
屋顶结构模式图解

是，它没有把向着沿着外墙的第一个场所延伸的首层的功能区覆盖起来，而只是把房间的中心盖起来。这种空间的划分是墙体层叠的开始。墙体的层叠在康后来的作品中非常重要，导致了在建筑周边形成的"空间墙"和室内外之间的"转换区"。在这个屋顶形式中，金字塔背离了它本身并且这种独立性强调了它作为一个有意识的布置在那里的"原始形式"的象征意义，它试图把图形的统一性和整体性协调成一个尽可能简单的几何形体。斯卡利声称康于 1951 年去了埃及，期间参观了吉萨金字塔，触发了他对这种形式的掌握，这次参观对他的影响在这里第一次表现出来。[27]

从屋顶看这座建筑（图 8）还可以发现一个第一次出现的

24 亚历山德拉·唐，《Beginnings, Louis I. Kahn's Philosophy of Architecture》，威利和桑斯，纽约，1984 年，第 35 页。
25 同上，及乌曼，《What will be…》，第 130 页。
26 乌曼，《What will be…》，第 222 页。
27 斯卡利，《Travel Sketches of Louis Kahn》，费城，1978 年。

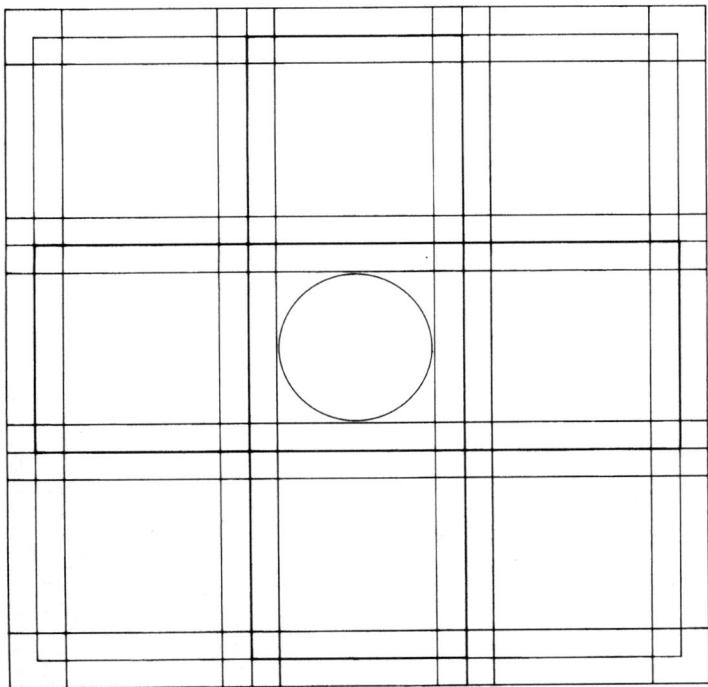

图 13
特林顿浴室集
合结构图解

元素，这个元素在康后来的设计中也可以找到，而且影响深远。那就是斜线的特征的创造。通过自动地把金字塔的屋顶形式连接起来形成了一个围绕在中心周围的对角的方形——方形的庭院，它实际上是从里面"长出来"的。这个"封闭的方形"与庭院的方形是成比例的，它表现了所谓的 $\sqrt{2}$ 的主导比例，这个比例在几何上很容易形成，它的比率是 1：1.414。见图 12

对角线的品质就是从这一点上开始在康的设计中证明自己的，从这之后他非常频繁地使用它。从下面看，屋顶的金字塔中有着对角的框架晶石，它强化着金字塔的结构并且通过角部额外地结合到它上面去。在对角布置的正方形中内切更多的正方形，换句话说对它进行缩小，或者反过来在方形的外部外接方形进行扩大，这种手法在康的作品中第一次出现在特林顿浴室。特别值得一提的是 $\sqrt{2}$ 的比例与这个图形的结合；作为一个先于它而存在的定点，这个比例体现了后来的设计中最重要的秩序原则，因此成为康的理性设计原则的关键因素。

这种结构粗看上去很简单，但实际上其复杂性是惊人的。当我们看到一个形式的单一性所呈现出来的在空间和屋顶以及形成柱子的空心体和空间之间的*双重性格*时，我们不得不参考汉斯·塞德尔梅耶（Hans Sedlmayr）的结构分析的系统方法。[28]

塞德尔梅耶以波罗米尼（Borromini）的圣卡洛喷泉为例来说明选择性地观看，把作为一个整体的建筑进行解剖，从而理解作为建筑基础的结构。与平面分析相类似，这种结构分析的核心是把建筑分解成组成成分和它们在整体中的作用的过程。在拆分特林顿浴室的时候，最引人注目的是聚集在金字塔屋顶下面的柱子的空心体，它不仅让它们归属于同一个单位，而且还与相邻的单元相连。这种连接模糊了单体的清晰度；"空心体"取得了双重的重要性并且在这个基础上把自己作为"第三种"图形独立出来。塞德尔梅耶把这种元素称作双重结构（Doppelstruktur）而鲁道夫·威特科尔称之为"双重功能"（Doppelfunktion）。[29] 对中间的空心体的双重

28 汉斯·塞德尔梅耶，《Gestaltetes Sehen》，论文，1925 年，《Belvedere 8》杂志。及塞德尔梅耶《Die Architektur Borrominis》，Olms Verlag，希尔德斯海姆，1986 年，第 17—38 页。
29 鲁道夫·威特科尔，《Das Problem der Bewegung innerhalb der manieristischen Architektur》，佛罗伦萨艺术历史学院，第 C1109q 号（赫曼·塞斯提供）。

功能的印象被两个相等的方形所加强，这两个方形彼此关联又互相对立，并且有着同样的功能。一个被用作通道，另一个被用作更衣室。从而与相邻的方形相区别，每一个都被归于一个不同的个体类型，通过"第三种"形式结合到一起。威特科尔把组成图形的双重功能和它的模糊性称作"运动元素"（Bewegungs-moment）[30]；试图在一个严格的建筑结构中把各个部分结合在一起暗示着动态以及被称作"不稳定"的不确定性的内在状况。

作为不稳定的运动的一种表现，双重功能是风格派形式的基本特征。由于这个原因，即使是在康早期的作品中，都可以很清楚地看到他在追求风格派的原则。特林顿浴室的建筑本身，它的各个部分，它的节奏，同样的尺寸以及在一个均等的网格中空间，并不是对这种运动的直接表现。但是地板上有着圆形标志的空的中心（轴线交点）可以被看作是一组围绕它旋转的图形的中心。然而，即使它所暗示的旋转是受控制的：在游泳池的入口，建筑在平台的一个缺口处与地面牢固地连接在一起，它在两个柱子之间被台阶所固定。浴室以一种中心的、几乎独立的姿态站在那里，不是随意的布置在平台上，而是变成了它的周遭环境，我们可以看到它的位置与原先设计的社区中心的关系是经过精心考虑的。

康开始意识到要完成这座建筑，"结构"的概念是非常重要的。从这个意义上讲，结构随着大量的变化而发展，但是与后来的设计不同，在这个设计中他一直追随设计概要中基本要点。它与"服务和被服务"概念的结合对于康来说有着"繁殖的能力"[31]，在他后来设计的每一个建筑中都可以看到这一点。

见图13　最可能与结构和形式相结合的图形形成了对特林顿浴室的基础的近乎图解的设计。它展示了把一个方形分解成9个，它模糊、界定了周边区域并且描绘出十字形的叠加。因此，我们可以很清楚地看到导致结构产生的并不是十字形，而是方形，因为是方形把建筑的积极区和消极区联系到一起，也就是说有或者没有建筑在它里面的分区。空的中心只有在角部的四个空的区域的围绕下才能被看到，它很快让我们想起被表现为象征几何学的"秩序形象"的设计，它一开始很难被感知，但是表

现得很明确。正如我们后面将会详细解释的那样，它与印度被称为曼陀罗的冥想形式有关系，代表着可以感知的和很难马上感知的世界的结合。

主入口

30 同上。
31 乌曼，《What will be...》，第130页。

内部景观

连接空心柱
和承重墙的
节点细部

建筑背面的通风井

艾尔弗雷德·牛顿·理查德医学研究所／戴维·戈达德实验室

1957—1964 年　美国宾夕法尼亚州费城

见图 14　　1957 年康开始了费城宾夕法尼亚大学医学研究所的设计；它完成于 1961 年；后来加建的生物研究楼完成于 1964 年。在这个项目中，康再一次——和特林顿的设计一样——组织了独立的、双条轴线对称的方形统一体，包括围绕一个有着方形的核的中心供给楼以及与次要功能相邻的实验室。后来，康在一个实验室的轴线上增加了两个被称作"戈达德实验室"的经过稍稍变异的方形单元，把它们用作有单独入口和卫生设施的生物研究室。医学楼的主入口位于一个架空层上，可以从两个成对角线布置的楼梯和一个短短的坡道进入其中，而进入生物楼则需要借助位于第一个实验室的塔楼下面的斜坡。

与特林顿浴室的设计相反，这里的支撑元素与单元的角部无关：荷载是由位于边长的 1/3 处的两个点上的支撑承担的。康的意图是希望角部看上去就像悬臂结构那样没有重量感，从而可以用玻璃来实现空间边界的透明化。在它们的轴线上，每个单元都被旁边的用作走道和服务的房间和区域所包围。它们与其他空间的分界点必须通过"附加"的办法来界定，就像特林顿浴室中有意识地拒绝了结构和服务楼之间的结合那样。它们泾渭分明地站在实验楼的前面；因为它们的体量和高度，你很难一眼看出它们的次要性；因为它们比实验楼要高得多。

医学研究所的服务塔来自于特林顿浴室中的空心柱；在这里它们失去了原来的承重功能而作为一个独立的形象存在。亚历山德拉·唐把它作为把空心柱的原则扩展到所有设计元素中去的原因之一，甚至声称实验楼本身就是一个空心柱。[32]

在《康在费城的作品选》中第一次复原的平面中，我们发现很难从功能意义上去分割原来打算用作开敞空间的实验室的、方形的空间深度。康觉得这一点并不是特别重要，因为把房间设计成单元式的可以便于灵活使用。这里展示的实验室的平面来自于康的事务所，它展现了一个不对称的走廊布置体系，这个体系对居中的方形提出了质疑并且在走廊两边形成了传统的办公室格局。

在形式上根据功能而变化的服务塔作为一个准自主的单元，它在平面中也非常清晰。但是也有不一致的情况：附加在建筑中心部分的一个垂直通道体系，包括楼梯间和电梯；虽然它是"服务的"部分，但是它并不能被独立地区分出来。在与生物楼相联接的地方，与台阶的尺度相协调的巨大的通风道把实验室塔旁边的、有着比较大的楼梯和比较小的通风道的服务塔的不同方向也提到了问题中来。实际上，从整体上来说，平面中完全不同性质的连接元素是可以理解的。这里我们要特别关注康保持设计的两个部分不分裂，并且最终把它们发展成一个整体的能力。建筑组成部分的"整体性"是通过对同类型的元素稍加变异，以及对几何结构和它们的比例的关注来实现的。

见图 15　　在总平面中[33]，关于扩建的生物实验室是如何与原有建筑结合在一起的问题，可以通过几何学的帮助展现出来：通过一个封闭的方形框架，把"围绕"在中心周围的方形实验室的封闭"体系"表现出来。这是为设计设定的出发点。在深入设计阶段添加的扩展部分现在与用同一种方法发展而来的框架结合在一起。在这里，和在总平面上看到的一样，关键是被称作黄金分割的几何结构[34]，它是从围合医学实验室的方形中发展而来的。这个作为框架的方形形成了在比例上界定扩建部分的最

宾夕法尼亚基地内的全景以及背景中的费城工业区

---

32 亚历山德拉·唐，《Beginnings》，第 37 页。

33 对理查德和戈达德实验室的分析是建立在作者与建筑设计学院奥斯特泰戈 (Osertag) 教授 1991 年在不伦瑞克理工大学建筑历史学院的一次讲座，以及 P·泰切尔 (P. Teicher) 对乔琛·布林克曼 (Jochen Brinkmann) 和海宁·波尔 (Henning Pohl) 的成就的采用（他们那时候还是学生）的基础之上的。

生物实验室
立面细部

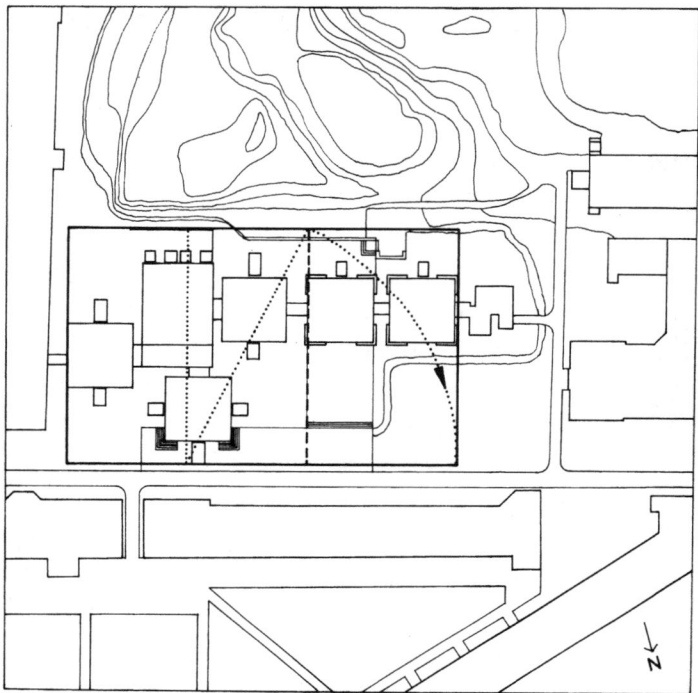

图 15
理查德和戈
达德实验室
总平面以及
它们的几何
框架

实验塔楼梯井

作连接元素
的生物实验
室立面细部

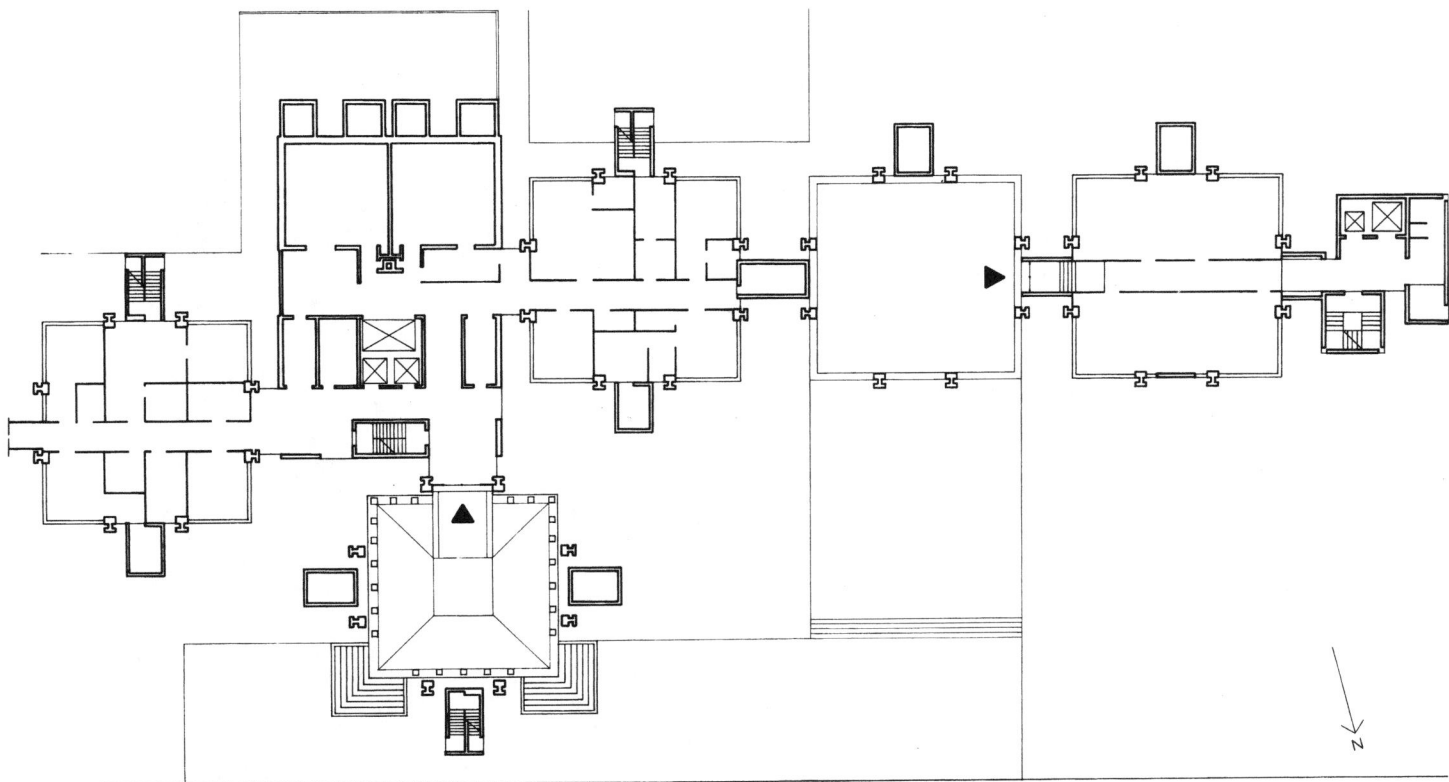

从后面看医
学实验室。
右侧为生物
实验室

初的图形：由下面的延伸线上的弧线所形成的半个方形的对角线。它的交点形成了作为整个图形的框架的新的黄金分割。

矩形的右侧边标志着生物楼的边界，并且在实验楼的整体图形上固定了纵向与横向的比率。由于扩建部分只在后边部分需要通风道，所以它们的连接元素的长度依然是很灵活的。因此，可以毫不费劲地把设计的每一个部分都放到几何框架中去。这个框架代表着康的建筑中重要的秩序原则。

结构和构造与实验楼结合在一起，它在服务井道旁边的——就像树干一样的——支柱承受着像"树枝"一样逐渐变细的悬臂，并且构成了立面的形式。因此，我们可以说在康的作品中有一种与众不同的表现力：结构完全起着决定作用，实际上正是它创造了形式。服务部分的分离被支柱旁边的连接点上狭窄的混凝土梁格外强调了出来。康的顾问工程师，奥古斯特·考曼顿特（August Komendant），帮助康实现了结构的决定性作用，并且提出了一项"在使用预应力构件建造多层混凝土建筑时的重要创新"[35]，然而评论家相信建筑整体上的"诚实"：莫赫利－那吉（Moholy－Nagy）称之为洋溢着"纯粹的超我启示"的"原型"[36]，彼得和艾利生·史密逊（Alison Simthson）认为是"有意义的空间秩序，有意义的结构秩序"[37]，赫克斯苔伯尔（Huxtable）认为它表现了"诚实、正直、信任"[38]，而捷尔古拉把它看作有永恒感和新鲜感的建筑。[39]

作为受力和饰面材料的混凝土和砖的材料构成可以被称为是一种组成秩序，它在立面上的表现通俗易懂，生动地演绎了结构决定形式的理论。同时，一种戏剧化的品质被用来界定由建筑的不同部分决定的不同等级之间的相互关系，它的砖和浅色的天然石材定下了基地的调子。这些周围的建筑建于上一个世纪（19世纪）；它们是三层（角部六层）的学生宿舍。它们以不同方式不规则地结合在一起，"浪漫的"砖，从深红色到蓝黑色，就和那时候经常看到的建筑一样；对比的窗户显示了加外框的山墙，非常清楚地表现出不同楼层的浇铸以及浅色的天然石材的装饰。实验楼切割精确而平滑的深红色砖以及浅颜色的混凝土，理所当然地接受了基地的特质，但是整体上看上去又是独立的。

实验楼的链式联结方式使得每一个单元都能保持独立的结

生物实验室的玻璃角窗

构，同时又通过一条玻璃走廊与中心相连，它的"服务"空间围绕在它的周围。实验楼的楼层高度是相等的，所有的塔楼和中心的建筑的高度也是相同的，就像我们已经说过的那样，这使得各个部分聚成一个同质的整体。

34 说明在本书结尾第196页。
35 奥古斯特·E·考曼顿特，《18 Years with Architect Louis I. Kahn》，Aloray 出版社，恩格尔伍德，美国，1975年，第19页。
36 莫赫利－那吉，《The future of the past》，Prospecta 7，耶鲁建筑杂志，纽黑文，1961年。
37 彼得和艾利生·史密逊，《Louis Kahn》，《Architects Yearbook》第九卷，1960年。
38 艾达·路易斯·汉克斯泰伯尔（Ada Louise Huxtable），《The New York Times》，1970年，由苏珊·布劳迪（Susan Braudy）引用，《The Architectural Metaphysics of Louis Kahn》，《The New York Times Magazine》，1970年15期，第92页。
39 罗马尔多·朱尔戈拉，《Giurgola on Kahn》，《American Institute of Architects Journal》，华盛顿，1982年8月。

医学实验室
窗户细部

处于周围建
筑环境中的
实验楼

通风道

见图 16　　尽管它是由同样的图形聚在一起而形成的，但是布局却并不死板：与特林顿浴室的双轴线对称不同，在这里，各个部分是不对称地围绕在一个中心的周围的，医学研究所的图形本身就处于运动之中。由于受到一个围合的方形的结合边框的限制，形成了建筑的边界线和后面运送货物的院子的边界，"风车的轮叶"看上去正在它们的位置上"休息"。但是向心力仍然给人转动的印象，并且让人想起各个部分之间充满活力的起伏，尤其是当我们站在一个过路人的视点去看的时候。服务楼不同厚度的石材饰面强化了这种印象，它的功能从外部就能清楚地看出来：要么是稍长一些的、有着平行的墙板的楼梯井，从内部可以看到以"真实的"混凝土核做结束的体量；要么是一个服务通道。被称作旋转的运动再一次"被制动"，而结束的墙板依然保持平行。线形的生物楼也能消除第一部分建筑体量的动势。

见图 17　　很显然，康并不是仅仅选择了一个方形框架来建立图形的尺寸，而是在一个网格中发展设计的各个部分。这是一个 8 英尺的网格，它界定了中心的建筑和它后面的塔楼、实验室和连廊的轮廓线，以及所有的重要的内墙的位置。

　　在理查德楼的设计中，康毫无例外地遵循整体的网格，就像这个设计所显示的那样；这种情况在他后来的设计中再也没有出现过。这个网格还像紧身内衣似地控制着设计的结构秩序。偏移和有意识地打破网格所形成的复杂性只能在后来的设计中才能看到。但是这个设计中有着大量的矛盾冲突：主要的实验室部分——等级体系中的"主要人物"——角部被打破了，这使得他们看上去是次要的、透明的，而且它们的玻璃窗在外面是平齐的，它们的反射的确是让人感觉到某种非物质的存在。与之相反，作为"次要角色"的服务部分却是厚重而坚实的，比实验室还要高，因此它们两者之间的连接形成了内在的张力，并且对实际的重要性和次要性提出了质疑。当我们从角部看实验室的时候就更加加深了这种印象：它们以支撑的柱子为边界，这把它们作为一个几乎独立的形体隔离出来，使它们看上去"谦恭地"站在次要的位置上，退缩在高高的砖塔之间，而生物楼的转角玻璃以一种抵抗重力的姿态垂直飞升。如果只从对角线上看实验室，可以从中看到一个由于侧面的服务部分的不同而

被打破的对称。对称和不对称之间的相互作用在中心的砖塔的背立面上微妙而又有力地被表现了出来：与中心塔楼的背立面的墙体结合成一体的四个通风和服务通道有着*不相等的*宽度，追随着一种几乎不能想像的 a–b–a–b 的节奏，与原先中心明确的第一印象背道而驰，并且形成了对称图形根据与 a 对 a 和 b 对 b 的关系的叠加。但是从内部空间的功能上来讲，a1 属于 b1，a2 属于 b2。因此，这四个元素之间有着很显然的多重联系，动荡——也就是说运动——的局面和不安全感弱化了对称格局带来的死板的感觉。在这里，康对*动与静之间形式的摇摆所形成的对比*的特殊兴趣变得明显而容易理解。

　　在实验楼的结构图解中，我们可以看到一个与特林顿浴室相近的图形。主要的、间隔为 16 英尺的双重交叉的空腹支撑结构把荷载引到外面，在内部形成了没有支撑的空间。它们之间是次要的元素，也是十字形的，并且有同样的构成方式。这让人想起界定了方形边界的、简练的立面形象上的尖端变细的悬臂边梁（树的枝丫）。但是在这里我们不应该把注意力集中在结构的特性上，尽管查德医学研究所是康已建成的建筑中令人印象最深刻的由结构起决定作用的建筑。我们应该注意到，图 18 中再一次出现了一个被分成九个部分的方形，这完全超越了结构的要求，体现了康把建筑的各个基本的方面进行抽象、普遍地*结合的*符号。见图 18

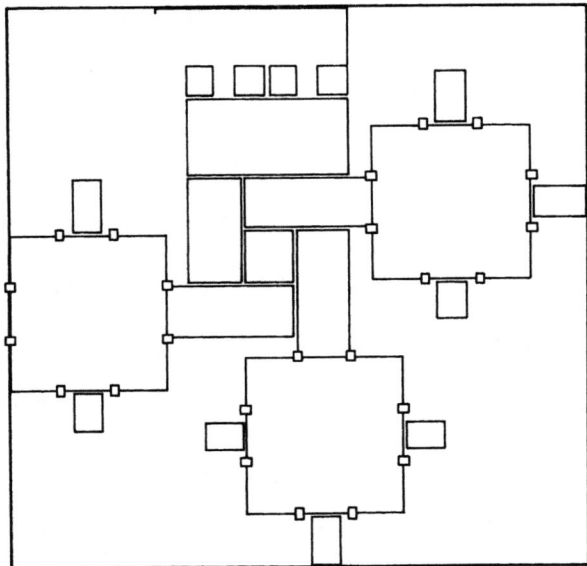

图 16

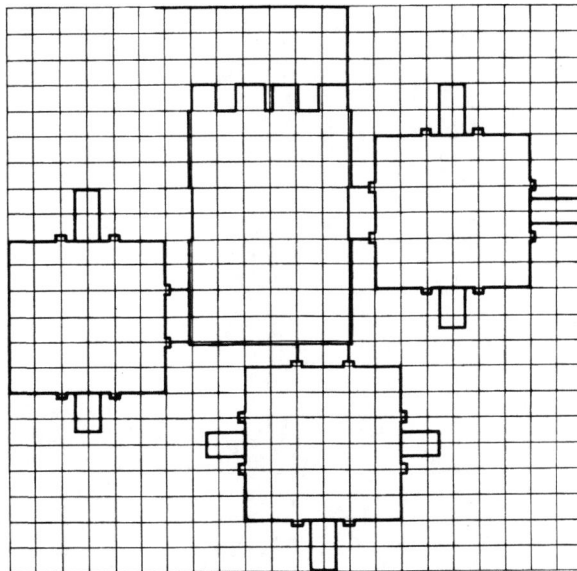

图 17

图 18

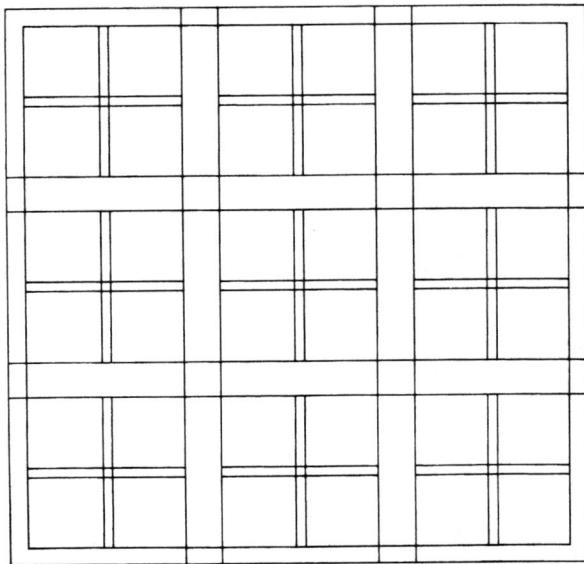

图 16、17
理查德实验
楼几何结构
分析

图 18
楼板平面元
素构成模式

入口立面的
窗户

玛格丽特·艾修里克住宅

1959—1961 年　美国宾夕法尼亚州费城

见图 19

康的第一座重要的私人住宅时间里在 1959 — 1961 年间的大量项目中发展形成的他自己的典型语言之上的。它位于费城的一个居住区——栗子山内，是由玛格丽特·艾修里克夫人委托的，她要求康为她自己设计一座独居的住宅。实际上她只在里面住了几年之后就把它卖掉了。

这个设计构想了一个矩形，建筑呈块状，它的长轴与入口的道路平行。入口的一侧相对封闭，而花园一侧的立面大量地开洞。平面根据房间的功能等级分成三个部分：一个两层高的起居室，楼上与上面的、与包括厨房在内的"服务区"相邻的卧室，侧室和浴室。房子后来的主人在入口和就餐区之间增加了一道分割墙，因此模糊了康最初的概念。第一个引人注目的特点是康在这个设计中没有像在理查德楼里那样进行明确的划分，而是把主要空间和次要空间以一种模糊的关系融合到一起。在这里我们可以看到康的一些反思：他不再主要关注在结构中明确的表现出来的方式把单元聚合到一起，而是根据更高的秩序、用复杂性和模糊性把元素的形式彼此结合起来。这是康的作品中一次根本性的转变，它在后来设计中影响深远。内在的几何结构在这里变得比以前的设计更加复杂，因此康把他对"秩序"的理解表达得更加浅显易懂，他的这种理解将是接下来的分析的主要组成部分。[40]

在平面和透视中都可以看到对称的轴线，构成对称的不同部分放弃了"对独立的争取"。它们牢固地结合成一个整体的建筑，但是它们对独立的"愿望"依然保留在潜在的表现中：两个像凹槽一样的缺口，标志着入口并且把起居室从中间一排的房间中分隔出来，形成了沿着轴线的两个同样大小的区域。这些缺口是有形的结构，独立的空间，看上去是从特林顿浴室的空心柱发展而来的空心体量。它们可以被称作是消极的空心柱，在它们的入口功能为邻近的主要房间"服务"。当这个服务的角色与主要房间的轮廓线结合在一起的时候，设计的复杂的结构就显示出来了，从而演绎了两边的分隔与联系。次要的厨房和卫生间尽管与主体结合在一起，但依然保持着独立，主要是因为背立面窗户概括的轮廓线再一次形成了视觉上的分离——这是一个矛盾的对比。

就像我们已经在特林顿浴室中所看到的那样，建筑的周边

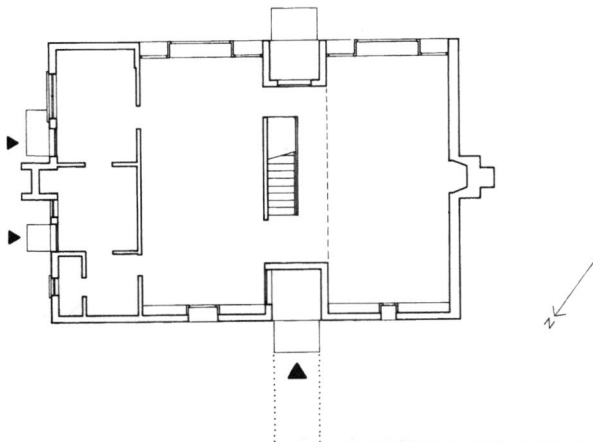

图 19
艾修里克住宅平面

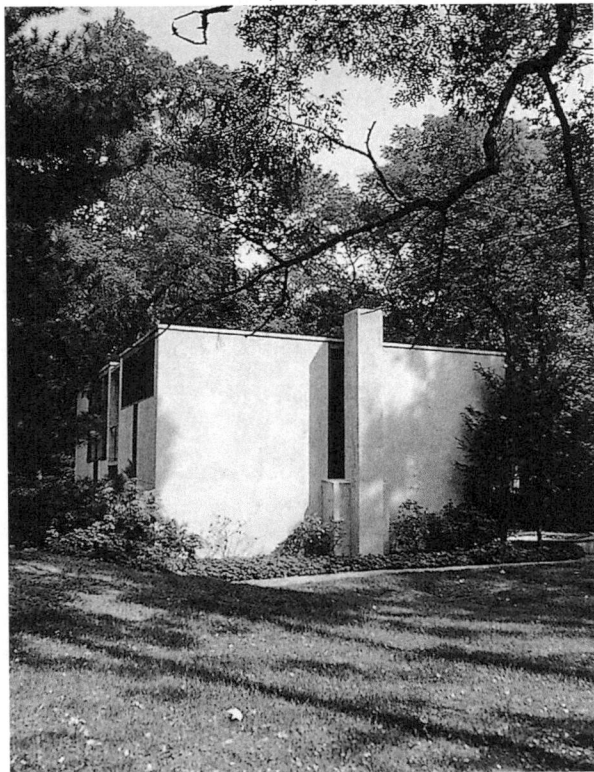

从主要的入口道路看

40 这个分析是建立在费城的《Louis I. Kahn Collection》以及罗纳／贾文理的《Louis I. Kahn—Complete Work 1935—1974》（巴塞尔／波士顿，1987 年）中原始图纸的拷贝上。

逐渐显露出康作品中的复杂元素。在这里，康的注意力集中在通过两个空间的层次传达出室外墙体雕塑感。这个设计中，在一个方向上的被几何形体固定和定义的突出和凹进，形成了设计背后的推动力。在艾修里克住宅中，分区具有明确的材料的特性：它不是由坚固的石头组成的，而是由"柔软"的木头组成的。木头像一张表皮一样来回弯曲，上面充满了大量的玻璃，

入口立面　通过稍作调整的过渡区在室内外空间之间形成了一种封闭的关系。这种雕塑般的效果有利于把组成成分结合到一起，它在其他方面倾向于用空心的入口体量把它们分离开来；这样明确的划分就被模糊掉了。

在入口立面上，可以看到一个不同而连续的 T 形母题。它不仅仅是构成这种形式的窗户的形状；通常，在康的建筑中二楼用作装饰的金属栏杆也是 T 形的。入口上方的混凝土屋顶从它们的两侧看也是 T 形的，康在粉刷的立面上保持了它们的可识别性。T 形的窗户完全是由于功能原因而形成的，因为一楼狭窄的裂缝的形状可以免受来自外面公共区域的不受欢迎的窥视。而左侧的窗户清楚地反映了两个楼层的划分，起居室高而窄的裂缝"说明"了这里只是一个单层的房间。"百叶窗"，也就是调节光线的薄片，暗指着 1947 年威斯住宅可以滑动的调节光线的木板，而粉刷过的立方体和它们的高墙在上方没有一个收尾的做法，在那里木头的部分形成了比较暗的区域，这让人

回想起同样也是突出在外的、理查德楼的楼梯间和它们的墙体。

斯科利 [41] 很快意识到窗户布置在顶棚的边缘的做法，代表着整个起居室的短边的特征，就像康试图使"房间的边缘都充满阳光"一样。横向玻璃窗也许可以看作是顶棚的反光，使顶棚沐浴在白天的阳光中，就像房间的另外一个"立面"一样，强调了这个高而窄的房间的边界，也就是说强调了它的比例。也许是受到了勒·柯布西耶的启发，他在 1962 年设计的库克别墅在顶棚的边缘也有一个横向的窗户，而它的下面是一个狭窄的、居中的、竖向的窗户。

在不同体量上的窗户的布置提出了康的设计中的一个新的主题：*相似但又不同的元素并置在一起，往同一个方向努力*。这些想法的结果是在立面中有意识地引入不稳定的状态。用一座整体上不对称的建筑把两个对称的组成元素联系在一起，产生视觉上的运动感。在入口立面上，T 形的窗户看上好像是在一个静态的建筑体量中上升或者下降，而立方体的不同宽度暗示着水平方向的移动，这种移动是由与在短边一侧两个壁炉相关的建筑主体之间的距离构成的。

接下来的分析仍然采用我们在上面提到过的平面分析法，它将揭示给设计带来秩序的几何体系。它与直觉的发展相关联，并且把所有的设计想法限定在一个理性的结构内。依然很模糊的想法通过手绘的草图，逐渐变成可以转变成有固定的尺寸和数字的图形，然后用比例表现出来。这些方形或者矩形可以从几何学和数学上理解，它决定着建筑的整体结构，它体现了康试图把普遍的、由几何形式确定的原理应用到他的设计中去。也许它还表明了这些图形的独立性，因此这个*几何图形体系*导向了一个原始图形，对于康来说，它通常是一个方形。

41 斯科利,文森特,《Louis I. Kahn》,来自《Architects of Today》系列,纽约,1962 年。

入口一侧窗
户的形状

从角部看作
为厨房入口
短边一侧的
洞口和壁炉

花园一侧全景

在这里，平面的起源从它的理性原则来讲还有待于进一步发展，因此是在平面中逐步完善的。对它的分析是建立在根据最初的概念对艾修里克住宅的平面进行重建的基础之上。

有着入口和阳台的花园一侧的窗户形状

花园一侧的窗户细部

见图 20　　　这个设计的出发点是一个方形。它形成了左侧墙体的内部的边线和比较长的墙体上下层内部线条之间的距离——涉及到制图。

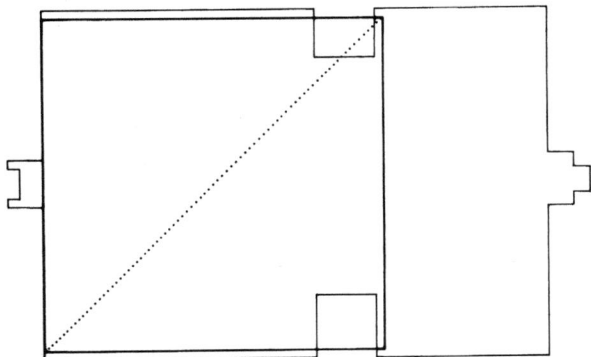

图 20

见图 21　　　通过简单的几何结构，以方形的对角线为半径的圆弧与方形的下侧边线的延长线相交。这个交点被用来形成一个新的矩形，它的短边与长边的比例是 1 ：1.414。它的 1 ：$\sqrt{2}$ 的比例将进一步证明它在康的设计中的重要性。为了简单起见，我们把这样的矩形简称为"$\sqrt{2}$矩形"或者"$\sqrt{2}$图形"。这个新的矩形按照根据结构要求而确定的墙体厚度移到方形外面的右侧。原始的方形的右侧的特殊重要性将在下一步作全面的解释。

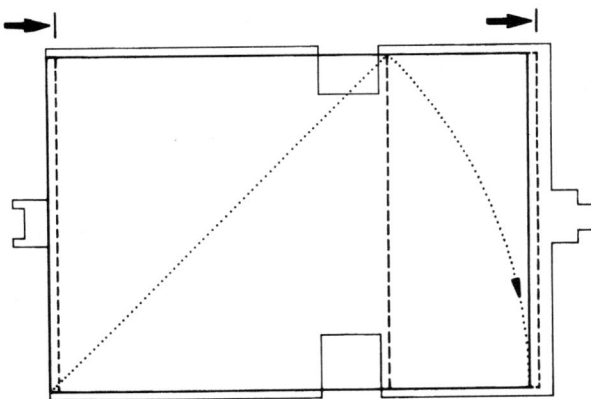

图 21

见图 22　　　建筑外围墙体形成的整个室内的轮廓线是由通过移动$\sqrt{2}$矩形而产生的布局所决定的。这个轮廓线在某种程度上是一个框架，它是固定组成部分的位置的定点。无论内墙还是外墙所形成的轮廓线，对于接下来的发展阶段都具有同样的重要性。

　　　上面提到的原始方形的右边确定了在两边形成入口的缺口在墙线上的位置，但是它也是楼上带有走廊的、两层通高的起居室的边界线。这一条线在实际建成的建筑中变成了对原始的方形的存在的一种暗示。

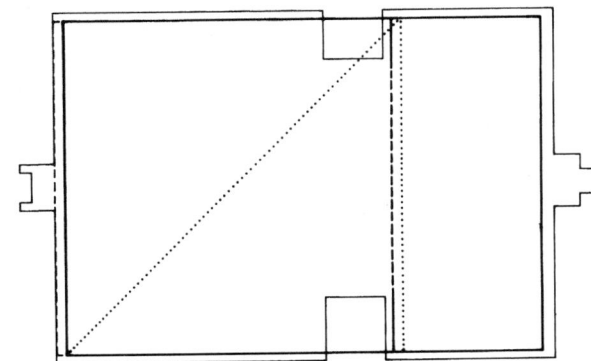

图 22

图 20—22
以方形作为
出发点的艾
修里克住宅
平面分析

一个新的比例的矩形模式决定了至关重要的平面布局：用以左侧外倾轮廓线为边长所形成的方形可以构成一个新的矩形，右侧内墙的轮廓线作为从前一步得到的、$\sqrt{2}$图形的边界，并且以刚刚得到的、有着给定尺寸的外墙线作为下面的长边。在左边把它分割成方形，而右侧狭窄的矩形确定了一条轴线的位置，入口凹槽的宽度就是根据这条轴线来确定的。对矩形的分割体现了它的几何结构：以半个方形的对角线为半径的圆弧与方形轮廓线下侧边线的延长线相交，就像$\sqrt{2}$结构那样。通过这个交点的矩形的短边和长边的比例形成了我们熟知的黄金分割，这是康的作品中另一个极其重要的比例。它可以被称作是 1∶1.618 的无理数值，并且已经在理查德楼的框架图形中出现过（见图 15）。

二层楼梯的右边线是根据这条轴线确定的。最后，二层的黄金分割框架的轮廓线决定了花园入口的缺口深度。

来自黄金分割的结构的轴线是决定主要房间的重要元素。它是已经很清楚地概括出来的起居室轴线的镜像；现在它的线条根据左侧边界作了精确的调整，界定了入口区域和餐厅，或者说二层的卧室。镜像的线把房间墙体的内部轮廓线作为与侧室的服务区的边界。

方形的尺寸决定了作为主入口的凹槽以及二层楼梯间与轴线和花园入口之间的边界。

在对称的房间里产生的方形确定了双墙的窗户的区域，也就是说它们的与外部轮廓线相关的深度。它们是在水平对称轴的帮助下形成的，首先确定左边和次要的右边的墙体轮廓线，它在中心区与凹槽的设计有关。从这一点上，我们可以很清楚地看到康是如何用以一定的顺序组织起来的几何实体明确的轮廓来确定次要的部分的。

艾修里克住宅中所有基本的空间尺度都是通过几何分析决定的。房间的三等分的等级体系现在已经很明确了，它们的地位是在相互依赖的状态下形成的。最后一个重要的元素是壁炉，它位于短边一侧，由水平向的轴线固定它的位置。也可以用已经被我们使用过的、熟悉的几何形体把它们的外部边界与整个体系联系到一起。

在图 20 中被称为出发点的方形现在继续在先前的入口图形的轴线方向上发挥它的作用，从这里开始，在厨房壁炉的左边确定它的外部边界线。在这里，我们渐渐明白，把原始的正方形从它原来的走廊边缘的位置上移动到壁炉的轴线上是完全必要的。这个具有启发性的几何形体的移动，造成了沿着同样间隔距离的摆动，它也是对观察者的视觉一个有意识的干扰，从而强化对它的认知。

对艾修里克住宅的分析将以图 20 中作为出发点的方形的第一个位置为结束。在形成右侧黄金分割框架的一层的延伸线上的半个方形的对角线最终决定了第二个壁炉的外部轮廓线。

从这第一个完整的序列分析的例子可以看出，艾修里克住宅是康摒弃了仅靠相同元素来加构的一个复合结构体。除了精确地将设计各组分融合到一个系统的几何学以外，我们还可以第一次发现立面与地面层设计的一个原则：极富启迪性的运动过程。

图 20 中的第一个分析阶段也表明了起居室和餐厅的对称图形不包括起决定作用的作为出发点的几何图形在内，就像我们第一次看到它的时候一样；实际上，次要的和主要的空间在几何上是联系在一起的，设计的源头正是从这里产生。因此，在这里也表明了康一直以来对组成部分的图形进行模糊的处理的兴趣，这一点与建筑元素之间的联系是相矛盾的。

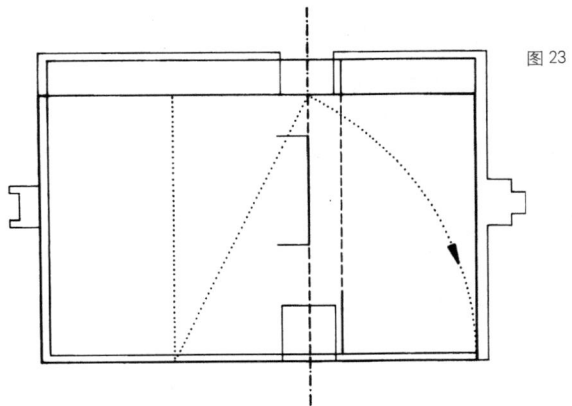

图 23

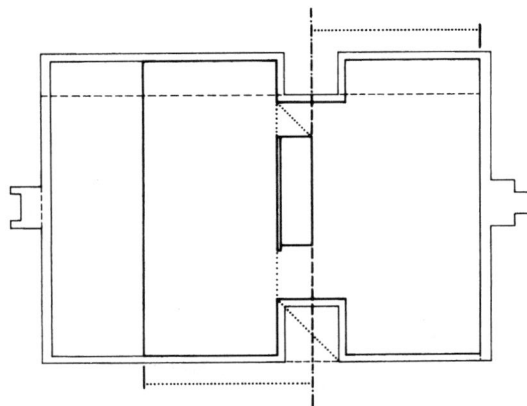

图 24

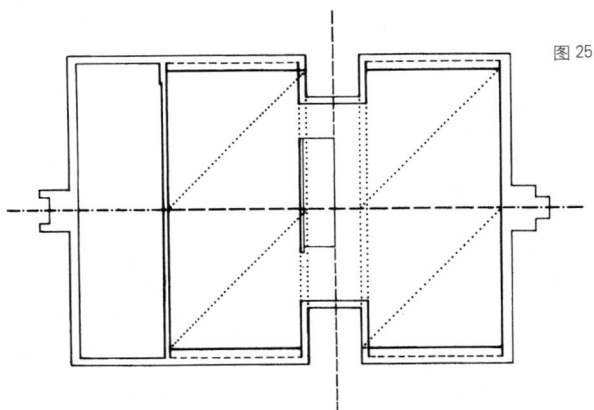

图 25

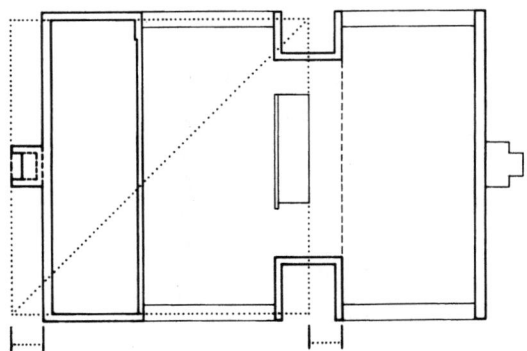

图 26

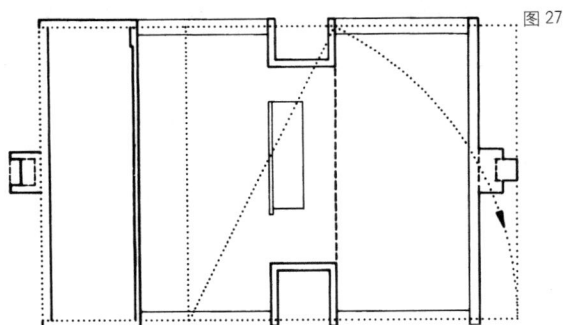

图 27

图 23—27
艾 修 里 克
住 宅 平 面
分 析：一
直 到 最 后
的 图形

51

环绕在"圣殿"周
围的各部分体量

第一惟一神教堂

1959—1962 年　美国纽约州罗彻斯特

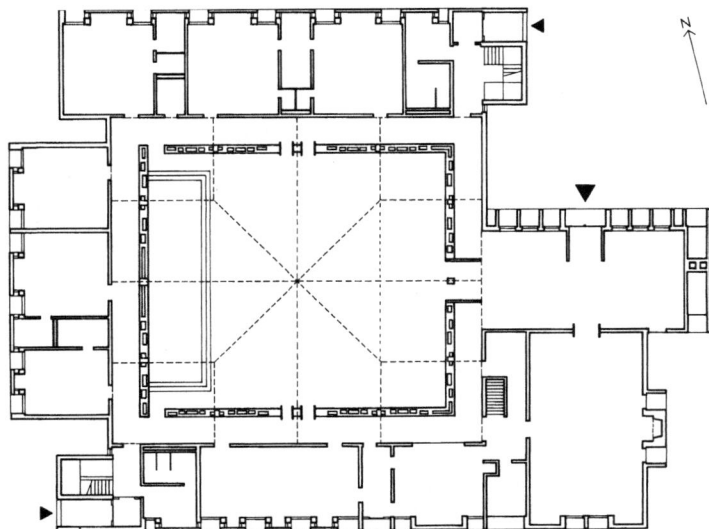

图 28
第一惟一神教堂平面图
（不包括扩建部分）

见图 28

　　1959 年 6 月，康完成了位于纽约州北部的罗彻斯特第一惟一神教堂的第一轮草图。最终的版本完成于 1961 年 1 月，这座建筑很快就于 1962 年 12 月建成了，并且在 1966—1969 年进行了扩建（在这里不作讨论）。

　　需要设计的是公共房间、一个幼儿园和一些办公室，以及一个集中式的教堂，因此康选择以一个核心的房间——实际上是教堂——作为中心，其他的功能区围绕在它的周围。与艾修里克住宅相似，我们注意到在这里结构也不是连续的，虽然使用的是同一类型的元素，但是它们之间是有区别的，组成部分之间采用的是对称的关系。它们的轴线与中心空间的轴线是一致的。有着不同的宽度和长度的各个组成部分，它们每一个都属于专门的一条边，通过周围的连廊结合成一个整体，但是整体的轮廓线服从于把所有东西联系在一起的几何和比例的秩序。在描述教堂的外表的时候，一个非常重要的因素是对作为*确定形体的媒介的光*的发现，它通过穿透阴影的效果塑造体量，为周边的建筑赋予了新的价值。它的——多个层次的——外部轮廓线，是一个运动而巨大的统一体，传达着一种力量感和永恒感，但是中心却是内向而向心的。斯科利称之为一种“新的而且是不同寻常的建筑体量”[42]，也就是说，康的作品取得了一种新的、丰满的特质。对外部形象的强调体现了立面逐渐变成了一个独立的设计内容，包括塑造形体的光／影；然后由这个形体来“*召唤功能*”。就像对一个在三维上塑造形体的内墙的体验一样，加建的空间里有着设有座位的壁龛，闯进室内的光有它们自己的框架。因此在窗户边的凹室里，康提到了它是“表达的愿望”[43]而不是程序所导致的结果。因此，表明独立性的设计过程在教堂的立面上采用的是简单易懂的形体，让光进入其中而成为一个特别重要的因素。这个印象在与中心空间有着同样重要性的、四个作为光的形体的塔式的角部天窗中得到了加强。这些被康的工程师考曼顿特称为“神秘的角部”的天窗实际上是矩形的教堂室内空间的角的位置。屋顶采用的是预应力混凝土壳体结构，它可以降低高度，与传统的教堂空间形成对比，这样人在上帝面前不至于显得那么渺小。[44]当教堂的参观者从下面看的时候，可以把它看作是一个希腊十字。就像室内空间从角部的光的形体和顶棚上黑色的十字架中获取生命力

一样，建筑周围的立面从浅色的表面和深色的洞口中获取自己的表情。这个立面给室内带来了与被遮挡的阳光一样柔和的光线。这种关于立面的想法的结果是建筑在三维上的雕塑感，这种效果在理查德楼背立面的通风道上已经有所预示，但是在这里，通过对作为室内的一部分的周边的轮廓线的*加强*，形成了康新的建筑宣言。正如上面所提到的，一个与它直接相关的初

从街道看到的全景

42 斯科利，《Light，Form and Power》，第 164 页以及斯科利，《Works of Louis I. Kahn and his method》，第 292—293 页。
43 乌曼，《What will be...》，第 192 页。
44 考曼顿特，《18 Years with Architect Louis I. Kahn》，第 40 页。

级阶段就是玛格丽特·艾修里克夫人的住宅的立面。投射在第一惟一神教堂的多层立面上的阴影是通过它的两个外部平面中交替的突出和凹进而形成的，它们彼此调和，形成了积极和消极的或者说实和虚的形体。它们的墙体和体量彼此交融，第一次产生了通过它的阴影表现出来的光线，它自己的空间在窗户的前面。建筑的每一侧都清楚地表明它们是不同的，是取决于空间的尺度的。因此，由于窗户框架之间不同的距离以及窗户和它们的框架在宽度上的变化，看上去像是连在一起的正方体的立面形象是由延长的张力所创造的，并且受制于这种张力的。伯尔德·福斯特（Bernd Foester）谈到了这座建筑每一个细部的"原型的"本质[45]，他认为入口、窗户、扇形窗以及每

一个设计部分的发展中，康都希望给它们自己的表现力，但是仍然把棱柱体形式的标准精简为永远正确的简单的"古代的"元素，从而形成一个独立的整体。

因此可以用*单一的建筑雕塑*的概念来描述第一惟一神教堂；所有的东西都是整体的一部分，这是我们第一次在康的作品中碰到这么均一的材料的特质。在罗彻斯特的这个充满戏剧性的舞台上，砖墙的协调一致使其他所有的东西退到了"背景"中，也就是说它迫使窗户的木板退到立面的第二个层次上去。康在外立面的单一化上投入了那么大的精力，以至于他甚至把立面裂缝上的混凝土屋顶刷成了红色。今天，它们几乎完全被镀锌板覆盖了起来，但是在最初的设计中它是一个几乎看不见的窄条，不会像今天刷新屋顶之后那样破坏棱形的体量。

我们很容易看出最终建成的平面不是在一个纯粹的方形中对称布局的，而是一个矩形，也就是说是一个有图形"环绕"在周边的受控制的空间。在端点上成对角线布置的楼梯间反映着周边的区域，但是轴线关系再一次紧密地把中心和周边的区域连接在一起。建筑组成部分沿着空的中心运动，就像我们在理查德楼中看到的一样，产生了旋转的效果，通过与外部轮廓线和共同的轴线的结合，这种运动受到了抵制，这样，运动的对立性和严格性决定了平面的布局。立面也是通过节奏的变化而使之处于运动状态中的，但是它的"流动"被连续的整体里面的局部对称打断了。它平面上的突出和凹进让观察者的眼睛无所适从，在艾修里克住宅中可以看到的明确的轮廓线在这里被模糊掉了。除此以外，立面上的垂直连接元素与周边的水平向的特质形成了对比。

建筑的周边与中心的"圣殿"融合在一起，在某些地方把它们作为独立的图形自身的价值强调出来：根据功能进行分隔的各部分之间的凹槽是没有开口的实墙，展现着位于中心的体量。在与条状的周边区域相联接的点上，成对角线布置的楼梯间用狭窄的窗缝把它们自己隔离出来，从而起到强化一直从地

45 伯尔德·福斯特，特洛伊大学，《Only what matters, an architectural review》，宇宙神教第一惟一神教派的信徒的领导人，罗彻斯特，1964 年，第 22—25 页。

南立面

从车道一侧
看到的角部

从街道一侧
的短边看到
的景象

板到天窗的垂直的角部的作用。起决定作用的〝被服务〞的中心与周边的〝服务〞部分之间的关系中存在着明显的等级体系，尽管在这里被用作不同目的。位于外部节点上的黑暗的、没有窗户的走廊很矛盾地作为室内的一部分，并且被天窗的塔所覆盖。这给参观者造成了光是从空间实际的边界——周围的墙体——后面投射下来，并且把它的边界溶解掉的印象。房间的墙体完全不是连续的，而是单个元素的并置，同时也受到采暖通风道的影响。然而，在这里我们可以看到康试图把与天窗连接在一起的墙体简单地作为一个消融的背景〝插入〞到由于光线的原因而广阔延伸的空间的前面。这个〝插入〞的墙体有一种现在几乎是〝临时的〞特征，它也没有跟任何其他的结构元素连接在一起，它把自己独立出来，站在它们的前面。

在平面和后来的分析中，第一次出现了天窗的完整布局；它们最外面的线就在是教堂走廊的上方。因此，有意识地〝模糊〞两者之间的对立，把它们连接起来并且进行分隔是这模糊的过渡区域的特征。

在对重构的平面的分析中（不包括扩建部分），我们可以看到在设计第一惟一神教堂的过程中，康是从中心开始入手的，就像他在不断发表的对这座建筑作解释的草图中所证明的那样。设计过程是从中间——就是说教堂中心的房间开始。这个分析受到中心空间的限制[46]，展现了康用精确的几何和比例关系来象征来自中间的*原始的出发点*的想法。

---

46 作者上面已经提到过的 1990—1991 年在不仑瑞克理工大学的讲座中对第一惟一神教堂的分析，由当时还是学生的提图斯·伯恩哈德（Titus Bernhhard）、苏珊·格尔豪斯（Susanne Gelhaus）、艾里斯·朱金斯（Iris Jürgens）、罗吉·里比格（Roger Liebig）和埃尔玛·托林斯（Elmar Torinus）进行。它形成了下面介绍的基础。

室内的天窗

室内的角部
采光和屋顶
十字架

见图 29 　　中心是一个根据空间的轴线确定尺寸的正方形。它表现了希腊十字的四条腿穿过混凝土壳体屋顶向轴线倾斜的位置。和圆形一样，这个方形的尺寸中存在半径 R1。

见图 30 　　从水平的轴线开始，起始方形的 ¼ 按比例在垂直方向上往下或者往上"延伸"（与图纸相关）。这个作为黄金分割中较大的部分[47]的延伸部分的几何结构在两侧都能形成，但也是被镜像的。在这里设计得到了新的弧形半径 R2，它等于 R1×1.618（约等于黄金分割）。顶边和底边的内墙线正是通过这个方法建立起来的。

见图 31 　　下一个步骤里面也有同样的"生长过程"，就像一个随着延伸而形成的几何形体一样。之前形成 R2 的方形在这里变成了下一个大一些的半径为 R3 的、几乎黄金分割的图形的基本尺寸，R3 也是由同样的方法产生的。作为结果而产生的圆弧确定了下一个重要的墙体位置。在这里，我们根据给定的墙体结构对中心空间左右两侧的外边线一起进行处理，就可以确定整体的尺寸。墙体的厚度不是由结构决定的，而通常是由结合在一起的采暖系统决定的。

　　建立教堂空间的外部轮廓线之后，仍然存在着"围绕"在这个空间周围的各个部分之间的距离的问题。与集会室相连的走廊以及它楼上楼下的边界可以通过图 29 中的起始方形的延伸来解释。把 R1 加倍而获得了 R4，把它作为走廊内部的线，就像它对天窗线的界定那样。 见图 32

　　最后建立的轮廓线是走廊左右两侧的墙体。它的基础是图 30 中的 R2，它在接下来的图 31 中形成了黄金分割中较大的部分。在这里，这个起始的尺寸随着作为 $\sqrt{2}$ 的方形对角线而"生长"，从而确定了新的半径 R5。这个半径也直接确定了中心空间短边一侧的走廊的位置。 见图 33

　　集会室的四个天窗塔现在可以从图 29 中的起始方形和最后确定的走廊的轮廓线中推导出来；就像我们之前所说的那样，它们超越了房间的实际边界。

　　中心区最后的形体表明康让他自己的"图解"与严格的几何图形保持着距离，就像在特林顿浴室或者理查德楼的设计一样。毫无疑问，中心仍然是出在前景中的显著位置，但是现在，就像艾修里克住宅一样，一种新的*被控制的特质*——由静态的中心变成动态的中心的空间感受——起到了更大的作用。 见图 34

---

47 "较大部分"指的是对几何形体在比例上的放大，与"较少的"（minor）相对比，它是对体量的减小。

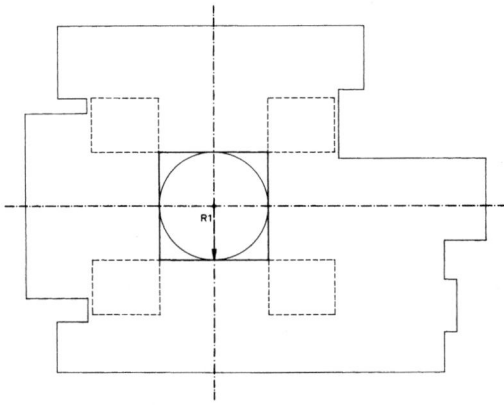

图 29

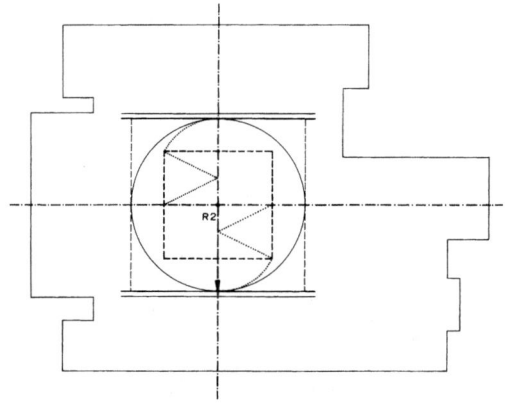

图 30

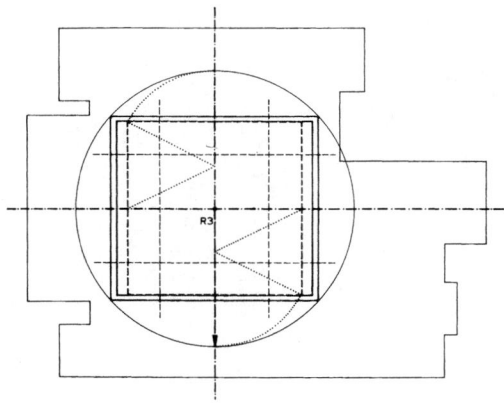

图 31

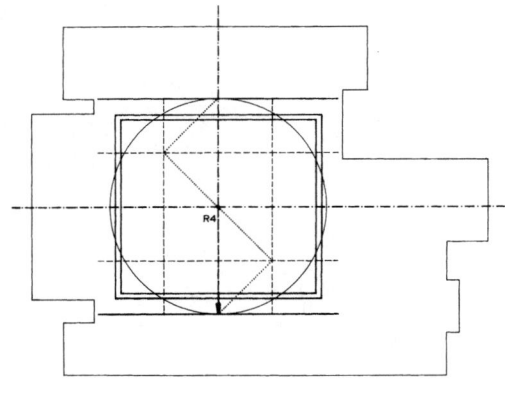

图 32

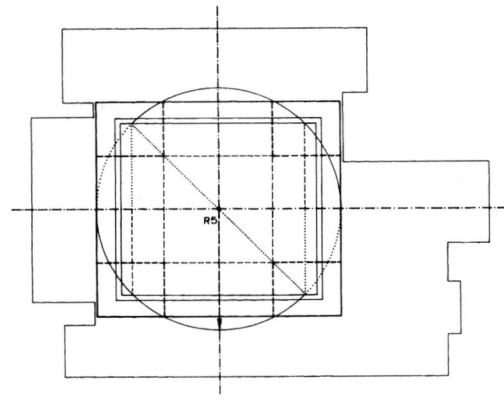

图 33

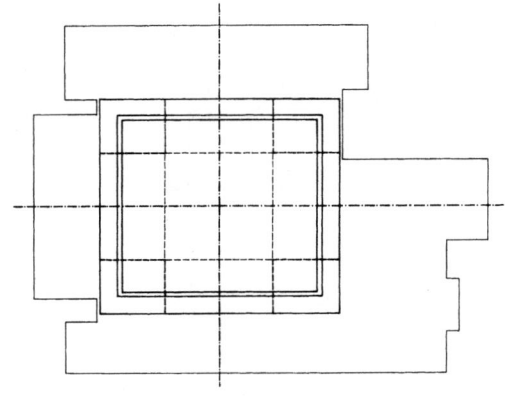

图 34

图 29—34
第一惟一神
教堂中央大
厅从一个起
始方形到入
口回廊的平
面分析

59

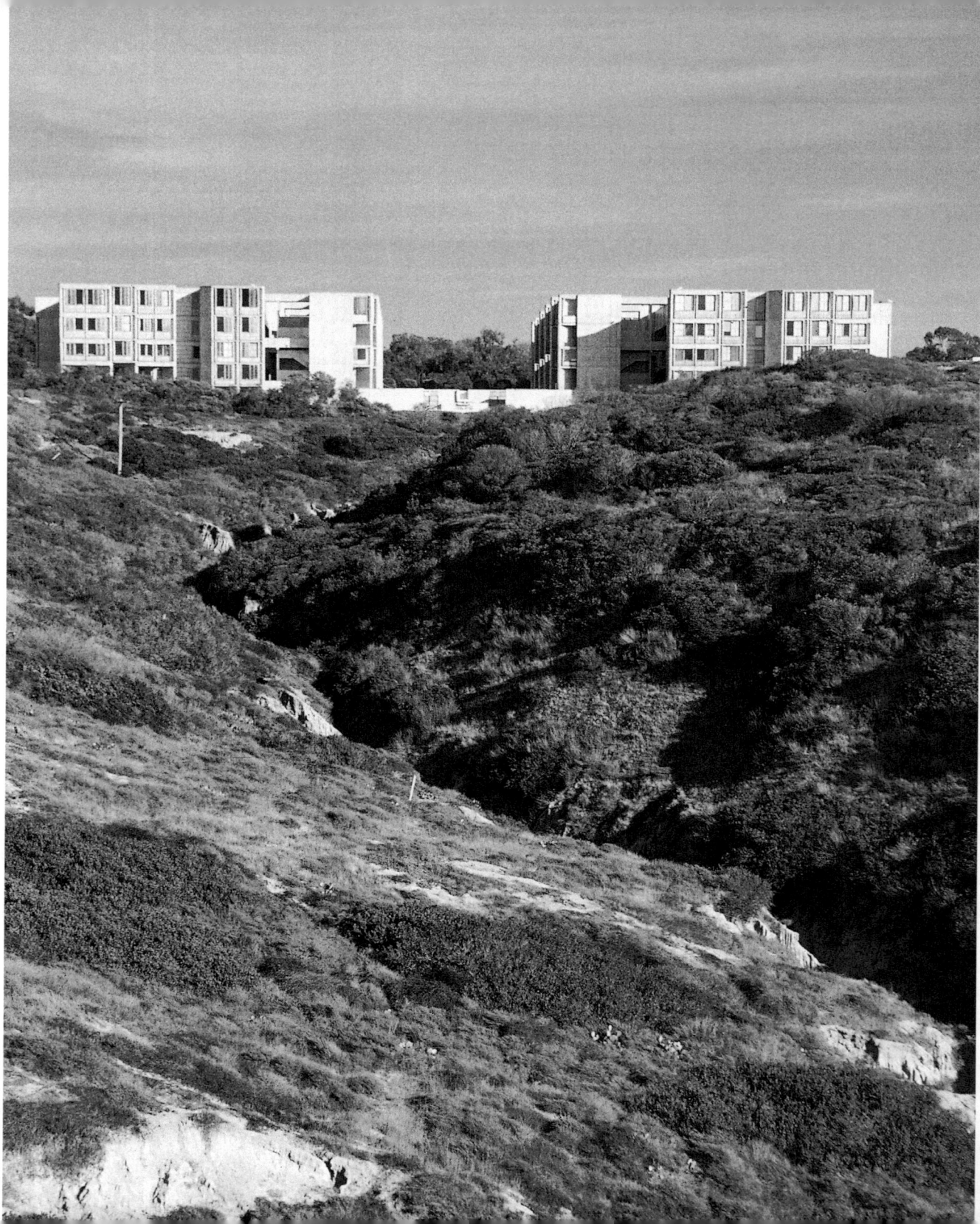

从海边的悬
崖看实验楼

萨尔克生物研究所

1959—1967 年　美国加利福尼亚州圣迭戈

　　小儿麻痹症疫苗的发明者乔纳斯·萨尔克博士想要在圣迭戈建一所生物研究中心。基地位于拉霍亚 (La Jolla) 北郊的悬崖边缘，一个非常美丽而且实际上非常特殊的地方。从 1950 年开始，康为萨尔克提供了很多关于实验室、会议中心和研究人员宿舍的不同的设计版本（这些在这里不作讨论）。[48]

见图 35　　　1962 年，最终的设计概念确定了。把两组相似的实验楼对称布置，从而在它们之间形成一条裂缝——一个庭院。庭院的两侧被研究人员的单独的房间所包围，这些房间被称作"思考隔间"，它们组成了独立的建筑，并且通过桥和它们各自的楼梯与实验室连接起来。它们在插入到楼板中的平面的轮廓线中很容易被看到。把这些房间从实验室中分离出来的想法是由萨尔克提出来的，他希望为科学家们的研究工作提供像"僧侣隔间"一样的空间。在思考的房间之间，是深深地插入到基地中的采光井，它们为地下的实验室提供采光。两侧的实验室都有三个没有柱子的楼层——这是萨尔克提出来的条件——它们之间只有结构楼板和把庭院的台阶和侧面的采光井结合在一起的室外垂直交通区。庭院的划分、材料以及康设计的喷泉和水池直到 1967 年才成形。这个最后版本中的所有的重要元素都是第一次在这个重构的平面中出现。[49] 康设想的整个设计中的另外两个区域——"会议室"和住宅没有建成。但是 1994 年，在第一座建筑中发挥了重要作用的麦考利斯特 (McAllister)，设计了实验室的扩建部分并建成了。这个深受萨尔克喜爱的最终解决方案在美国的出版界引起了激烈的争论，因为它破坏了康设计的通向基地的自然的通道———片原有的桉树林。接下来的研究是建立在康设计的实验楼和庭院的平面图的基础上的。

　　与特林顿浴室和第一惟一神教堂的设计一样，康在萨尔克研究所中采用了中心的母题。附加的单个的元素在两侧包围着中心"空的"矩形，从而"引导"着空间。这里也采用了镜像的手法，因此，最后形成的、起决定作用的对称产生了两个平行的图形，它们通过一个新的中心连接起来。这个连接的空间——庭院，通过对它的轴线的强调而变成了实际的中心。一个大的、没有柱子的空间——后来由它们的使用者自己组织起来——只能以一种非常有限的建筑手法来进行设计。因此，康

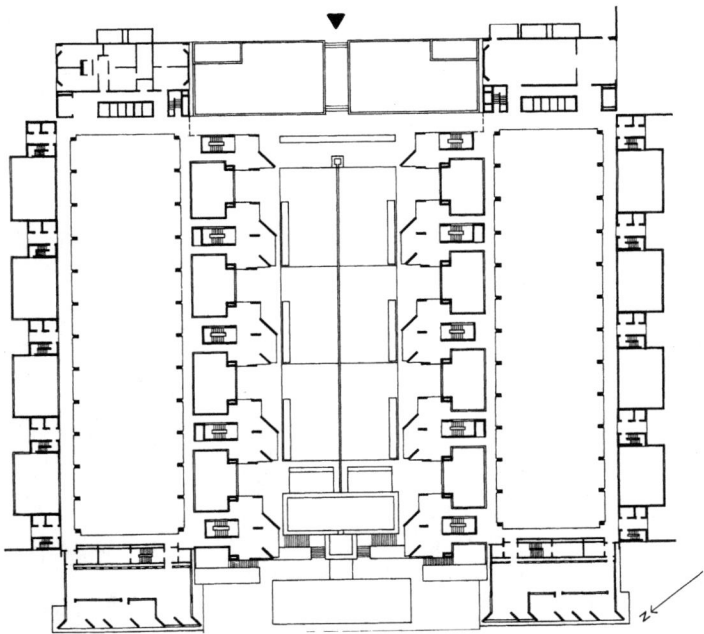

图 35
萨尔克学院平面及中间的方形区域

把他所有的注意力都集中在周边的设计上，尤其是对短边开口的庭院的设计上。庭院，或者更确切地说：作为第三种图形而出现的开放的方形，它在尺寸上与封闭的方形相等，与内向的实验室的图形之间仍然是存在冲突的；它把附属的科学家的研究室连接起来，这些研究室正对着人的视线的主要方向，朝着大海。这种运动使得广场和研究室毫无疑问的成为建筑群中的主要元素，因为这种运动与广场和背对实验室的朝向缠绕在一起。平面中的实验室比实际建成的建筑中要少得多。这些实验室作为第二个层次的东西"隐藏"在它的后面。与理查德楼中对"服务"和"被服务"这两个对立元素的运用相似，在萨尔克学院中，对"服务"元素的研究是看上去占据了重要的位置。在这里，我们逐渐弄明白康不再坚持这个严格的概念，建筑的

---

48 关于这一点，见斯利的著作《Louis I. Kahn》，1962 年，第 27 页以及布朗宁，德·龙《路易斯·I·康：在建筑的王国中》的丹尼尔·S·弗莱德曼，第 434 页，在这些书中对这些前期的设计有过详细的讨论。

49 这个平面是建立在对从《Louis I. Kahn Collection》中的庭院设计的原始平面图的拷贝的基础上的。

每一个单独的元素的绝对尺寸不再是由等级体系来确定的。同时我们还可以清楚地看到，诸如实验室大跨度的梁和它们的夹层楼板之类的服务元素与建筑的实际体量结合到了一起，模糊了最初的服务／被服务的概念。康现在感兴趣的是更加复杂的连接，就像在艾修里克住宅中已经证明的那样。

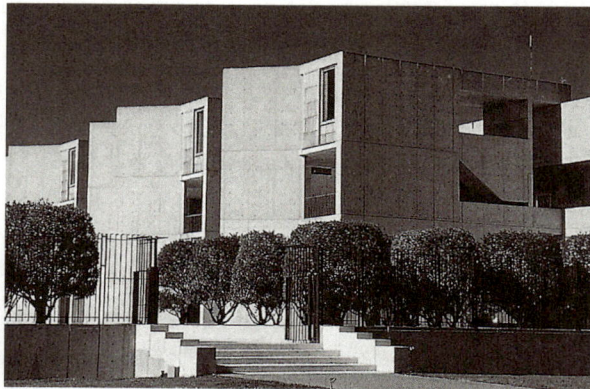

通向方形的主要通道的"障碍"

俯瞰通向海平面的中心水渠的入口平台

主要的通道由道路通往建筑的西侧并且从停车场经过一片原有的桉树林，正如上面所提到的那样，这片桉树林在扩建的时候被移走了。在进入"广场"之前，必须通过第一道"障碍"，一片两侧被精心修剪的橘子树所包围的高地。从这里，或者说从某一个高度，跨过平台的轴线一直通向大海的景象展现在眼前。平台接连不断的急剧起伏，使我们可以清楚的看到康希望在入口一侧把广场围合起来，但是又不想破坏长边一侧墙体的统治地位的想法。在平台上狭窄的入口边界上的短边一侧，低矮的树木形成的天然的"墙体"，在对面的水平方向的高度上，形成了海天之间的分界线。

另一个元素——占据了广场的整个宽度的石头海岸——阻止人直接从轴线上进入其中。参观者必须从广场的两侧和对角线方向进入其中，它展现了康希望把这个地方的对称图形的内在纪念性只与建筑有序的结构联系起来，并且不以雄伟壮丽的姿态让人和建筑产生距离的想法。毫无疑问，对称的建筑的秩序似乎是对这个自然的环境最正确的答案。广场在阳光各种颜色的影子里展现着自己，并且在落日的余晖里闪闪发光。这个室外空间的"舞台"特别强调了康赋予它的重要性：我们清楚地可以感觉到一个*卓越的空间*的超自然的力量，在物质和精神世界里，无一例外的由元素和有着强烈的结构秩序的建筑——一个天堂——所决定。这种印象是由广场轴线上的象征性元素，一条以入口一侧喷泉为源头，一直流到另一端的水池中的窄窄的水流所造成的。流水象征着生命，这与学院里的工作人员的活动有关，并且在视觉上与远处的大海联系起来。

萨尔克学院的形式的三分法首先决定了实验室、研究楼和相邻的通道的布局，同时还决定了行政楼、实验室和技术区在长方向上对位的关系。两个主要的部分是根据第三个元素来布置的，广场，最终在旁边有着两排建筑的室外空间以及研究室，这三个元素形成了一个组团。广场本身在中心区被划分成三部分，这三个部分通过石灰华的块石路面上的小缺口标示出来。在每一个部分的旁边，作为入口屏障的三个采用同样材料的石头海岸，是从地上"生长"出来的。它们精确地确定了广场的中心的边界线，并且避免使它那根据研究楼斜向的墙体面板的不同长度而确定的轮廓线"失去焦点"。虽然研究楼有4层而且比实验室高，但是从每一层楼的高度上还是能看出它是三个部分之一：从头到脚都遵循A–B–A–C的节奏。这种垂直的动势，顶层最高，使原本规则的立面结构发生了变化——这些变化与墙体面板的不同长度和它们强烈的垂直感相协调——并且产生了由静止和运动的对比所控制的整体景象。

研究楼及广
场端头水池

从原来设计
的宿舍楼的
基地看实验
楼和行政楼

喷泉、水渠
和研究楼的
墙体

从朝向大海的研究楼看

广场和研究楼的混凝土墙以及石头海岸

从西面看整座建筑，研究楼的墙和它们生长于其上的广场的基座混合在一起，同时使得它们后面舞台布景似的实验楼的立面格外地清晰，这使它们几乎从水平方向上的喧闹中独立出来。不光是实验楼本身变成了实际上的背景——它们深深的凹槽和立面上的阴影以一种在康的设计中很少见的方式消融在玻璃之中，只能看到支撑结构暴露在外面——而且连几乎没有窗户而只有狭长的豁口的服务楼层也成了背景。尽管这些立面反映了康对服务和被服务空间这两个对立元素的运用，但是这里还掩藏着一个不为人知的概念。竖向的研究楼的混凝土表面上的模板有着精心设计的鼓包，这些模板在大量的基础形式上保持水平向。

这种精心设计的、与众不同的细节和品质在整个萨尔克学院中是非常引人注目的，尤其是在表皮上。在广场上，康采用了两种几乎具有同等价值的对比材料：坚硬的石头和柔软的木头。在这里，两种石材——混凝土和石灰华——基本上融合在了一起：康通过在混凝土中增加一种火山灰使得它们的颜色非常协调。在研究楼和行政楼的立面上，木头是一种"填充材料"，并且通过清晰光滑的节点把材料各自区分出来。对材料坦率和"真实"地运用以及它们在建筑上地结合在这里具有绝对的优势。在建筑落成 30 多年后，建筑的表面对材料的表现依然是不可逾越的，证明了康对*把形式和材料的真实性结合在一起*的强烈愿望。

行政楼的立面，以及上面提到的实验室清晰易懂的体量，表明了一眼就能看出其真实性的结构在这个设计中起到一些作用，就像在理查德楼中一样。由于斜的立面墙体的不同跨度，因此有必要把承受荷载的构件的高度在立面上表现出来，从而导致了窗户形式在垂直方向上的变化，就像我们在费城的实验室中看到一样。斜的挡土墙显然是出自勒·柯布西耶在昌迪加尔设计的"遮阳板装置"(brise—soleil) 墙体，它与建筑的轮廓线结合在了一起。它们的边界构成了立面上的线条系统，它与三层的木窗结合在一起形成了一种雕塑般的效果。与勒·柯布西耶用来遮挡阳光的斜墙不同，在这里，不同方向的斜墙是作为房间里扩展朝向大海的方向的附加元素而存在的。

康为萨尔克学院所做的设计第一次表现了他对场地的协调和非常牢固地把建筑与基地联系在一起的做法的兴趣。在实验楼两侧深深地插入到基地中的采光井给地下室带来了光明，并且使得研究楼看上去像一座塔一样，就像和地下室结合在一起的通风道一样。这些开口可以和其他设计中采光井相比较；但是在这里它们不是独立的建筑形式，而是次要的元素。康对高度的变化有着极大的热情，这一点我们可以从他对水池的高差和基地缺口处的台阶的细节的处理中看出来。他用一个小瀑布来作为上面广场的结束，并且把它和下面的高地和周围的自然环境联系起来。

萨尔克学院布局的秩序在一系列的单独分析中——在我们的图中主要是指垂直方向上的——体现了它的基本特征。建筑

实验楼楼梯
井的体量

拱廊及行政
楼的挡土墙

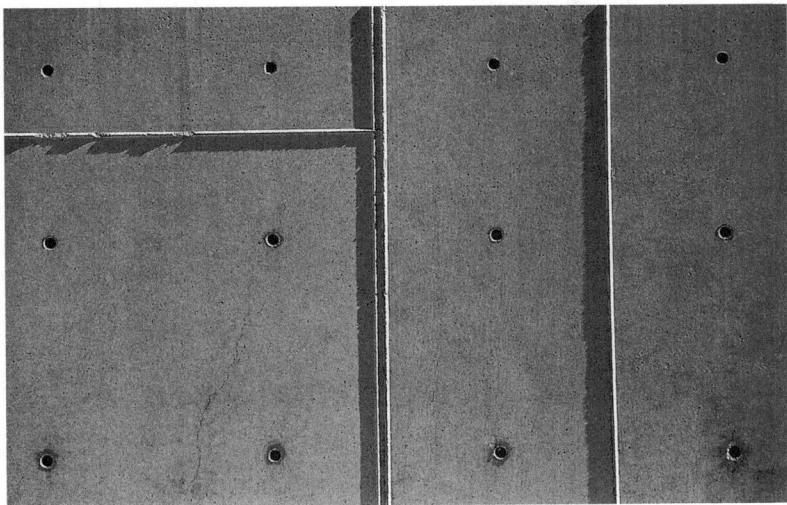

混凝土表
面的细部

从研究楼的
拱廊看

的外部轮廓线，基地的缺口以及建筑的单个的组成部分——例如台阶——被选作决定设计的起源直到最后的次要元素的布置的参照点。对平面的分析表明康希望用几何形体把所有的元素组合到一起；这超越了他原先简单的对称的想法，几何形体采用的是复杂的亚层次——框架——结构，就像我们在前面的描述中提到的那样。由于这个设计规模巨大，所以没法进行太过深入的研究，尽管可以从施工图的尺寸或者实际建成的建筑中获取全面的尺寸来证实这里所下的结论。但是，从这个设计中同样可以推断出，康试图把所有的部分组织到一个由秩序体系决定的几何形体中。

行政主楼

研究楼及它
们的凉廊的
细部

从凉廊看研
究楼

见图 36　　　　这个设计的最初的图形是一个没有确定它外部轮廓线的尺寸的方形。这个由它的对角线确定的方形，沿着水平方向上一个既定的宽度摆动——在现在的一个薄片上。这确定了两侧的区域，在这个区域内布置的是为地下室提供采光的切口。

见图 37　　　　在上面提到的方形的运动的基础上形成一个框架——一个矩形的整体轮廓线。它由一条垂直方向的轴线把这个区域一分为二。借助黄金分割，这两个部分现在可以通过缩小上下两端可以从宽阔的中心区中分隔出去的部分来确定；为了达到这个目的，整个区域的下方，通过黄金分割而去掉的部分，被转变成了上边的区域，反之亦然。现在也可以说有一个在垂直方向上移动的区域，但是作为剩余的区域，它是从先前的集合序列中产生的结果。矩形上下两边的区域从整体上确定了行政楼和技术楼的进深，而它们在长度上是一致的。这个位于端头的实验楼的宽度是从接下来的步骤中产生出来的。

　　　　矩形中间区域的柱子的位置，它们的外部轮廓线朝向作为实验区边界的中心，这个矩形可以用 1：$\sqrt{2}$ 的比率来确定。它们形成了大跨度的空腹桁架的支撑点，而这些空腹桁架则形成了它们的楼层。柱子的宽度完全是由两个部分中间的轴线来确定的，也就是说把整个区域四等分。见图 38

　　　　在整个建筑群的外部轮廓线确定以后，主要的形体被分成了头、身体和脚，接下来我们就可以确定中心的形式——也就说方形。在这一步骤中，研究楼的楼梯和它们的外部轮廓线也通过黄金分割的结构确定的。主要的黄金分割比，也就是说较大的一部分，是由中心区的进深确定的，因此长边和短边的比例关系就变得非常简单了。见图 39

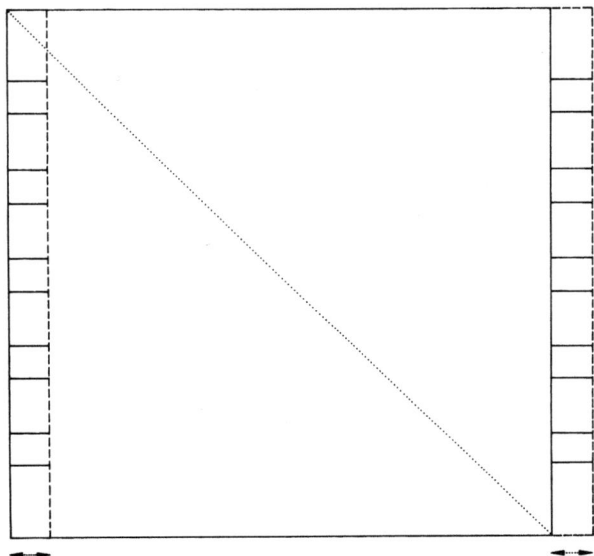

图 36

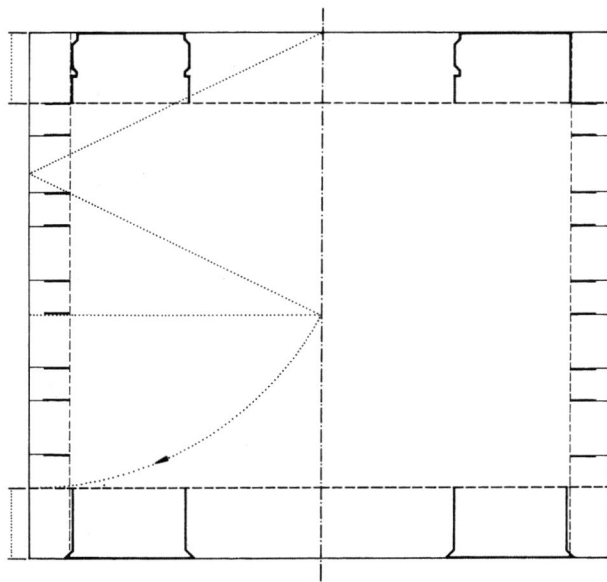

图 37

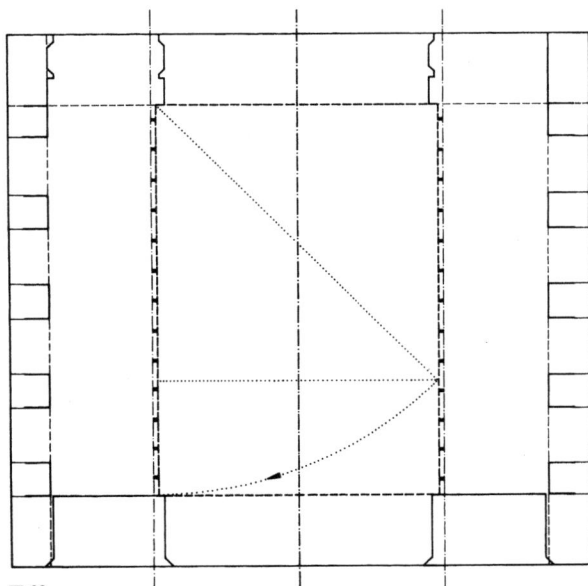

图 38

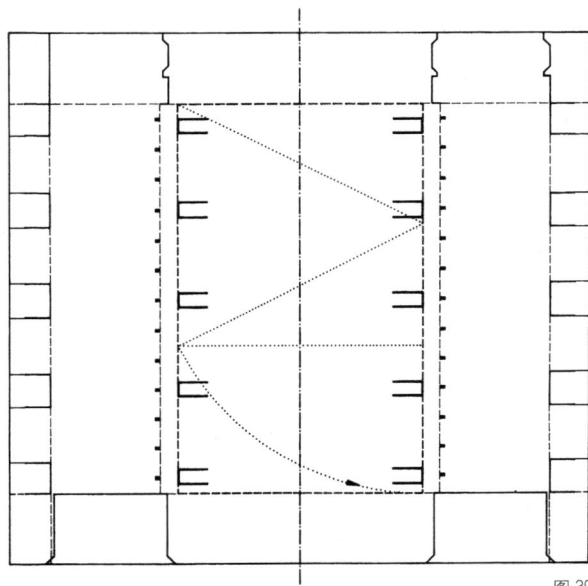

图 39

图 36—39
以一个"摇摆"的方形
为起始图形
的萨尔克学
院平面分析

见图 40　　　　在这里，整个矩形的轴线对进一步确定形体的轮廓线起到了非常重要的作用。正如在图38和图39中看到的那样，黄金分割比和1：√2的比例的图形在康的设计中是非常重要的，在这里出现了具有同样重要性的框架——两个方形——决定了内部楼梯间的轮廓线。通过这种方法产生的从柱子的外侧边界到楼梯的内侧边界之间的距离，确定了沿着外墙的柱子的位置。在这里，这个距离必须从整个图形的外部轮廓线之内进行划分。在既定的长度范围内，现在有可能确定实验楼本身的宽度——从柱子的外侧边界到楼梯间的外侧边界的距离的一半。然而，最终决定整个宽度的是服务层的尺寸，就像实验室尽可能的靠近柱子的边界一样。中心的两个方形还确定了采光井的边界，从而把方形中的重要图形标识出来。

见图 41　　　　一旦确定了研究室楼梯间的轮廓线，就可以在左右两侧建立两个新的方形的尺寸。它们确定了沿着上面的服务区的新的水平线，它实际上就是方形在入口一侧的顶端的结束，在形式上表现为种植植物的方形底座。这条线还确定了服务区内的边墙。

　　　　从台阶到外部轮廓线之间的短小的距离被用作4个电梯井道的位置。它们把实验室和位于方形周边的那些单个的图形联系在一起。

　　　　只有在方形的上部轮廓线借助√2的框架建立起来之后，才 见图 42能从几何上确定外部的楼梯井和电梯井道的最终边界。因此，这个几何图形被添加到至今为止一直被称作中心区的外部轮廓线中。它形成了在侧面与外部的实验室相接的垂直交通区对面的边界。

　　　　最后，研究楼的基本结构已经推导出来了。一旦确定了楼 见图 43梯间和周边的轮廓线，就可以加入一个有着确定的尺寸的方形，添加到楼梯间的开口的尺寸中去。它们的结构或者框架是通过从图41中形成的、在中心的轴线（它以水槽的形式出现）上"固定"研究楼的建筑群的"位置"的两个方形而形成的。

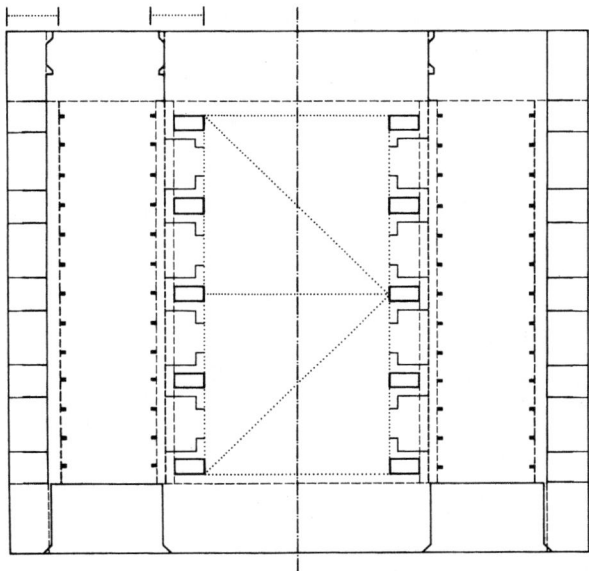

图 40

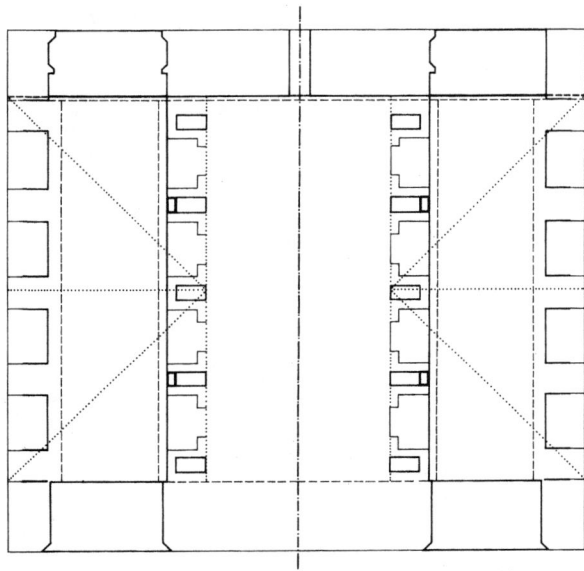

图 41

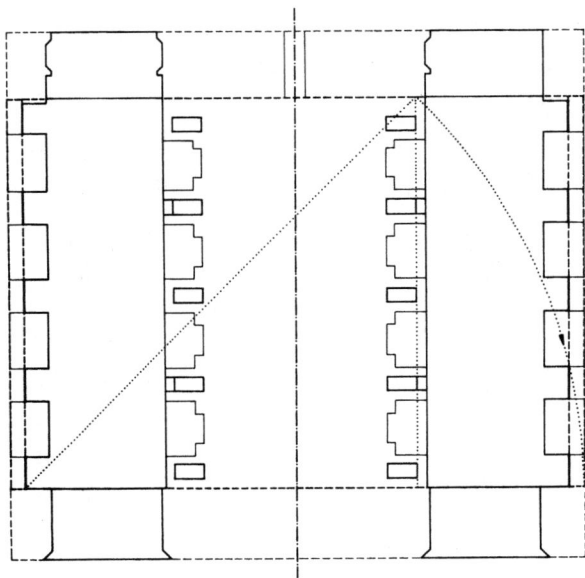

图 42

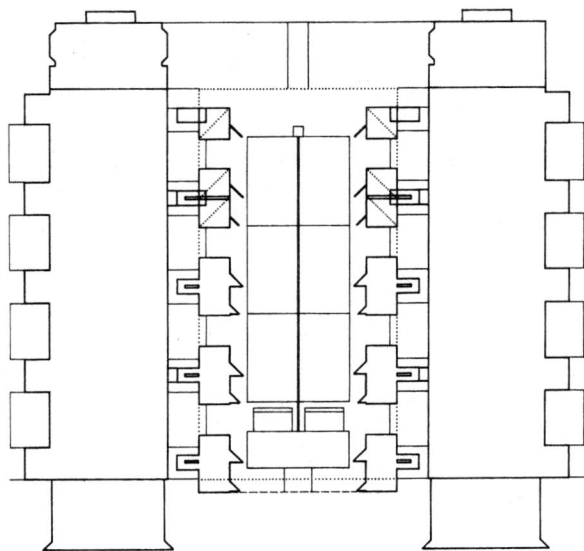

图 43

图 40—43
萨尔克学院
平面分析：
建筑最终的
外部轮廓线
和广场区是
如何形成的

河岸的景观

费舍住宅

1964—1967 年　美国宾夕法尼亚州海特波罗

康的另外一座特别值得注意的住宅是诺曼·费舍和他的家人在费城北部的海特波罗郊区的房子，它的最后的概念是1964年设计的。几年前，康画过第一张草图，而这座住宅的最终建成是在1967年。在漫长的设计过程中，业主非常有耐心，因为，据费舍夫人对作者说，他们从一开始就被建筑师的个性和他提出的想法所打动。

住宅位于一个田园诗般的基地上，在东北方向有一条河流过。这个朝向使得建筑的布局变得非常困难，因为不可能把起居室放在西南角同时还能看到河边的景观。建筑物是建立在一个根据外部环境而决定的、由三个部分组成的立方体布局之上的。整个建筑不是从附加的或者网格的结构中发展而来，而是以一种自由的布局方式结合在一起的独立的单个体量所组成。

见图44

在车道的尽端，在我们可以看到的地窖微微倾斜的坡面的边界上，建筑中的起居室与入口通道相平行，它南侧的角部与旋转了45°的卧室和浴室的立方体混合在一起。这种布局方式给人以建筑物在相互碰撞的印象，这是康的设计想法中一个新的元素。在这个时期的其他作品中也能看到这种*自由布局*。这个旋转完全是根据周围的环境确定，因此建筑物看上去与基地结合得非常紧密。第三个放置技术设备的立方体比前面这两个占统治地位的立方体要小得多，它在侧面用通道与北侧的花园相连，并且沿着长长的笔直的车道布置。另外一个立方体可以被看作是一个准独立的图形：厨房的体量几乎是从起居室中分割出去一个部分，因为它被插入到周围和旁边的空间中而没有延伸到顶棚中去。因此，我们可以把费舍住宅看作是由4个独立的立方体体量所组成的，作为第5个元素的一个圆的片断的形状的壁炉使它变得更加丰富。

康决定让起居室朝向东北方向，从而可以看到河岸的景观，换句话说，它在不向阳的一侧打开了立面。在这里，墙面使用了大量的玻璃；最终建成的有着巨大窗户的餐厅与康最初的概念是不一致的。[50]

与之形成对比的是，入口一侧的立面上有着深深地凹陷在后面的窗户，有点类似于艾修里克住宅中的凹槽；它从整体上给庞大的体量带来了雕塑感。康把这些立方体作为独立的元素，而不是像在罗彻斯特或者艾修里克住宅中那样，设计一个连续

层叠的立面，这一点非常值得我们注意。从某种程度上说，它们自由地站在沿着外墙的空间中，是立方体布局中作为独立的图形而存在的一个组成部分，而不仅仅是窗户；它们形成了采光空间。在东北侧，康把平板的窗户和凹槽结合在一起。尤其是在起居室中，它形成了以蒙德里安的方式把外表面和线条结合在一起的三维的窗户雕塑。它沿着角部和内侧——以木头和开洞围合而成的表面——展开，扮演着侵入这个空间的角色：体量消解了。这是一个在与建筑结合在一起的河岸上徜徉的地方，几乎让人感觉置身于外面美妙的景色之中，在内侧，它的前面就是壁炉，这是康所构想的完全自然的体验。像自由的雕塑一样站在房间中的壁炉采用的是粗糙的材料，与光滑的墙面形成了对比，它是起居室立方体中一个划分空间的元素。它用密斯的自由"流动"的空间概念划分起居室和餐厅。它稍稍有些倾斜，这使得它在直角的网格显得格外引人注目，并且加深了这座建筑是在运动的印象，尽管这种运动被车道的直线所阻

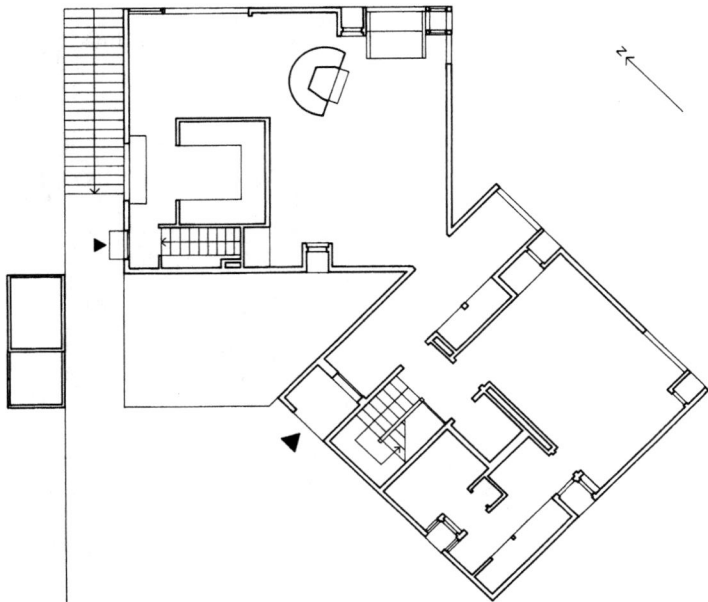

图44
费舍住宅首层平面

50 罗纳／贾文理，《Louis I. Kahn, Complete Work 1935—1974》，费舍住宅，平面1964—1966年。

起居室大型
角窗的细部

间紧密相连，而起居室就在它的旁边。这个地方也不是一个像门厅一样的"剩余空间"，而是根据它的轮廓线和内在的几何秩序明确界定的区域，或者说，是一个经过设计的空间。因此，费舍住宅的室内引人注目的特征是房间都是高度独立的，就像把纯粹的立方体之类的先验的模式作为它的理想的设计中那些外部表现一样。但是康仍然把两种"理想的形体"以对比的方式结合在一起，因为它们有同样的高度并且以同样的材料——木头——来形成一个连续的立面。这使得立面看上去是无限的。与艾修里克住宅不同，这个设计要从对角方向看，例如起居室消融的角部和拒绝有任何对称轴线的窗户的外形。外部材料的相似性试图形成一种具有雕塑感的体量，这个体量与第一惟一神教堂的石材立面形成了对比，薄薄的木板结构让人感到不安。往里凹陷的凹槽与外墙表皮似的特征形成了鲜明的对比。这个立面上结构元素的完全缺失对整体上的有意识造成的不安感也起到了一定的作用，也就说康坚决地拒绝对结果作出任何解释。很显然，这个设计不是根据服务／被服务的原则的来进行的。康的确把主要的起居／就餐功能从次要的功能中分隔出来，但是每一个单个的体量，尤其是它们的高度，以及材料的外在表现，形成了消除等级特征的同样的重要性。因此，在费舍住宅中，康再一次从他的通过变化它的源头发展而来的设计准绳中发明了一种新的形式。

看着由三个矩形区域组成的平面的图形（其中一个看上去很接近方形），我们会提出它们共同的起源是什么的问题。为了建立内在结构的逻辑和它的秩序体系，我们将逐步分析出这个设计发展到最后建成的平面的过程以及它的起源。

止。在费舍住宅中，康也是根据严格遵循暗示着动态活动的几何秩序的图形的生长原则而进行设计的。

第二个主要的两层的体量包括一层带有浴室和更衣室的卧室和二层的其他卧室和客房。它还包括进入建筑的主要通道，而另一个入口，或者应该说是出口，在建筑另一个部分的厨房旁边。一个放大的凹槽的入口（与窗户相类似），由于建筑的转动而转过来正对着参观者，并且因为它的基本上是方形的空间而变成了一个非常明确的区域。在这里我们可以清楚地看到康为了给平面结构中的次要区域一个统一的特征，并且把它们变成由几何逻辑决定的"形式的大家庭"付出了很大的努力。建筑里面的入口区域是一个狭窄的、切线方向的空间，与外部空

沿街一侧的
封闭立面

建筑的体量
关系，右侧
为主入口

住宅的主要
体量及入口

三个立方体
在花园中的
位置

两个穿插在
一起的主要
部分

75

从室内看角窗

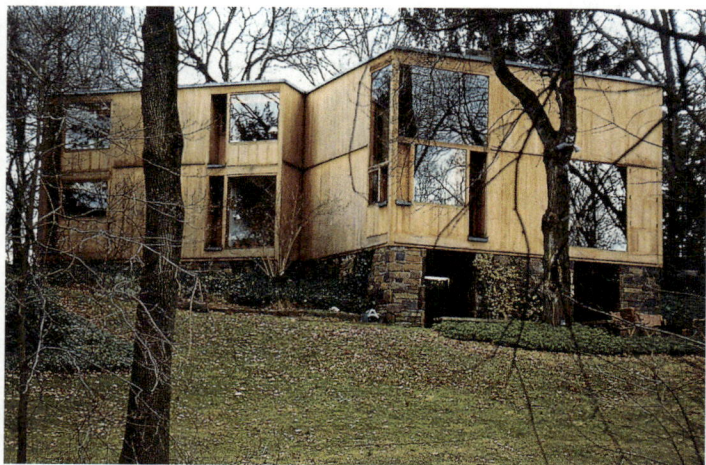

从北侧花园
的斜坡看大
面积的窗户
形式

76

见图 45 这个设计的起源是由两个尺寸相同的方形组成。它们的位置首先是由与入口的道路形成的直角所确定的，其次是根据指北针的方向而决定的。它们彼此之间形成 45°角，并且在一个角上叠加在一起，这一点将在后面进行更加详细地描述。

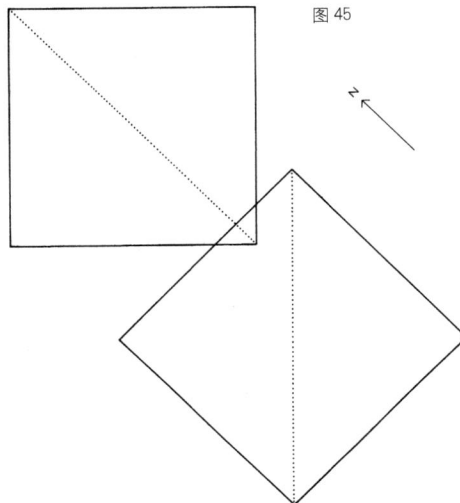

图 45

见图 46 方形的"变形"开始了。方形 2 在两边根据固定的尺寸 x 进行扩展，变成了一个更大的方形。方形 1 延长了 2X 变成了一个矩形。尺寸 X 确定了周边区域，壁龛似的窗户就出现在那里。因此它们内侧的边界暗示了每一个图形中最初的方形的存在。两个方形相交的地方可以很精确的确定下来：最初的方形 1 的对角线根据 1 : $\sqrt{2}$ 的比率对新的边长 2 进行划分。这是对最初的方形的另一个清楚的暗示。

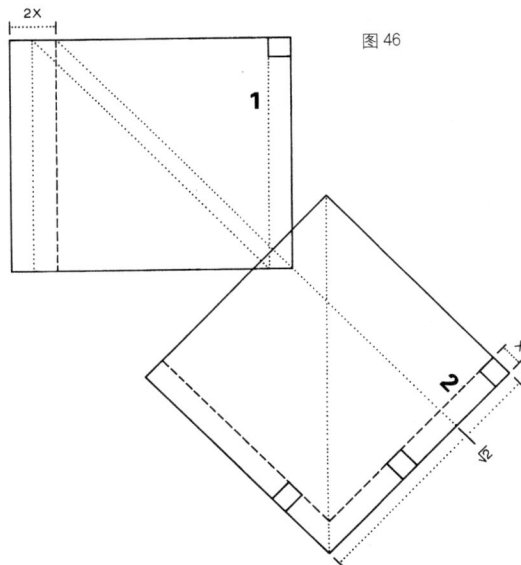

图 46

图 45、46
从两个方形
开始的费舍
住宅平面的
分析

见图 47　　　　方形 2 也发生了变形。它是根据东侧的外墙的厚度进行延伸的。康不仅对在平面中对纯粹的方形的轮廓线进行复制很感兴趣，同时也对于给最终的建筑一个复杂的结构投入了很大的精力。在这里，我们可以很清楚地看到外墙的内部和外部的线条和有秩序的图形一样的重要，就像这座建筑中其他的产生外部线条的限制性轮廓线一样。

　　　　刚刚被延伸过的轮廓线和它的对角线与穿过这两个区域的斜轴线相交在一起。这样，宽度 A 变成了一个划分因素。在图 2 中，它确定了放着碗柜的入口区域和卧室之间的分界线，在被运用于最初的方形的左侧的图 1 中，它确定了厨房的宽度。这个辅助的区域从它与被转动过的最初的方形的对角线相交的地方形成了它的长边 B。尺寸为 2X 的延伸从而指出了后面通往厨房的入口通道。

见图 48　　　　在两个已经确定的有着精确的轮廓线的矩形中，边长 A 和边长 B 是起着辅助作用的。在区域 1 中边长 B 形成了厨房和地下室台阶的边界线，在区域 2 中它确定了对作为支柱的内部结构有着重要影响的墙体的位置。这个支柱的长度等于长度 B，因此形成了一个方形的边界并且确定了采光元素的位置。就像线 B 被延伸一样，墙线产生了可以在两侧留出碗柜空间的宽度 X。

见图 49　　　　现在，作为接下来的步骤，可以确定第 3 个体量了，这一部分后来没有建成而变成了其他的形式。来自于图 45 的起始方形中又形成了新的布局和尺寸。1：$\sqrt{2}$ 的几何结构确定了建筑从车道边界到第 3 个元素的一侧的距离。在这里，以起始方形的对角线为半径的一段圆弧与一侧的延长线相交，确定了第 3 个形体在这个交点上的位置，同时也确定了作为车道的延长线的通往住宅北侧的花园的台阶。同样的结构方法确定了它对面的建筑的第 2 条边界线，但是以半个起始方形的对角线为半径的。这牵涉到黄金分割比。虽然在楼梯的线条中清楚地描绘了 1：$\sqrt{2}$ 的比例，但是黄金分割比仍然"仅仅"是第三个体量的外部轮口线的回应。它的第一个次要元素的面积也是根据 $\sqrt{2}$ 的比例确定的。一个由已经建立起来的宽度决定的方形的补充元素使第 3 个体量的轮廓线变得完整。这两种比例关系都被证明了最初的方形的存在以及它在图形的起源中起到的重要作用。

　　　　现在，平面中的基本图形已经形成，所以可以在两个主要的体量中找到有着确定尺寸的墙厚。平面中最后需要确定的重要图形是壁炉，它的角度和位置可以假定为图形几何体系的一部分。它的圆形的中心是由一个方形所确定的，这个方形的边长根据黄金分割的比率对最后的起居室进行划分。与之相反，前面相交的边界的对角线与最初的方形的几何形体有关。通过把这条线延伸到这个建筑部分的外部边界，我们可以确定它在中间的第 3 个点上对方形进行切割。最终的方形把通道区的轮廓线确定为在外侧连接建筑的两个部分的线。见图 50

　　　　康在费舍住宅中发展了一种新的建筑类型。建筑体量实际上早已存在，并且只为它们自己而存在的自主形式是独立于功能的前提而存在的，它们彼此之间"直接地"连接在一起；也就是说，没有其他的诸如桥、走道或者过厅之类的连接元素的存在。康在很多设计中探索过建筑体量之间这种新的连接形式，但是只有在这个设计中付诸实施了，从这个方面讲，它是独一无二的。

　　　　还有一些别的新东西，那就是采光空间的模式——一个不受墙体结构限制而独立的、单独运用的窗户元素。所有的设计部分都是从康在这个设计中不断使用的几何图形的秩序体系中产生的。

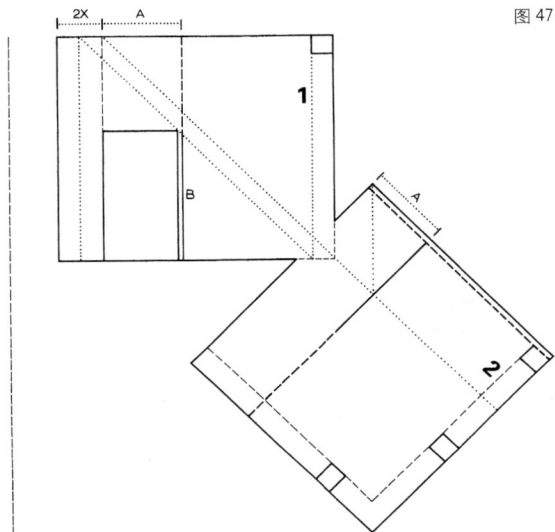

图 47

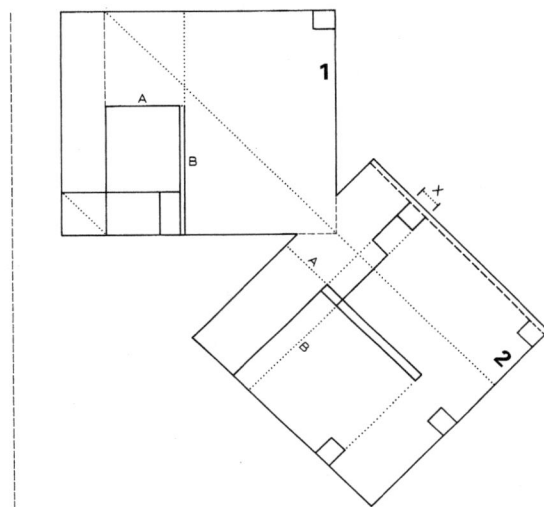

图 48

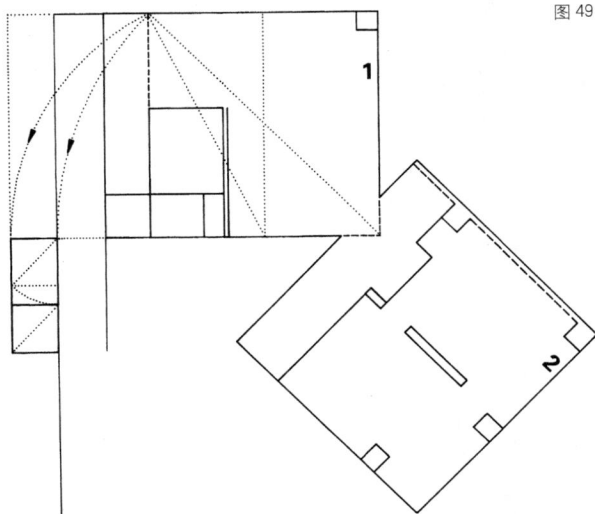

图 49

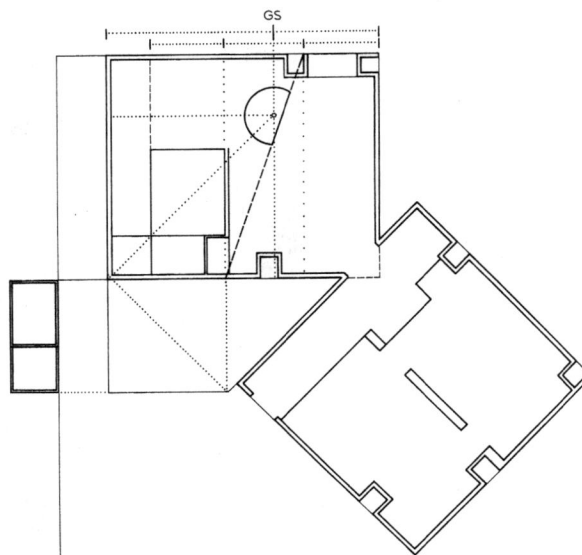

图 50

图 47—50
费舍住宅平
面分析：三
个部分的最
终关系的形
成过程

从角部看
"爆破"的
细部

菲利普·埃克塞特大学图书馆

1965—1971 年　美国新罕布什尔州埃克塞特

1965 年，路易斯·I·康应邀为美国东北部海岸新罕布什尔州一家享有很高声誉的私立学校——菲利普·埃克塞特大学设计一座新的图书馆。经过许多中间阶段和艰难的设计过程，最终于 1969 年完成了设计。建筑于 1971 年落成。

基地是一块宽阔平坦的场地。它的周围是传达着一种顽固的保守氛围的新古典主义建筑。康决定设计一座有中心的建筑，就像一颗独立的宝石那样不和周围环境发生任何直接的联系。惟一与它们呼应的只有材料，一种深色的、带点蓝色的砖。这些砖不规则地结合在一起，而且还有一些瑕疵，这形成了一种浪漫的外表。这种粗糙的砌筑处理手法是 20 世纪晚期东海岸的新古典主义设计中很流行的手段。康在窗户上采用了未经处理的木材，它们被切成板材嵌到砖砌体的洞口里，有些地方还带

浪漫、粗野的砖墙和有瑕疵的砖

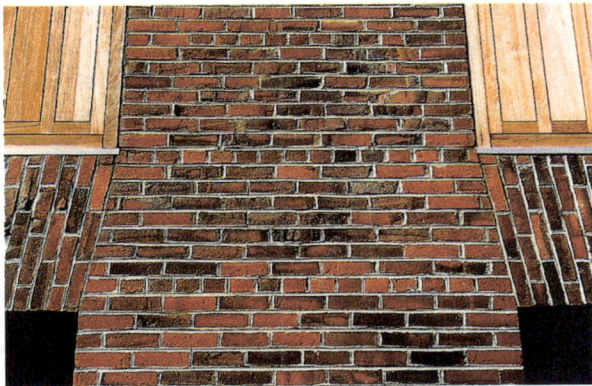

图 51

菲利普·埃克塞特大学图书馆标准层平面图

有可以从内部开关的百叶窗。中心的室内空间采用的是精心处理的光滑而美观的混凝土；选择这些材料的目的是希望在室外与保守的建筑相协调而在室内把现代性隐藏其中，整个设计正是在这样的想法的指导下进行的。

建筑的室外显示了它共有 5 层，因为有 5 排外窗。中间的 3 排特别高的、在下部有着木质棚架的洞口暗示了它的后面有两层。这 3 排中的每一个洞口的上面一层通过后退形成走廊。因此，实际上这座建筑有 8 层，这一点，康再一次用随着高度增加而变厚的砌体上的开洞的系统来进行巧妙地掩藏。

见图 51　　平面可以设想成一个圆形分布的功能平面。4 层就是一个例子。中间是从上面采光的大厅；书放在中心环形的开放书架

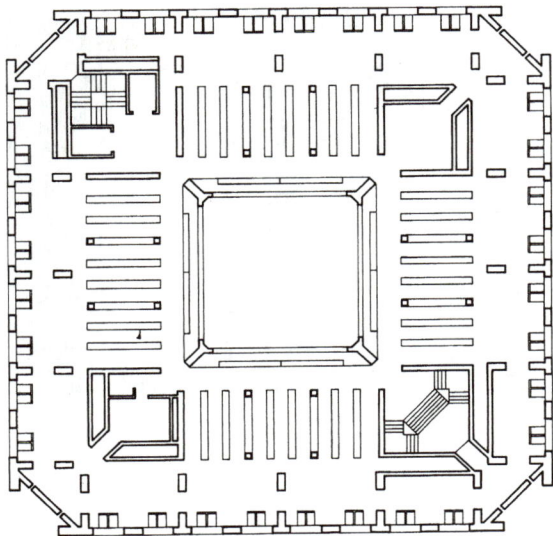

中。楼梯、井道和设备用房布置在这个区域的角部。外环包括有着木隔断和窗户的学生阅览区。首层有一个环绕在它周围的低矮的门廊，它可以被看作是通往室内的通道，就像是室内外之间的一个"过渡空间"，因为康省略了明确界定的主入口。参观者只有穿过这个相对阴暗的走廊才能找到建筑的入口，它很令人惊讶地被放在建筑的北侧，远离校园和其他的建筑。因此，这个门廊代表着一个通道环，"抓住"来自各个方向的参观者：它是实际上的主入口。在进入图书馆之前，必须先通过一个近乎巴洛克风格的楼梯进入二层；恢宏的大厅是从那里开始的。当然，这条"向上的路"是用来象征攀登"知识高峰"的，它是康在不同的学校建筑（理查德楼、印度管理学院）中采用的一种手法，在这里通过台阶的形式强调了它的纪念性。顶层从外面看是空的，它是建筑的一个"桂冠"（类似于达卡的议会大厦）。它是里面布置了讨论室的屋顶花园。在埃克塞特图书馆的首层平面中康又回归到了他非常重要的 20 世纪 50 年代末的早期阶段中的图形，比如说特林顿浴室或者费城的实验塔。他早期阶段中复杂的、处于不稳定状态的平面（第一惟一神教堂、艾修里克住宅、印度管理学院）再一次被古老的、中心占主要

建筑角部

地位的方形所取代，尽管它已经"变形"了，但是建成的建筑中依然保持着可以被体验到的整体性。对最初形式的重新发现暗示着康在这个时期对作为一个通用的、甚至超自然的联结方式的方形的象征性越来越浓厚的兴趣。平面中表现出来的复杂的秩序结构不再出现在前景中：*原始图形*的纯粹性被直接地表现出来了。埃克塞特图书馆的平面是双向轴线对称的，并且在中间有一个"空的"中心，这个布局生动地再现了康是多么看重形式的自主性，他看重的不是人为设计的形式，而是*已经存在于那里的形式*。但是，在这里，康用一种全新的、独一无二的方法对方形进行了改变。方形的边界线被打破，平面被一股向心力打破，各个部分从中心往外挣扎。大厅的框架，巨大的混凝土中心结构从对角线上穿过了墙体，暗示着对角线方向上的动态。所有被墙体围合的建筑内部的角落都被对角线打破成单独的体量，这种感觉被楼梯井道在对角线方向上的不对称布置所加强。建筑外墙往外挣扎，但是又被角部诸如预应力构件之类的窄窄的联系墙连接在一起。看上去，尽管康努力表现建筑"爆破成碎片"的一刻，但是因为这些薄弱的、延长的连接元素的存在，给人造成的是外墙已经延伸到它们的极限的感觉。它们被切开，并且爆破成碎片，向外界展示它们的张力的状态。因此这里表现的不仅仅是像在别的分析里经常提到的那样——一个把角部切开的问题，而是从连接的墙体的中心爆发出来的力量，暗示着一种原始的状态。

立面的相似性也证实了它对于建筑的设计概念来说有着极

端的重要性，就像向心力暗示着周边几乎相同的各个部分那样。甚至在立面上，康也对暗示着这种运动状态的过程进行了表现。门廊的矩形模式通过屋顶花园变成了正方形，从而在立面上形成了一种垂直的动态。在这里，康用古老的有着挑出窗台的窗过梁的砌体结构——一个很好的例子——证明了传统的建筑手法是可以有新的特征的。最外面的过梁的轮廓线确定了次高的窗户的宽度，从而形成了越往上越窄的墙体表面。这使得立面变成了一幅令人迷惑的图画，就像接下来要给出的两种印象那样：两个往上逐渐变细的柱墩（它们中间是窗户板）或者就像有凹槽的墙板一样连续穿孔的立面改变了窗户。

大厅的立面也给参观者以不同的感受。它们巨大的凹口也体现了消融的表面的母题，它的后面满墙的书给人留下了深刻的印象。切掉一个环以后，稳定的体量把它的体积减到最小，这样稳定性和脆弱感进入了建筑的边界之内——这是风格派的原则。

硬朗和动感也是埃克塞特图书馆设计中一个引人注目的元素，它可以被称作是康的作品中一个特殊的方面。最初的形式和最初从中心迸发出来的力量（"宇宙大爆炸"）在这里创造了一个与秩序结构相结合的知识的世界。

建筑角部入口的细部

这个设计标志着康的复杂几何作品的结束。网格结构和简单的比例关系再一次出现在前景中，就像他非常重要的早期阶段的作品一样。几何图形体系在这里暗示着上面提到的平面中的向心运动的一股连续的力量，从而把运动控制在*力量的平衡*之中。平面中的向心力将在下面进行阐述。

八层的图书馆的立面，在外面被减少成四个主要的楼层和屋顶花园

环绕建筑的入口门廊

灯火通明的
楼梯间夜景

阅览区的木
百叶窗

周边两层通
高的阅览区

见图 52　　　　这个设计图形的起源是一个有着确定尺寸的方形。双向轴线对称和轴线的延长指出了这个方形的中心位置，这个方形表现了一个网格模数。

见图 53　　　　起始方形的 ¼ 形成了一个 4×4 的轴线对称的结构。两个网格的边长的长度现在形成了在内部的网格区根据黄金分割的比率对这个长度进行分割的线条结构的有关尺寸。除此以外，还有从对角线和网格的一侧生成的两条圆弧的交点。这条线以轴线的交点为中心发展成一个方形。这个方形形成了实际的建筑中心。

见图 54　　　　在中间这个刚刚生成的方形周围围绕着一个新的框架：它的角部根据一定尺寸进行延伸，它的对角线形成了大厅角柱的宽度。它们的宽度确定了空间实际可见的轮廓线。

　　　　就像上一步一样，通过同样的黄金分割结构产生了另一个中心的方形，但是在这里它是根据外侧的网格形成的。这个方形界定了内部的走廊。

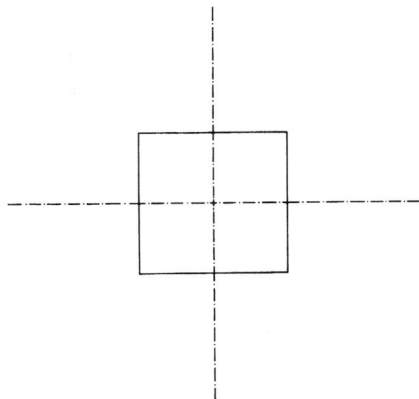

图 52

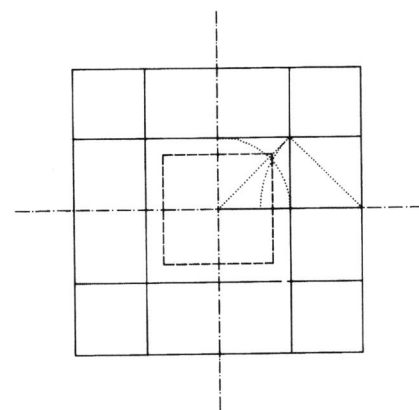

图 53

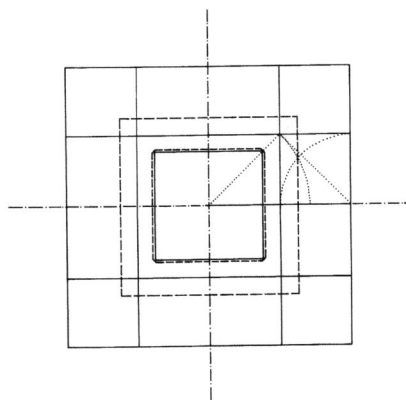

图 54

图 52—54
菲利普·埃克塞特大学图书馆平面及中心方形的起始图形

85

见图 55现在我们已经很清楚在中央大厅中巨大的斜柱的宽度与图52 中起始方形的网格有关。在阅览室的标准层上，围绕在这个大厅周围的走廊打断了网格中的四个方形，现在这个走廊在角部变得很重要。所谓的"核心"就是在这些方形的角部图形、通道和井道中产生。

以因此而产生的对角线为半径的、以中心点为圆心的圆弧与轴线相交。这条弧线从轴线的中心开始，一直延伸到这些核心的最外侧轮廓线。在这里采用的是 1 : √2 的几何结构。根据这些交点而确定的居中的方形现在形成了建筑最终的外轮廓线。

有一点非常清楚，那就是建筑是如何从几何图形的中心往外发展的。从开始到最后的轮廓线的连续的发展过程依然是可以理解的，我们已经可以从平面中感受到它所暗示的向心力。

见图 56角部的四个核心图形的轮廓线变得越来越精确。这些核心体从对角线方向破壳而出，并且延长了长度 X，这是与走廊的尺寸一样的。从这里可以看到对几何结构的突破，核心体形成了不再受网格限制的独立元素。在核心产生的区域仍然遵循着网格线。现在在这些图形的角部建立起有着明确尺寸的十字墙的长度，这些图形来自对角线上的核心的延长线并且与旧的网格线无关。现在，这些墙体可以根据主轴线以同样的间距沿着外墙的轮廓线布置。

沿着周边布置的十字墙的最终长度是根据外侧核心区次要 见图 57墙体的必要的结构宽度来确定的。通过这种方法创造了外侧的阅览区，这个区域在最终建成的平面中被进一步打破（图51）。外侧墙体和挡土墙的尺寸相同，并且形成了 4 个相似的有凹槽的区域，在这一步中，整个建筑的角部被打破。但是，当各个部分以一种平衡的张力联系在一起的时候，康增加了在方形的线之内的墙体。它们阻止了图形彻底的分解。

在书堆中布置在每一个方形中的 4 个柱子暗示着原来的网格结构和在前面的步骤中由几何图形体系所确定的平面中逐步偏向一边的结构。

刚刚看到这座建筑的时候，从它的外表上看，菲利普·埃克塞特大学图书馆是结构非常简单的对称形式。但是一旦参观者仔细研究它掩藏在这座精心设计的建筑背后那些虽然不能直接看出来、仍然可以感受到的张力的生成过程，那么他们就会长时间目不转睛的看着这座建筑、它的立面以及它们的细部。进一步地研究表明复杂的关系从整体上体现了康的一个主要的想法：从一种通用的语言，一种永恒的但是与它的时代无关的语言中发展建筑，赋予它象征意义和振动的张力。正如我们已经证明的，是秩序形成了康的作品中这种特质的基础。

图 55

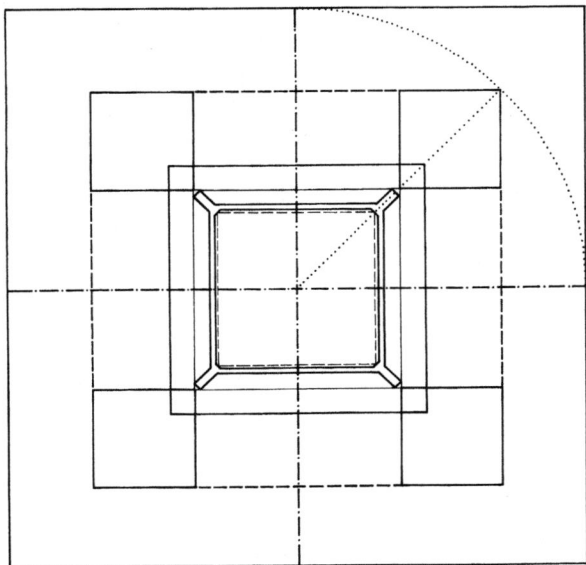

图 56

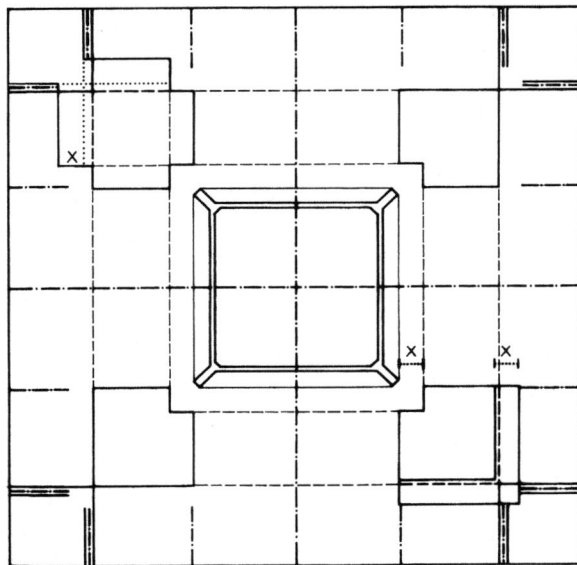

图 57

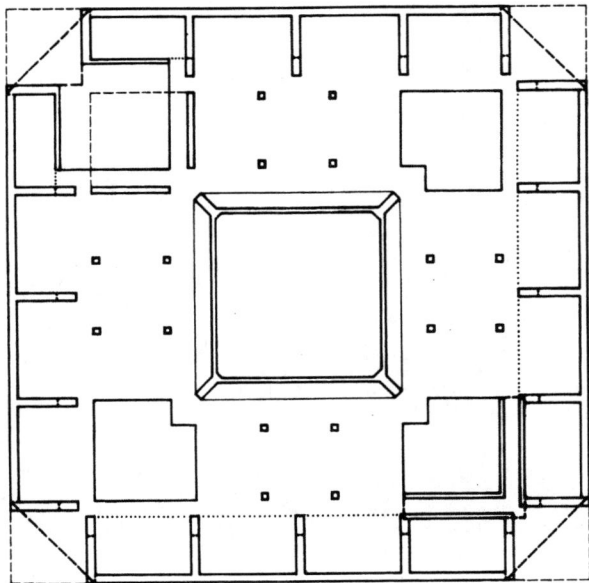

图 55—57
菲利普·埃克
塞特大学图书
馆平面最终图
形的生成过程

入口门廊

金贝尔艺术博物馆

1966-1972 年　美国得克萨斯州沃思堡

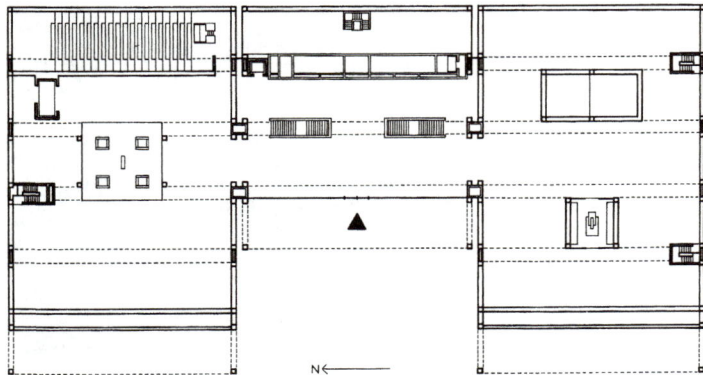

美国南部得克萨斯州的金贝尔夫妇打算为他们的私人艺术收藏建一座博物馆。1966 年，路易斯·I·康接受了他们的委托，并且在接下来的冬天提出了他的第一个想法。这个想法是建立在与其他建筑物相关的视觉要求的基础上的：建筑不能超过 40 英尺（约 13m）。它将建在公园一端现有的树林中，三面被道路所环绕。1969 年确定的最终布局在地下室标高处设计了一条与建筑背后的道路相连的通道，主入口位于首层，朝西面向公园。无论是从公园的通道还是从公路的切线方向进入建筑都需要经过一个入口庭院。北侧布置了一个过渡的庭院和北向的绿色台地，它们都位于地下室的标高上。

博物馆的设计也展现了康对他非常重要的早期阶段中采用的简单形式的回归。水平向的屋顶结构的想法导致了他最早在特林顿浴室和理查德楼中使用的基础单元的形式。这个单元在很大程度上影响了建筑的结构，而且几乎代表了它的根源。它是以一段圆弧为基础的混凝土壳体结构，换句话说，是一个筒形拱。附加元素在这里再一次起到了重要的作用，而且，应该说这个设计的特点因此在很大程度上依赖于结构。这个设计的准则是像构架一样的形式，它给人留下的印象是工程师在展示他的技巧，在这一点上奥古斯特·考曼顿特作出了巨大的贡献。

见图 58　从平面中我们可以看到，这座建筑的三个部分是对称的，中间是入口庭院、大厅和与地下室的相通的楼梯间，它的后面是办公区和不连续的通往图书馆的道路。我们的图左前方是临时展区，然后是一个挨着采光井的咖啡厅和后面的报告厅。右边的整个区域是展览区，它的中心是两个采光井。办公室、其他的次要房间和通往停车场的通道集中在地下室。我们可以清楚地看到，所有的次要图形都符合筒形拱的结构原则，也就是说与内在的模数尺寸相一致。另一方面，没有柱子的结构为室内的展览空间提供了很大的灵活性。设备可以安装在屋顶上单个的屋顶元素之间的小空间内。

一个特殊的特征使得金贝尔艺术博物馆在康的作品中显得与众不同：它有一种与康的其他作品背道而驰的水平感。他在现有条件的基础上创造了一种必要的效力，并且通过它们的长度把水平向的元素变得非常具有戏剧性。尤其是在建筑的室内，这一点变得更加明显，甚至在室内它也用它"纯粹的"形式面

对参观者：这个结构的基本体块，或者说它的结构的戏剧，无拘无束的在这里上演，不受任何墙体和两侧通道的柱廊中的次要建筑的干扰。支柱通过对地下室、井道和柱头的暗示而形成了自己的特点，筒形拱和支柱交接的地方形成了一个与众不同的细部。

通过这种做法，康体现了他的建筑的另一面，那就是保持和理解有助于确定设计形式的各个部分的*整体性*。这一点对于他来说很重要。在入口的"顶棚"和门廊中依然能够看到混凝土壳体结构没有被特殊标示出来的长度。除此之外，这个设计中还以一种特殊的方法对自然光进行了处理，使得这些形式随着时间的变化和光影的交替在外立面上表现出特殊的效果。在博物馆的室内则是通过令人印象深刻的、漫反射的顶光进行照明，这一点，正如很多地方提到的那样，是通过拱顶的间接反

图 58
金贝尔艺术
博物馆平面

门廊和博物馆形成了一个整体

从公园看的
全景

中间的通道

主要的入口
通道旁的小
树林形成了
一个天然的
屋顶

上的独占了整个拱顶下面的空间的图书馆中表现得尤为突出。

在外面撞到一起的两个拱顶把建筑和露台连接起来。它们形成了在康的作品中非常重要的既不属于室内也不属于室外，或者说既是室内又是室外的"过渡空间"。这个空间为参观者提供了一个逗留的场所，这个空间中康有意识地设计了作为建筑的固定的组成部分，而不是家具的颇具雕塑感的立方体石头长椅。这里把不同的空间连接起来：可以很方便的到达的停车场，稍近一些的、精心设计的博物馆的周遭环境以及非常重要的拱顶。这座建筑的拱顶、支柱、材料和凉廊形成了一种意大利文艺复兴的怀旧氛围，但是它努力地对这种氛围进行改造，尤其是在与花园结合的地方，以及室外和它们的材料的特质中。对入口通道的精心设计可以追溯到康和哈利特·帕蒂森 (Harriet Pattison) 一起工作的时候，这个通道为博物馆创造了一个意义重大的外部环境。博物馆的参观者甚至在很远的地方就开始进入角色：可以把凉廊看成一个目的地。在路上，参观者可以看到台阶和谐的高度，用石灰华框架的防滑材料对空间的划分，也就是说，用粗糙和光滑的材料来表现不同高度的空间，以及

射形成的。但是这个顶棚的顶光源还有一种另外的功能：参观者可以一直在视野里看到整个拱顶。这种整体概念给这个实际上比较小的博物馆带来了一种富丽堂皇的感觉，这种感觉在楼

基地有着微妙的起伏，并且微微往上倾斜的斜坡，最后，建筑渐渐地"变成了石头"：所有这些都可以在作为高潮部分的建筑中体会到。这个设计的特殊品质存在于它的*触感*，在这条通往建筑的道路上的不同地方和与之相关的功能的感受。两个对称

通往博物馆
的通道

室外门廊和
下沉的雕塑
广场

从下沉的停
车场看博物
馆的背面

的喷泉让人联想起地中海的氛围。

康设计了一个巨大的入口庭院。与他设计的其他建筑中那些试图掩藏起来的主入口相比，这个庭院是不同寻常的，但是从室外空间文脉来看，这个庭院是可以理解的。在建筑入口的正前方的庭院中有一个由日本樱桃树形成的天然屋顶，这些樱桃树静静地站在均匀的沙地里。在进入木头和石材的楼面和顶部采光的博物馆之前，参观者必须穿过这个柔软的、嘎吱作声的粗糙沙地，体验透过树冠的柔和的阳光。如果有人仔细观看博物馆的外墙，那么他会看到不同材料之间的有一种一致的趋势。这些材料在特征上很相似，但是颜色不同：结构体系的混凝土和作为墙体填充物的石灰华是齐平的，这样，在支撑结构

康在设计金贝尔艺术博物馆时选择的附加的、准自主的图形的语言对当代艺术世界的一些现象造成了影响，尽管这一点很难直接证明。开始于 20 世纪 60 年代初的极少主义艺术运动就受到了他的影响，尽管那些参与这场运动的艺术家都不太愿意接受这个标签。这场运动中最杰出的代表就是美国艺术家唐纳德·贾德 (Donald Judd)，他受到的是德国包豪斯艺术家约瑟夫·亚尔勃斯 (Joseph Albers) 的影响，而后者在耶鲁教书并且从康那里得到了很多灵感。康的建筑与这种艺术在精神上的密切关系在贾德和作者的一次对话中得到了证实，在那次对话中，他提到了康，并且称之为"最重要的建筑师之一"，他对康有很多的思考。在 20 世纪 70 年代早期，贾德非常有趣地从离费城很近的纽约搬到了南部的得克萨斯州距离沃思堡半天行程的地方，并且在那里为他自己的作品建了一座永久性的博物馆。这种艺术观点和康的建筑之间的联系，以及对作为抽象的终点的不能再简化的、简单的、附加的形体的迷恋，显然存在于他对通用的几何结构的语言和它们的比例的理解之中。

与之前的分析不同，接下来的分析是从一个与建筑的边界线不完全一致的几何图形开始的，但是作为一个初步的思考，它又是正确的。

对称布置的门廊前面的喷泉和水池

中一目了然的拱顶看上去与墙面浑然一体。这让人想起萨尔克学院中混凝土和石灰华的结合，但是这个博物馆中康不想让混凝土和大理石有同样的颜色。这里形成了一个*模糊*的元素，有点类似埃克塞特图书馆中让人迷惑的图画：我们可以看到附加的混凝土元素与一个连续的体量连接在一起，而"只"与填充墙结合在一起的主要的结构元素也可以很清楚地被看到。

支柱似乎是从底层的混凝土基础中生长出来的，但是两个空间却被很好地联结在一起的条形基础分隔开。在旁边的拱顶框架中不同弧线的半径和墙面形成了一种动态的感觉：在这个既定的形式中，你很难搞清楚这个位于最高点的框架是在上升还是下降。

唐纳德·贾德在得克萨斯州玛发设计的混凝土雕塑

门廊及入口
通道

水池和室外
空间

门廊及长椅

凉廊处的立
面细部

短边一侧的
立面细部

室外材料

货物运送庭
院立面细部

楼上的图书馆

见图 59　　　金贝尔艺术博物馆的起始图形是两个有明确尺寸的方形组成的矩形。它形成了决定整个建筑的对称结构的基础。

见图 60　　　运动的过程开始了：两个方形以 X 的宽度进行叠加。这样形成了最终的室内空间的长度。接下来的步骤将会揭示这个宽度 X 的重要性，它对整个结构都造成了影响。

见图 61　　　叠加的宽度 X 可以从后面的第 3 个空间的中心里两个楼梯间的对称布置中找到。

　　　现在，根据结构要求确定的墙体的厚度被添加到现有的轮廓线上。康通过把它三等分而得出了建筑的结构。确定了外墙的尺寸后，根据比例确定了这三个分区：中间是一个对称布置的矩形，外墙的短边一侧则布置了两个 1：1.618（黄金分割）的矩形。它们之间的空间以窄条的形式出现。

见图 62　　　宽度 X 对建筑结构起到的重要作用可以从它决定了屋顶的拱形元素的宽度这一事实中看出来。从外侧的边界开始的 6 个拱形沿着短边分布，这样就在长轴方向形成了窄条似的中间区域。它们形成了筒形拱之间的平屋面和室外的设备安装区。因三分法而形成的窄条变成了划分后面的室内空间的区域。

见图 63　　　确定了决定室内布局的屋顶结构之后，建筑最终的轮廓线慢慢形成了。室内外空间都被这个拱形的元素所简化，第 6 个拱现在已经变成了室外。当然，室外的门廊有着和整体建筑一样的比例，就像我们在分析过程中所提到的那样。在这里，拱形元素再一次形成了室外空间，室内外空间之间的边界在这两个门廊的边界而展开。

　　　所有的次要图形对于决定根据结构要求而确定元素的尺寸 见图 64 的室内空间来说都很重要。采光井布置在两边空间的对称轴上，形成了方形的结构轮廓线。不同的功能都被布置在后面的空间中，包括中间的办公区和左边的报告厅，它们的宽度等于拱形的宽度加上中间的窄条。边上狭窄的设备用房沿着门廊布置。

　　　金贝尔艺术博物馆主要关注的是模式和结构。然而，在这里结构并没有追随给定的形式″法则″，也没有按照″服务／被服务″的原则建立等级体系（就像特林顿浴室那样），它也没有用过多的细节上的技术手段来形成几乎自动化的状态（就像理查德楼那样）。取而代之的是康对结构和空间的整体化处理，从而形成了一个最终产生一个新的、高度统一的整体空间的单元序列。在这里，筒形拱的概念和结构概念互相抗衡，都试图对富有表现力的形体加以控制，但是斗争的结果却不得而知。

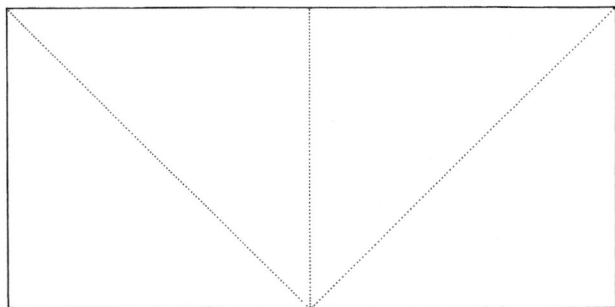

图 59

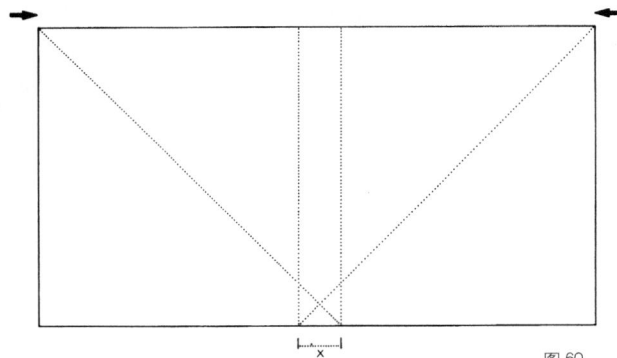

图 60

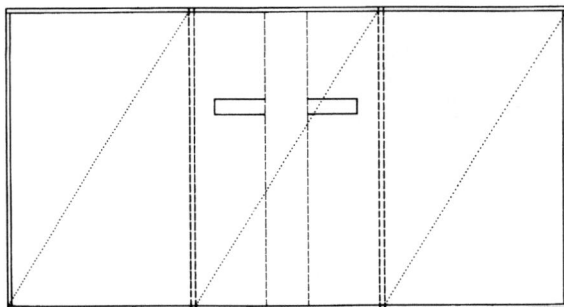

图 61

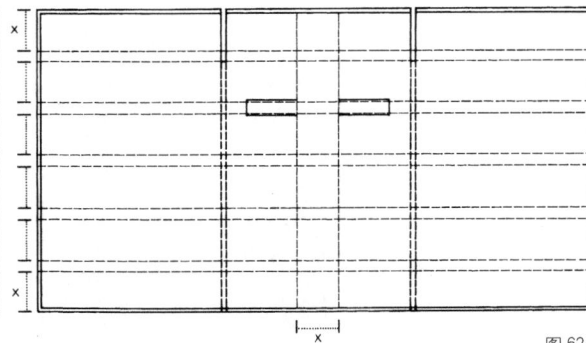

图 62

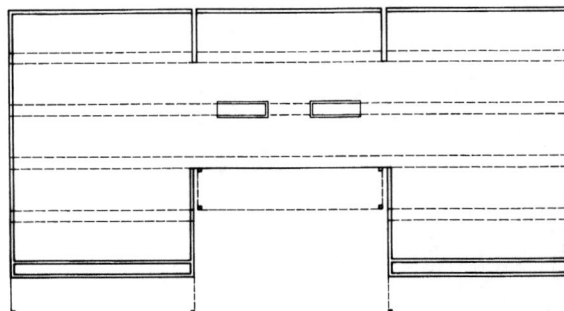

图 63

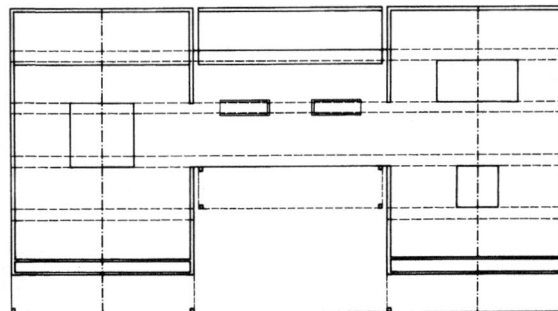

图 64

图 59-64
金贝尔艺术博物
馆平面分析：从
起始的两个方形
到最终图形

一座秘书楼
的立面细部

孟加拉国首都

1962—1983 年 孟加拉国达卡

见图 65

康第一次去达卡是在 1963 年 1 月。这个时候孟加拉国首都的基本方案是根据轴线关系彼此面对面的两组建筑；它与最后在 1963 年 12 月完成的最终布局非常相似。这一点证明了康清晰的概念和他对自己钟爱的理想——控制一组巨大的建筑群——坚决果断的态度。在基地的下方布置了一个居中的棱柱体作为议会大厦，两侧是与之相连的花园和庭院，侧面是斜向的居住区。修改过的议会大厦和两侧的居住区的建造工作实际上开始于 1964 年，但是 1971 年爆发了内战，由于实施的困难和康对大厅屋顶设计的犹豫不决导致建设工作延迟了很多年。主体建筑直到 1982 年才完工。不过，一座议会城市确实已经形成，它对自身和结构上严格的等级体系进行了完善，在斜向上与员工和大臣们的居住区连接在一起，两侧是公共的服务设施和花园，北侧是总统的礼仪性广场，中间是位于一个人工湖中间的像水晶般清澈透明的议会大厦，它可以同时容纳 300 人。议会大厦被四组秘书和大臣的办公室、丰富的娱乐设施和餐饮场所所包围，它的南侧是一座清真寺以及它的主入口。

康在这组建筑群的前面布置了一座具有高度象征性的清真寺，它和其他元素一样是穆斯林仪式的必要条件，康试图让这座清真寺成为"民主社会起源的国家象征物"。康声称"集会具有一种卓越的本质"。[51] 他认为当人们穿过祈祷室下面的主入口时，建筑就具备了一种精神特质。[52] 因此康把议会大厦称为立法机关集会的一个"根据地"。议会大厦被水所包围，从而与历史上的莫卧儿建筑相呼应，而"根据地"这个名字也不是要赋予它毫不相干的堡垒的意义。根据地安全有力的特征被转变成了一种人们从清真寺里得到的精神的象征，并且加强了建筑的整体性。

建筑群中不同的建筑在一个圆形中连接起来，沿着一个类似于罗彻斯特的圣殿的中心移动，并且强调了它的重要性。*向心性*是康从特林顿浴室到埃克塞特图书馆的设计中不断出现的主题。这种布局方式形成了作为一个整体的城市"整体形式"和单一的结构，它们体现了康对发挥到极致的独立图形的结合的抗拒。混凝土材料的单一性和像浮雕一样交替地投下阴影的大理石带来光线的对比，把所有的建筑联系在了一起。这样，议会大厦与周围的广场和采用砖墙的居住区区分开来。这形成

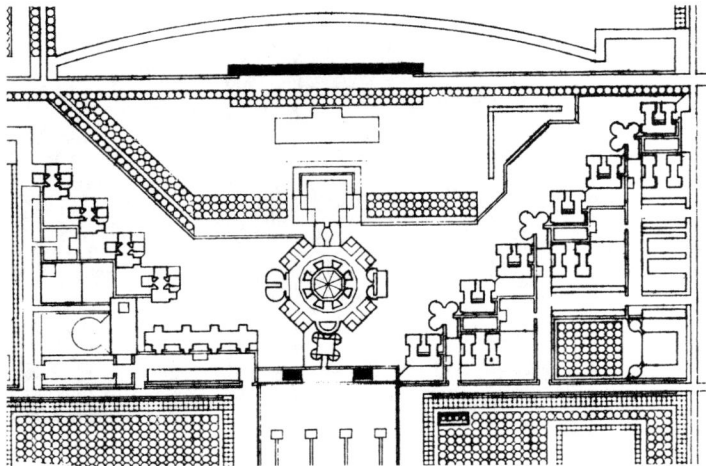

图 65
孟加拉国首都主要通道层平面

了一种在阿赫姆德巴德的印度管理学院中出现的特质，这种特质在第一惟一神教堂中初露端倪并且在达卡达到极致：既是单个形体的*新的结构形式*但是又和整体相协调的单一性。所有被提到的建筑都受到一种把各个部分结合成为整体的材料的控制，并且进入到与次要的元素——达卡的大理石和阿赫姆德巴德的混凝土——充满感情的对话之中。

在康的人工湖中的议会大厦，前面左侧是餐饮建筑

51 乌曼，《What will be...》，第 105 页。
52 亚历山德拉·拉特沃尔（Alessandra Latour），《Louis I. Kahn, Writings, Lectures, Interviews》，Rizzoli 国际出版社，纽约，1991 年，第 195 页；康谈到了达卡的议会大厦。

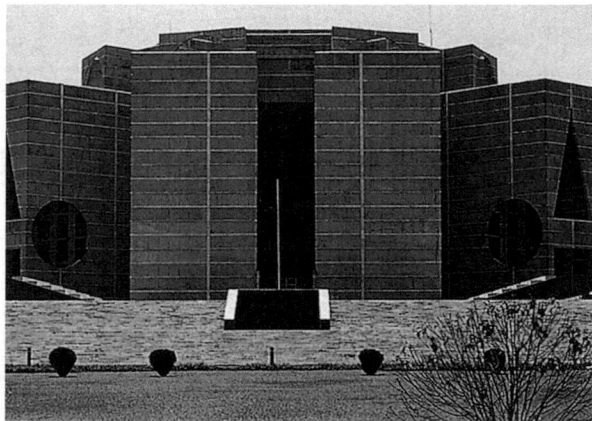

在议会建筑群中，斜向布置的矩形秘书楼和办公楼的外部边界可以被看作一个把所有次要的图形都包括其中的方形，它的中心确定了纯粹的圆形的几何形体。这表明了康是如何想像出设计起源的通用的形式法则，在这里，这个法则被直接地贯彻下去，并且第一次在原则上成为了一个"重要角色"和一个"曼陀罗"。这个曼陀罗图形——以"宇宙星盘"（cosmogram）的形式来图解宇宙间的关系的图形——将会在对印度管理学院的举例分析中加以说明（见第 179 页）。

但是对几何形体和结构基础的进一步研究表明，这个简单的原始图形经过了微妙而重要的"变形"：建筑是南北向的，圆

形沿着在这个方向上的几何形体确定的距离，在阅兵场和总统花园之间延伸。[53] 它从整体上对图形进行扭曲并且把它分成了两个部分，这样周边的矩形办公区找到了它们微微旋转的、而不是在轴线上的相对位置。另外，除了与世隔绝的清真寺之外，单个图形的对称感被打破。清真寺指向一条东西向的线，打破了轴线对称的关系。在立面上，中心被打破的"表皮"证明了这一点，它加强了中心的拉伸过程，并且暗示着往外推的动势，也就是说，暗示着向心力。

除了特殊说明的结构元素之外，建筑群中的单体建筑的外表在巨大的体量和单薄的表皮之间转换。这形成了新的采光空间——一个只有光和影的领域，并且给光本身带来了一种非常神秘的气质而且极具有象征性的洞口。这些既把它们自己与建筑的体量联系在一起，又把它们自己的空间与主体相脱离的"采光"空间的独立的立面形式是康在建筑设计上的首创。立面形式上令人印象深刻的光影作用在秘书楼和办公区更加强烈，它们像外科手术一样精确的几何形的洞口，与在阳光下几乎变成白色的混凝土的立方体形成强烈的对比。这些洞口确定了整个建筑的形式，尽管它们之间是对比的关系，而且它们也并没有表现出那些隐藏在它们背后空间的功能，但是它们反映了一种独立的、模糊的空间形象。虽然它们没有完全和简单的、由于锋利的边界线而突出的体量融合在一起，但是它们仍然是光影变幻中的室外空间的一个组成部分。它们界定了光的体量——这些空间无一例外地都用来调节光线，并且形成独立的、强调反功能的洞口。它们古老而富有象征性的特征强化了整体建筑的精神"氛围"。

这种情况加强了特殊形式的洞口的感觉，尽管它们是自己有生命的几何形体，但是长期以来一直被评论家所误解。[54] 这

53 安妮特·杰尼哲科（Annett Janeczko）和马蒂娜·希勒（Martina Hille）在作者于不仑瑞克理工大学一次讲座中的学生作业，她们在这份作业中从几何上证明了内部圆形的"变形"。
关于这一点见佛罗林达·弗萨罗（Florindo Fusaro）《Il Parlamento e la nuova capitale in Dacca di Louis I. Kahn, 1962—1974》，Officina Edizioni，罗马，1985 年，第 75 页。
除了书名中错误的建筑日期之外（更正：1962—1983 年），在康的不同作品中对关键的线还有一个非常粗糙的几何定义，这体现为在一般意义上对方形进行没有更详细的表达的系统化；忽略了上面提到的变形并且在达卡议会大厦精心引入了不等性，忽略了康在他所有的设计中通过静止和运动之间的对比把建筑的张力加到他的结构中去的想法。

图 65a

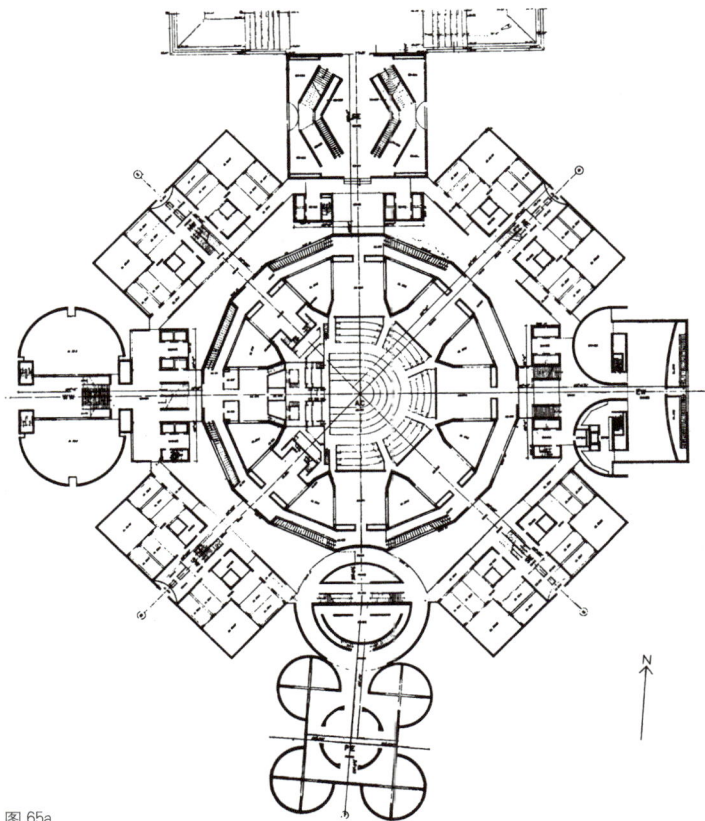

大臣楼

带采光顶的中
心集会大楼

个图形在立面上被分成了两个部分，它通过在侧边的中心设置一个圆形的上升的空洞来纠正这里有两个楼层的印象。

和"虚无的立面"一样，这些洞口界定了那些从外面看属于光的同盟者的消极的光线区域。它们的变幻确实给参观者在界定创造建筑的光的状态和特性的时候带来了困扰。它们和清真寺里圆柱形的采光井有着同样的意义，那些采光井是空心的采光柱，它们打破了角部，并且把天堂之光反射到祈祷大厅。

左侧是楼梯间门厅，中间是办公楼，右侧是娱乐区，它们通过"破裂的"节点连接起来

康把这些洞口的形式解释为抗震的要求，并且通过它们安抚实用主义的精神。他还出于与地形有关的静力原因而用混凝土来建造主体建筑；这种材料对于这个国家和它自己的建造方法是非常陌生的。他还把"充满阳刚之气的"材料跟大理石的镶嵌和它们"阴柔"的气质结合在一起。

虽然康长期合作的工程师顾问考曼顿特认为，议会建筑群在结构和形式上，或者说在建筑上，是错误的[55]，但是斯科利却把康在亚洲做的这个建筑称赞为"现代建筑在次大陆上最成功的作品之一"。[56] 柯蒂斯（Curtis）把这个设计描述成创造那些以宇宙星盘的形式把来自于欧洲文化的混凝土历史模型和印度本土特征融合在一起的早期建筑结构的实验。[57] 杜尼特（Dunnett）看到了它们巨大的重要性，并且把简单性提炼为对立双方的张力的承担者。[58] 与柯蒂斯相似，班纳吉（Banerji）把达

卡议会大厦看作是对人类记忆中的原型的回归，这个原型很难破译，在那里建筑是模糊的，对别人的误解持开放的态度，而在这里，正如班纳吉所说的："没有安抚人们的感受……康的意识形态中的魔鬼和天使引人注目地暴露在外面。"[59] 班纳吉还断言这个设计中的"悲剧"可以从它要把西方欧洲国家的浪漫主义和东方的神秘主义混合在一起的痛苦的创作过程中看到。他接着还说，这种背离了西方的理性主义思想结构的混合对于"东方人"来说是很容易理解的，尤其是当国际化的功能主义同时作为抽象的教条和具体的建筑一起被引进到东方国家的时候。

在这座达卡的建筑中，对比仍然是基本要素。康有意识地把它作为建立内部张力的手段，就像由动态的过程所激发的从轴线对称开始的经过计算的运动一样。这个动态的过程包括对基本几何图形的扭曲变形和元素的斜向移动。这不仅对平面的布局造成了影响，同时也体现了紧凑的建筑整体一直在移动，甚至几乎是在绕着一个中心"跳舞"的观念，尤其是当参观者连续移动的时候。空间图形的分隔和联系之间的对比、巨大的体量和单薄的表皮之间的差异以及高贵和卑微的材料的结合，从功能联系的角度强化了各自的自主性，同时也丰富了整体内容。

从接下来的议会大厦的分析中可以清楚地看到，康非常自觉地遵循着上面提到过的对方形或者圆形的起始图形的变形过程。在展示的过程中，设计的起源表现了康如何在保持先验的形式和创造更加复杂的几何结构之间取得平衡的。

54 康的工程师考曼顿特在 1975 年批评说："巨大的圆形洞口……提出了很多没有人能够正确回答的问题"（考曼顿特，《18 years...》，第 86 页），而 1984 年亚历山德拉·唐则认为它们"太过戏剧化"了（唐，《Beginnings》，第 50 页）。罗伯特·文丘里在 1988 年与作者的一次交谈中把这些洞口解释为"过度形式化的东西"，并且在他设计的新泽西普林斯顿大学的一个学生俱乐部——"Wu 大厅"中对这种洞口的形式进行了讽刺性的运用。
55 考曼顿特，《18 years...》，第 85—87 页。
56 斯科利，《American Architecture and Urbanism》，纽约，1969 年。
57 威廉·J·R·柯蒂斯，《Authenticity, Abstraction and the Ancient Sense, Le Corbusiers and Louis Kahns Ideas of Parliament》，观点 20，耶鲁建筑杂志，耶鲁大学，纽黑文，Rizzoli 出版有限公司，纽约，1983 年，第 190—194 页。
58 杜尼特，《City of the tiger》，建筑评论，1980 年。
59 班纳吉，《Learning from Bangladesh》，加拿大建筑师，1980 年 10 月。

旅馆内为员
工提供餐饮
服务的区域

集会大楼。左
侧靠近北边是
总统花园

议会大厦的起始图形是一个斜放的方形。它以框架的形式 **见图66**
界定了建筑的形状。这个基本的图形的起源是从这个框架中以
一种类似于生物生长的几何过程发展而成的。在这里，轴线关
系非常重要，在这个设计中轴线不是与侧边平行的而是斜向布
置的。它们在这个图形中确定了"演变"的方向。

在起始图形中的9个方形所组成的网格结构确定了里面的 **见图67**
划分。这个划分成9个部分的图形在康的想法中也是先于其他
图形而存在的，因为它是上面提到的曼陀罗图形的一种简化形
式，同时也是在康的作品中反复出现的母题。结构和十字交叉
的对角轴线形成了基本的*演变平台*，后来的更加复杂的图形就
是从它上面产生的。

现在，对角线的长度的一半根据黄金比例进行分割。它的 **见图68**
几何结构可以解释如下：对角线的一半形成了一个等腰三角形，
它的中心垂直等分。以它的斜边的一半取圆弧与三角形短边（中
直线）的圆弧相切。穿过这个交点的线按照黄金比例对对角线
的一半进行分割。分割后较短的一部分和沿着中点形成的圆弧
的半径形成了二次黄金分割。这就是中心，并且成为建筑内部
大厅的起始图形。

接下来形成的是作为框架的方形轮廓线和中间的圆形之间 **见图69**
的几何连接。根据方形边长取的圆弧以√2的比例和对角线相交，
从而形成了围绕在内部的圆形之外的圆形的半径。和康所有的
设计中一样，黄金分割和√2的比例再一次作为一对沟通的元素
出现，并且在基本图形的理想发展过程中形成了一种张力和非
理性的元素。

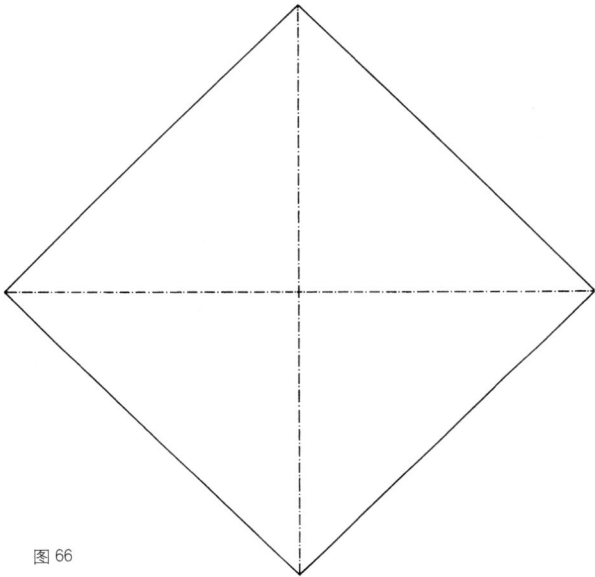

图 66

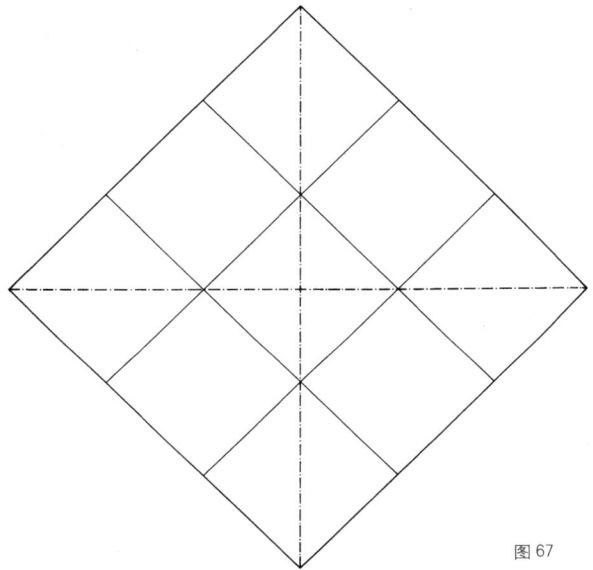

图 67

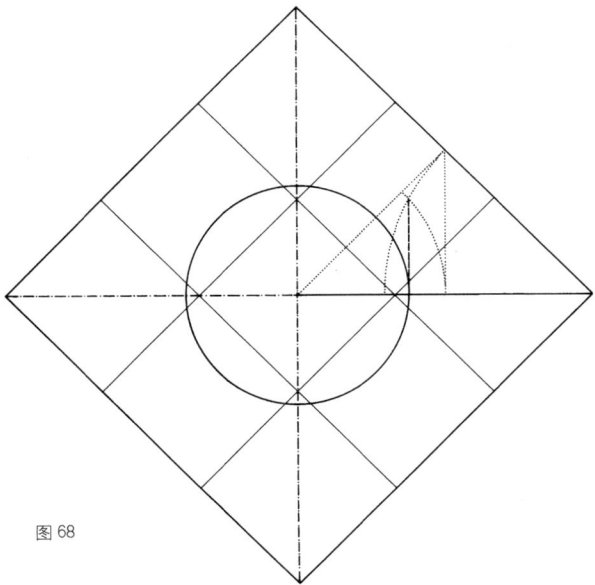

图 68

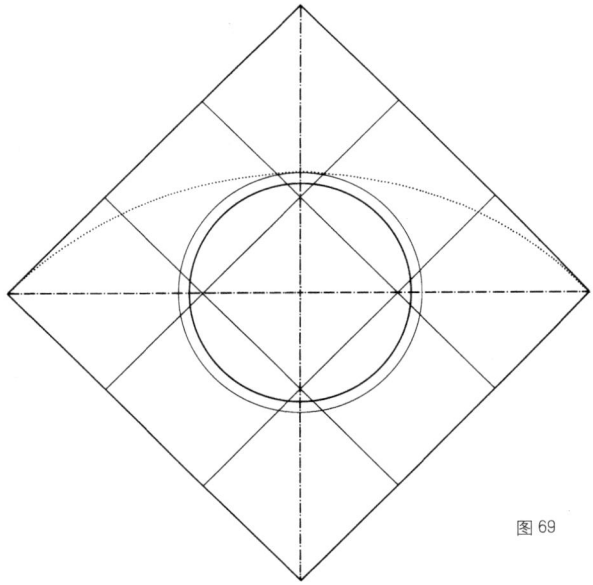

图 69

图 66—69
一个斜放的
方形为起始
图形的孟加
拉国首都平
面分析

见图 70 隐藏在议会大厦整体结构背后的至关重要的过程就是根据墙体厚度进行扩大的内部的圆形现在被打破了。它以一个由外面的圆所决定的长度在南北方向进行延伸。这个交点上的切线和垂直方向的轴线通过在两边与外部的圆相交而确定了两个圆之间的距离。这样，大厅最初的圆形变成了一个椭圆形，并且暗示着在向心力作用下的一种变形过程，尽管与通常相等的、不受控制的力不同，在这个设计中这种变形是受到控制的。不仅仅是圆形经过了变形，与侧边平行的轴线也和它一起跟着半径的两个中心在南北方向上转动。

见图 71 方形框架的轮廓线非常引人注目，它并没有随着圆形在方形中间的延伸而变化。所有的这些变化都在方形的限制范围内进行，而它本身则保持着图形的完整。现在可以通过转动轴线的位置和稍微改变一下它们的长度来建立另一个 $\sqrt{2}$ 的分割。这条轴线形成了一个想像中的方形的对角线，以这个方形的边长为半径的圆弧和对角线相交。在这里增加了一条与最初的方形的边相平行的线：它形成了一个外部的周边区域并且把方形分成了三部分：一个外"环"，中间的椭圆形，还有一条没有进一步确定的裂缝。

见图 72 从分成 9 个部分的方形的网格结构开始，在外围可以确定 4 个相似的矩形。它们形成了议会大厦的办公区。很快我们就可以清楚地看到这些区域也随着轴线一起转动，这样，尽管在起始方形的垂直和水平轴线方向上依然保持着镜像的对称关系，但是每个正交图形的位置都不一样。这些矩形的长边根据起始方形的划分而被分成 3 个部分。短边则可以把最外面方形切掉来用作实际上的办公室。

除了办公区以外，我们还可以假定其他的区域在康的想法见图 73
中也是从矩形开始的。在这一阶段中，康用矩形组成了一个环，这一点跟我们所提出的草图是非常吻合的。分析表明，西侧、北侧和东侧是尺寸相同的方形，与它们相邻的狭窄的空间是实际建成后的建筑的入口通道。这些狭窄的通道部分地和方形相重叠，这个方形的角部与起始方形的框架线相撞。

南侧形成了一个圆形，它与往外延伸的大厅的图形不同，它是被压缩的，由两条分别具有不同圆心的弧线组成。把中央大厅的圆形延伸后形成的椭圆形给人造成了相邻的图形都跟着它一起变形的印象。在这里我们来讨论清真寺前面的区域中那条宽阔的通道。清真寺是一个有着特殊尺寸并且经过旋转的方形，从而形成它精确的东西朝向；然而，这个旋转也意味着有意识地打破既定的结构。

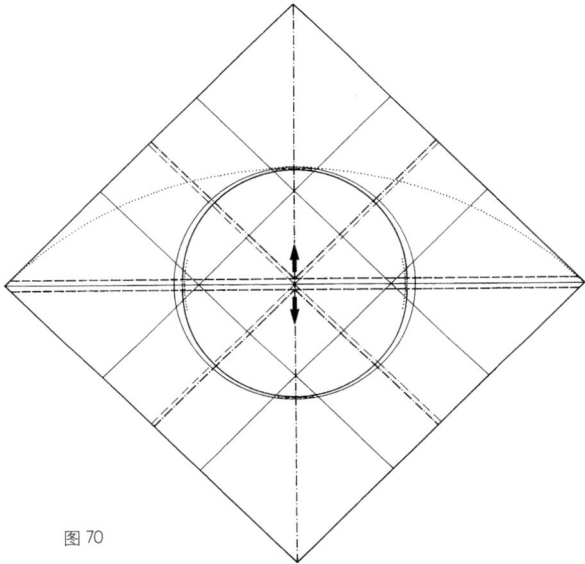

图 70

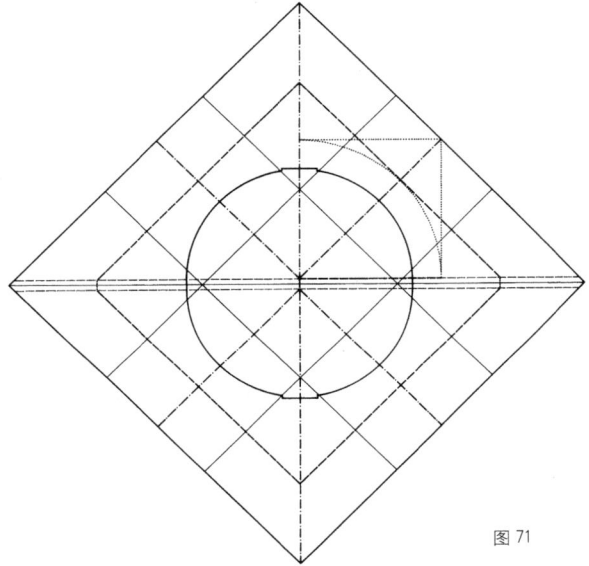

图 71

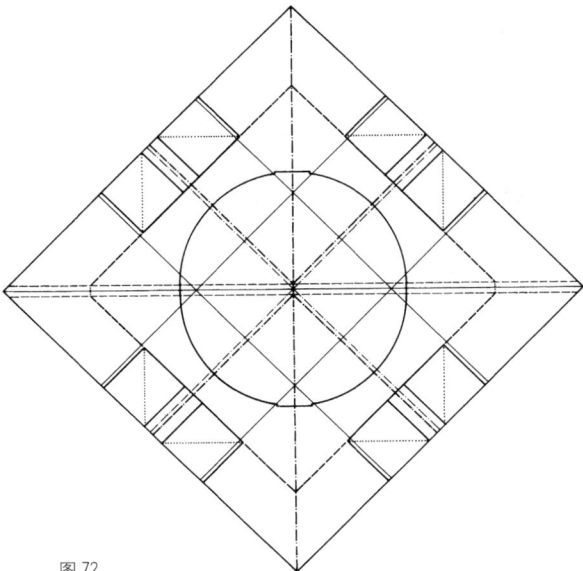

图 72

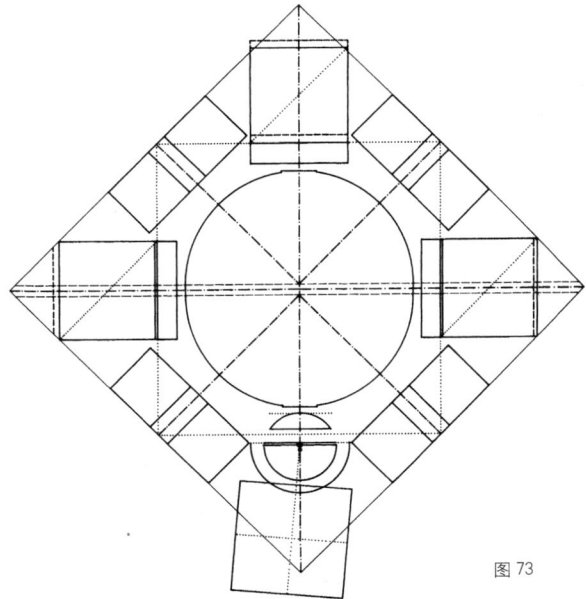

图 73

图 70—73
孟加拉国
首都平面
分析, 待续

107

见图 74　　　　所有原来各自分离的图形现在有了一个室内的连接走廊。

　　虽然办公楼看上去像是网格结构的一个复制，但是在封闭的方形的角部发生了进一步的变形。北侧的方形是一个有着展示性的楼梯间的巨大的入口门厅，入口通道确定了它往外旋转的距离，而南侧的清真寺在方形的轮廓线内形成了四个圆形，它们在角部与中心的方形结合在一起。只有在南北方向出人意料地脱离了起始方形的框架，从而加强了椭圆形从中心开始的运动的方向感。所有的其他图形的变形都是限制在框架内的，并且形成了独立的——自主的——形式。为了暗示这些建筑部分的特殊功能，康选择了圆弧的形式；在西侧，它们为大臣们提供了宽敞的休息厅，而在东侧则形成了餐饮区。然而，为了表现功能而选择圆弧的做法清楚地展现了在方形框架的约束内进行挤压变形的过程。被推翻的距离，中央大厅的圆形的扭曲在这些室内图形中都通过一个中间的矩形区域和立面图形上的裂缝而得到了保留。

见图 75　　　　这样，议会大厦的图形几乎都已经完全成形了。已经在前面的步骤中画出的所有南北向轴线的片断变形之后形成多边形变成了中间独立的集会大厅。它根据不同楼层上的不同功能形成通道或者休息区。以大厅的半径的一半为半径所形成的最终的圆形形成了中间的议员休息区。

　　在大厅和周边区域之间是一个空的领域——一种有屋顶的室外空间，从它的走廊中可以对建筑的特征和尺度有一个全面的了解。所有建筑的组成部分在室外都保持着单个元素的独特性，但是它们通过几何图形的秩序结构统一成一个整体，这个秩序也许不能被直接地领会到，但是它一直都是存在的。

　　达卡议会大厦是康规模最大、同时也是最特殊的作品。它可以被称作是几个创作阶段的巅峰，也许，它以最具表现力的手法反映了康试图发展一种无所不包的、与文化相关的、而且实际上是全球化的、可以触及到 21 世纪的建筑语言的想法。但是，只有未来能够回答康对他所谓的"建筑表达"所设想的绝对化的程度是否适合那个时代，这种设想偏离了它的那个时代的品位，当它们形成的时候，它们远远的赶在了对它们产生误解的时代的前面，但是它又不断地被证明是正确的，它们是由"不完美"的个人创造的，是否所有这些东西都在这个富有创造性的建筑群中找到了恰当的形式，并且最终满足了比较高的要求，在某种程度上讲，西方的分类法对它是无效的。

从南侧看通道的桥，服务人员从桥上走，参观者从桥下走

图 74

图 75

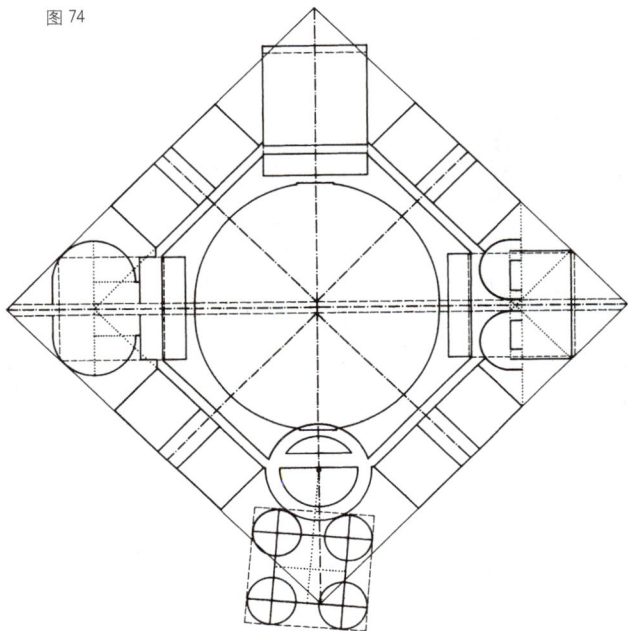

图 74、75
孟 加 拉 国
首 都 平 面
分析：建筑
群的最终轮
廓线的形成
过程

脱 离 轴 线
的清真寺

集会大楼室
内，清真寺
前厅

集会大楼室
内，通道区

总统通道区
的楼梯间

总统楼梯间

清真寺室内

中央集会大
厅"帐篷顶"

在城市结构中的议会建筑群

印度管理学院

1962—1974 年　印度艾哈迈达巴德典型建筑分析

对印度管理学院的分析着重于研究一个无论在设计上还是功能上都保持一致性的建筑群中的多重性概念，这座建筑正是建立在这个多重概念的基础之上的。我们将要分析单个部分的独立性和整体的复杂性，从而揭示设计的起源是如何从一个理性的、容易理解的原始图形发展成一个复杂的、系统化的复杂几何形体的秩序结构的。

为了展现康的这个设计概念中的每一个方面，包括外部的方方面面，我们将从第一次参观基地所发现的情况讲起。最初完全凭直觉绘制的草图中的重要概念后来被逐渐深化，这个设计过程一直延续了 13 年。它是从早期阶段一张草草似的、图解化的图形分析开始的，这张草图证明了康是如何连续地用秩序原则来保留它们的合理性的，即使在他最初的考虑中也是如此。最后，这个分析从*起始图形*开始，逐步在可逆的序列中建立起复杂的整体形象。接下来马上进行的作为建筑群的微观世界——砖——的平面分析不仅直接深入到设计的理性基础的中心，而且也展示了康在整个过程中完全是凭直觉进行的，另外还体现了他远远超越了可以理解的几何结构的洞察力。它剖析了康作为一个设计师的思想之路，并且延伸到他对印度的世界观中的象征和隐喻的观点。

场所

艾哈迈达巴德是于 1411 年由穆斯林统治者艾哈迈德（Ahmed）沙阿二世建造的。它起源于沙巴马提（Sabarmati）河沿岸最初为印度人所有的一个社区的基地。后来艾哈迈达巴德发展成以穆斯林特征占主导地位的城市，在河边建立了要塞（Bhadra），并且在中心建起了礼拜五清真寺（Jami Masjid）。在经历了莫卧儿人统治时期的衰落之后，这座城市开始变得繁荣，在 1817 年英国殖民统治时期的合并后发展成了纺织品加工中心。老城原来的边界仍然可以从保留下来的城墙中辨认出来；它的新老建筑重叠在一起，几乎没有什么历史上的重要性。给人印象最深刻的东西是"分区"，城市的区划严格地按照人群进行划分。老城是 19 世纪首先在东部迅速发展，然后又延伸到沙巴马提西岸的新城的核心。随着人口的快速增长，它的版图不

得不快速扩张，在不同性质的发展中产生了强烈的对比，一边是杂乱无章的衰败，一边是大规模追随西方模式的建设，例如房地产。这些区域由几乎是自主地而且在形式语言上毫无表情的、反传统的建筑所统治，但同时，这些建筑在品质上又紧跟着抽象的现代主义，有它们自己的历史感，要么是在平房区的新古典的印度本土主义的别墅，要么是英国殖民统治时期的乡村住宅风格。

老城和新城之间的对比也反映在人口结构上：老的手工艺者和商人居住的街道保留了几个世纪前的形象，人口爆炸，密度越来越大。与之形成对比的是，一些人感受到了单种文化的城市"功能分区"的影响，严格按照 20 世纪主要针对中低阶层的指导方针进行居住。穷人扎根在两者之间的灰色区域。[60]

这座城市现在依然很依赖纺织业，它被看作是印度的曼彻斯特，它的产量仅次于孟买而居第二位。艾哈迈达巴德是一座英国人和印度人混居的城市，主要以技术和工业为主，吸引着来自周围地区的贫穷的农民，传统和进步是这个城市的显而易见的两个方面。居住在这里的人在精神上有着极大的差异，但是在很长一段时间内因为对他们英雄的领导人甘地的崇拜而统一在一起。这里有伊斯兰教和印度教所推崇的建筑的遗址，以及许多勒·柯布西耶设计的、很少在欧洲以外的地区能见到的建筑。这座城市的西部和北部被卡契邦（Kachchh）的兰恩（Rann）沙漠和拉贾斯坦邦（Rajasthan）的塔尔（Thar）沙漠所包围，从6 月到 9 月这种城市会受到雨季的影响。

路易斯·I·康在 1962 年第一次去艾哈迈达巴德的时候就考虑到了这些外部条件，并且努力把它们吸收到后来的设计过程中去。

他需要处理的基地是位于新城区的西部边界的瓦斯切普尔（Vastrapur）郊区，距离市中心的威克兰姆·萨拉伯汗·玛格大街（Vikram Sarabhai Marg）大约 8km。它处于自由发展的居住区之中；它的西部边界和相邻的城市之间的土地是一个城市

60 《The City of Ahmedabad》，山斯卡·肯德拉（Sanska Kendra）博物馆的公告，艾哈迈达巴德，1986 年；以及尼尔斯·贾斯周（Nils Gutschow）／简·皮珀（Jan Pieper），《Indien》，杜蒙，科隆，1986 年，第 318—319 页以及第 338—339 页，还有简·皮珀，《Die anglo-indische Station》，《Antiquitates Orientales》第一卷，鲁道夫·哈贝尔特·弗莱格，波恩，1977 年，第 221—222 页。

发展预留地，那里到现在为止还没有任何建筑物，一部分的研究用地归城市所有。66 英亩的基地是一片宽阔平坦的草原，远离内城区的任何影响的辐射，当设计开始的时候，进行扩展或者引入其他的相关单元都是有可能的。建筑主体被布置在一个接近中心的位置，从而避免噪声和入口通道上的车流的干扰，同时也和进入城市的主干道保持了足够的距离。

开始建设之前只有单一的芒果树的基地

凭直觉进行设计的阶段

基地的气候、地理条件和特殊的心理依赖，以及场所的精神特征使得康试图寻找一种能够体现"这个项目在人类社会中的一种还没有被人们所发现的精神"的解决办法。在最初的设计阶段中，康并没有致力于寻找一种原创的建筑形式，而是寻求一种未知的异国文化的生活方式。康设计了一座 170 英尺 × 750 英尺（大约 15900m²，原书如此——编注）的建筑，包括教室、一所图书馆、一个食堂、学生宿舍、办公楼、教员住宅以及其他的设备用房。我们无法确定路易斯·I·康对这个不断变化的设计过程的影响到底有多大，但是可以先假定是非常重大的。

康在 1962 年 11 月 14 日绘制的最初的草图之一中的空白处把印度的"新国家"概括为"太阳——炎热、风、光、雨、灰尘"（图 79）。他公式化地把最重要的标准定义为创作过程的"首要背景"和所有的后来具有影响力的元素和它们的合成的基础——尤其是对"太阳——炎热"的强化。从第一张草图模糊的、示意性的、几乎是幻想的特征中，我们可以总结出围绕着几乎是矩形基地的南部和西部的，是一条柔和的，很快速地画过的线条和加重的阴影。随着可能的密度的变化，这个框架变成了一条潜在的入口通道，在西南方向的斜线以一条非常有力的线条表示出来。中心被布局相对自由的几何形体所占据。在两个非常有力的点之间的一个接近方形的图形从一开始就被确定为北侧中心的固定的想法。在接下来的草图中，被画成像屏风或者分隔线一样的北侧道路的边界，浓缩成一个最初被抽象成一个矩形的基地图形的变异。康把中间的方形推到了南侧的边界，在北侧和东侧形成了 L 形。接下来的想法再一次采用了最初的解决办法并且在西侧边界涂上了阴影，用一条粗线把它简化成了一个直角。我们可以看到他正在"考验"一个主题，在北侧留下了一个主要的方形的格局，这个方形被朝向西方的一组次要的几何图形所包围，并且在接下来的草图中被确定为一个清晰的正交图形，它的对角线从东南方走向西北方。[61] 现在我们已经明白在这个项目中所做的第一件事情是通过结构的分配把建筑体量"化整为零"，在明显的三个层次的等级体系中把建筑分解成学校建筑综合体、学生宿舍和教员住宅。各个建筑部分的布局——借助朝向的帮助"靠在"某一条边界上——在多边形的基地"框架"内移动。

接下来的草图表现了对清晰的思路的深入发展：从中心往外放射的斜线以小于 45° 的角度从东往西延伸。[62] 保存下来的最初的模型照片上的强烈阴影非常具有表现力地说明了这一点。[63] 现在，中间的方形的角部通过对它的破坏进行了强调，作为建筑组成部分的对角线"像虫子一样蜿蜒行进"，东部的端点则通过一个主楼强调出来。一开始就做为主要图形出现的方

见图 76

见图 77

见图 78

见图 79

见图 80

见图 81

61 图 76–79，概念草图，1962 年 11 月 14 日；康绘制于艾哈迈达巴德；摘自：国家设计学院，NID，艾哈迈达巴德。

图 76

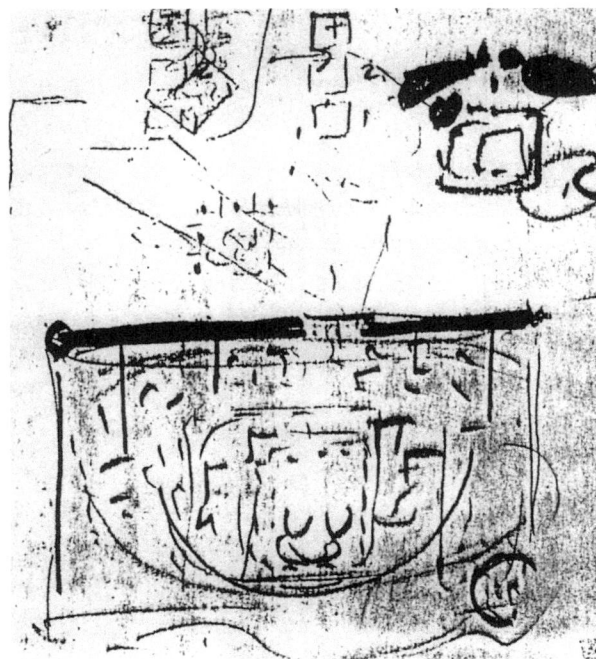
图 77

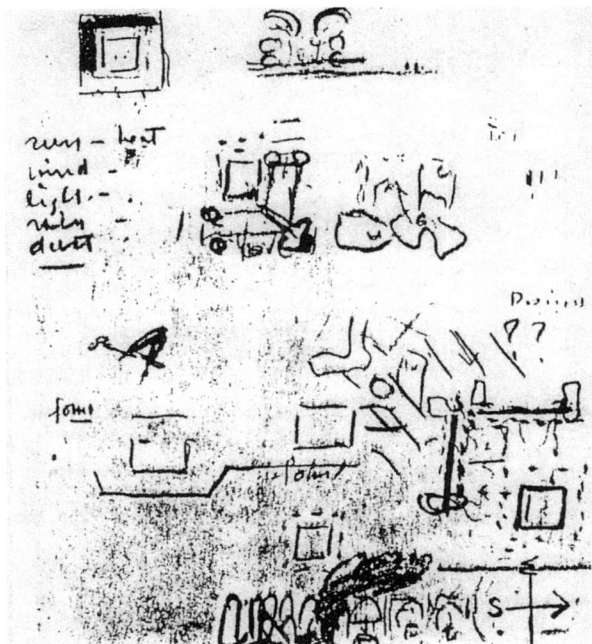
图 79

图 78

形逐渐变成了一个水平的矩形。对于这一点，康说："我之所以用方形开始我的设计，是因为别无选择。在发展的过程中我在寻找可以反驳这个方形的力量……"[64]

这个新的方形看上去是由许多部分组成的，强化了在它的轮廓线之内的所有东西。从这个具有方向性的图形开始，斜的形体和它们西部的端点结合在一起，一道像墙一样的边界在**见图82**下一张图纸中又一次被移动了。[65] 现在有了一张对轮廓线内的图形进行深入发展的图纸，这张图通过西部的强调模糊了斜像的元素，它可以被看作是形成外围完整的矩形的方形。斜线东部的端点与经过变异的中心矩形结合在一起形成了一个新的整体。它们在恰当的距离中形成了对比，这个距离中的空间还有完全被确定，那些有角度的、相等的、紧紧地挤在一起的元素形成了一个毫无组织的轮廓线。在中心部位，没有经过处理的局部图形仍然堆积在一个矩形的框架之内，形成了一个巨大的**见图81**金字塔形的、古埃及墓室似的纪念碑，它的高度远远大于周边区域。[66] 它们让人回想起康早期在 20 世纪 50 年代初中东之行后对古埃及遗址的迷恋；在这个方案的初期阶段中可以清楚地辨认出古埃及的坟墓和庙宇的形式。另外，在方形的几何形体的基础上，把这些形式集中在周边，在这个方案中第一次在矩形的左下角出现了一个斜向的凹口。它被确定为通往中心区的通道；在一个相对小一些的草图中，这个凹口还在不同的角部出现，我们也可以假定这些凹口是从埃及建筑中得到的灵感。**见图84**它的花园和水池把我们带到了埃及特勒—埃尔—阿玛纳（Tell el Amarna）的宫殿建筑中，通过角部斜向的梯段把平面和立面结合在了一起而拒绝了透视关系。[67] 这种几乎是两维的埃及图形可以看作是这个设计最初阶段的*主要图形*。我们可以看出特勒—埃尔—阿玛纳皇宫的浴室中与众不同的台阶和平面与这个设计有着明显的相似之处，这对康和后来的学校建筑的发展来说是激发灵感的图形。

图80

62 图80，概念草图，日期不明，猜测是康在艾哈迈达巴德所绘，摘自《Louis I. Kahn Collection》，宾夕法尼亚大学以及宾夕法尼亚历史和博物馆委员会，以及《Louis I. Kahn Collection》《The Personal Drawings of Louis I. Kahn in Seven Volumes》，加兰出版社，纽约，1987—1988 年，卷 4：建筑与方案 1962—1965 年，第 40—160 页，645.1—645 195，此处为第 42 页，645.7。
接下来的选自康选集的草图都被宾夕法尼亚大学主要图书馆的微缩胶片部门收集在了微缩胶片第 17 和 18 号中。

63 图81，第一个概念模型，1963 年 1 月 12 日，制作于艾哈迈达巴德国家设计学院；摘自《Louis I. Kahn Collection》，宾夕法尼亚大学以及宾夕法尼亚历史和博物馆委员会；Box LIK113，模型照片，没有进一步的描述。

64 康，引自，乌曼，第 254 页，以及罗纳／贾文理，第 209 页。

65 图82，总平面草图，日期不明，摘自《Louis I. Kahn Collection》，宾夕法尼亚大学以及宾夕法尼亚历史和博物馆委员会，以及罗纳／贾文理，第 209 页，编号为"IIM.9"的草图。

66 图83，平面及剖面草图，日期不明，引自《Entrance, Auditorium, General Admin, Faculty, Teaching Library》，《Louis I. Kahn Collection》，宾夕法尼亚大学以及宾夕法尼亚历史和博物馆委员会。

67 图84，摘自伯尔德文·史密斯（Baldwyn Smith）《Egyptian Architecture as Cultural Expression》，纽约，1938 年。

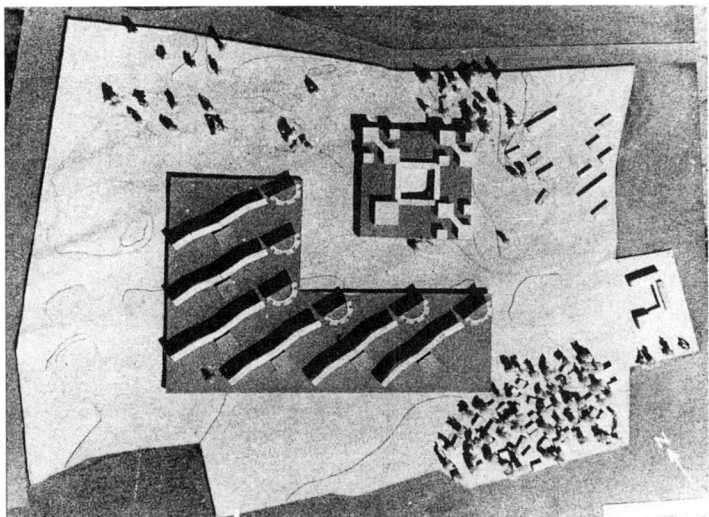

图 81

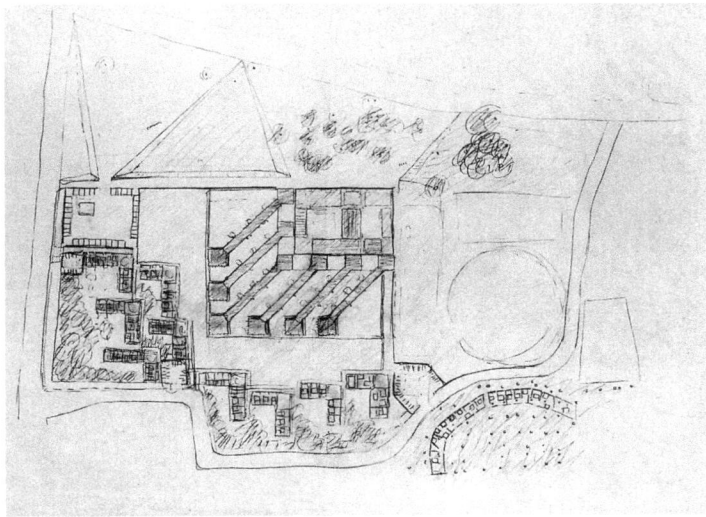

图 82

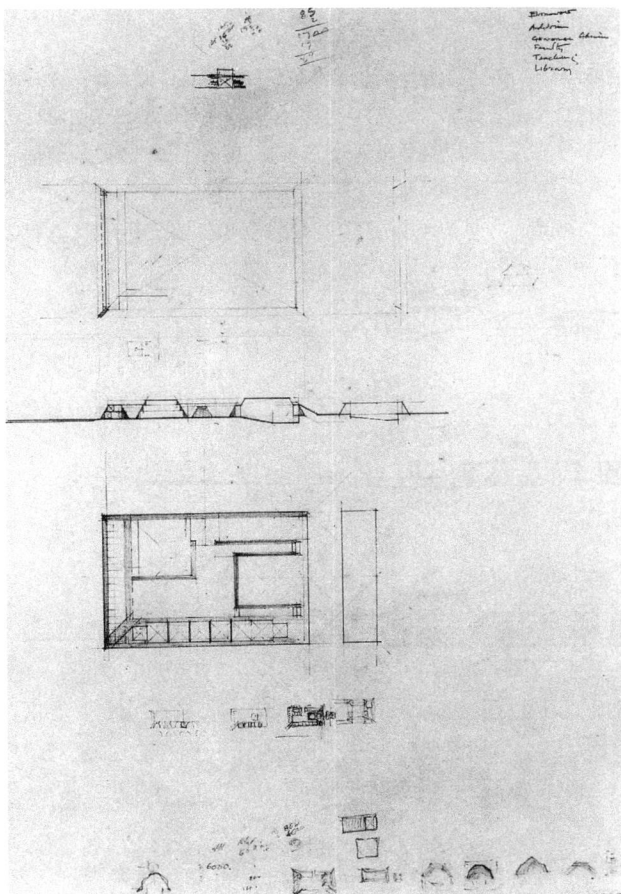

图 83

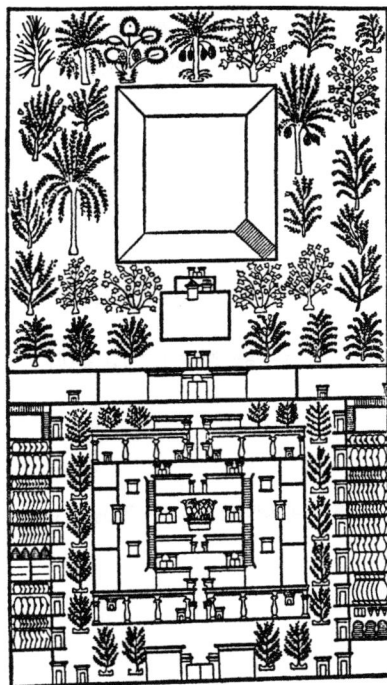

图 84

见图 85

现在，这个逐渐发展的设计已经有了能够说明空间的连接关系和确立我们所说的结构的等级体系的细节了，它不再是以草图的形式出现，而是变成了精确的技术图纸。[68] 中心由居中布置的、用作学校建筑综合体的矩形的线型排列所组成，它的东北角通往主干道和各个角部那些环形布置的元素，中间的体量是图书馆，而入口在斜线方向插入其中。像"手臂"一样张开的学生宿舍以小于45°的角度西南走向，但是在它们的结构中仍然追随外侧的边界保持着正交的关系。在与这个平面相关的模型中用一个"湖"与教学区隔开的教员住宅以一系列斜向的连接联系在一起，形成了西南侧地块的第三个区域。

见图 86

在康的这个阶段的场景图和剖面图中，把埃及风格的墓室建筑强化成居中布置的图书馆的纪念性形式。[69] 他在学校建筑的周边区域布置了从堡垒建筑中借鉴来的堆积起来的墙，用湖把建筑与它周围的环境隔离开来，并且创造了不同的高度变化。被布置成一条从东侧一直延伸到西侧的直线的学生宿舍是建立在拉长的住宅结构的基础上的。和脱离在外的教员住宅一样，所有的居住单元都是南向的。在这里，康遵循了"面向阳光"

的西方思想，而学校的结构却是根据它的功能决定的，因为选取的形式已经有了非常严格的限制（见图 85）：教室在长边通过学生宿舍与北部短边的食堂和其他的"残留区域"的周边空间相连。象征性的小的几何形体毫不费力地暗示出位于东南侧的树下的服务人员的住宅，基地的东侧则是一个圆形的运动场和矩形的娱乐区。教员住宅在西侧的角部也有单独的通道。

完成于1963年3月的图纸体现了康在同年春天第二次去印度向委员会的成员：拉尔巴汗（Lalbhai）、沙拉巴汗，以及巴尔克什那·维塔尔德哈斯·多什（Balkrishna Vitaldhas Doshi）汇报他第一个方案时候的设计状态。多什曾经和勒·柯布西耶一起工作过并且在费城和康见过面，他是为康争取印度管理学院这个项目的关键人物。

接下来的设计阶段可以被看作是最重要的一环：它从1963 见图 87 年下半年开始，这个阶段确定了功能分区。它的一个重要特征是从整体上调整了建筑的朝向，跟着基地的长轴方向的布局进行顺时针的变化。[70] 学校建筑几乎没有什么改变，只是绘制了更加详细的草图。作为通道的角部斜向的凹口，以及把围绕在

图 86

1

2

3

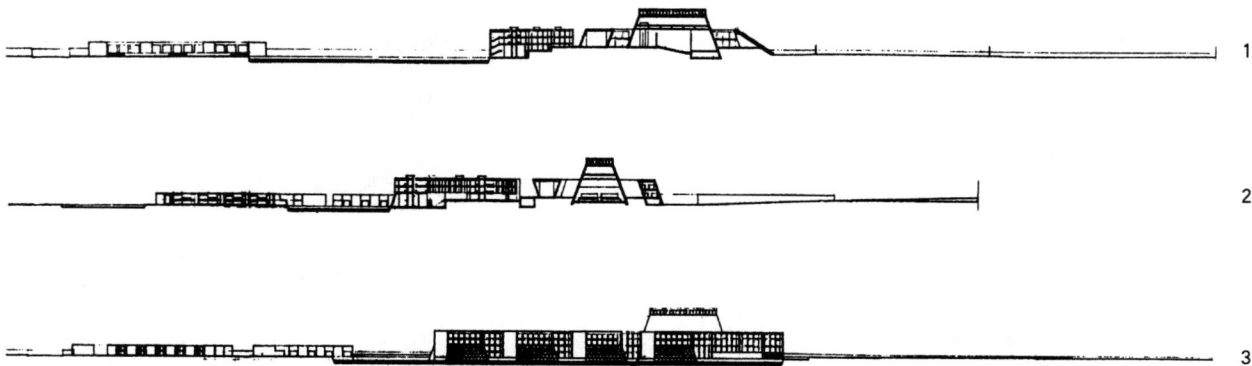

68 图 85，总平面，1963 年 3 月 12 日，摘自《Louis I. Kahn Collection》，宾夕法尼亚大学以及宾夕法尼亚历史和博物馆委员会。

69 图 86，剖面和场景图，1963 年 3 月中旬，摘自《Louis I. Kahn Collection》，宾夕法尼亚大学以及宾夕法尼亚历史和博物馆委员会，以及罗纳／贾文理，第 210 页，编号为"IIM.11-13"的草图。

70 图 87，总平面图，日期不明，摘自《Louis I. Kahn Collection》，宾夕法尼亚大学以及宾夕法尼亚历史和博物馆委员会，以及罗纳／贾文理，第 214 页，编号为"IIM.37"的图纸。

图 85

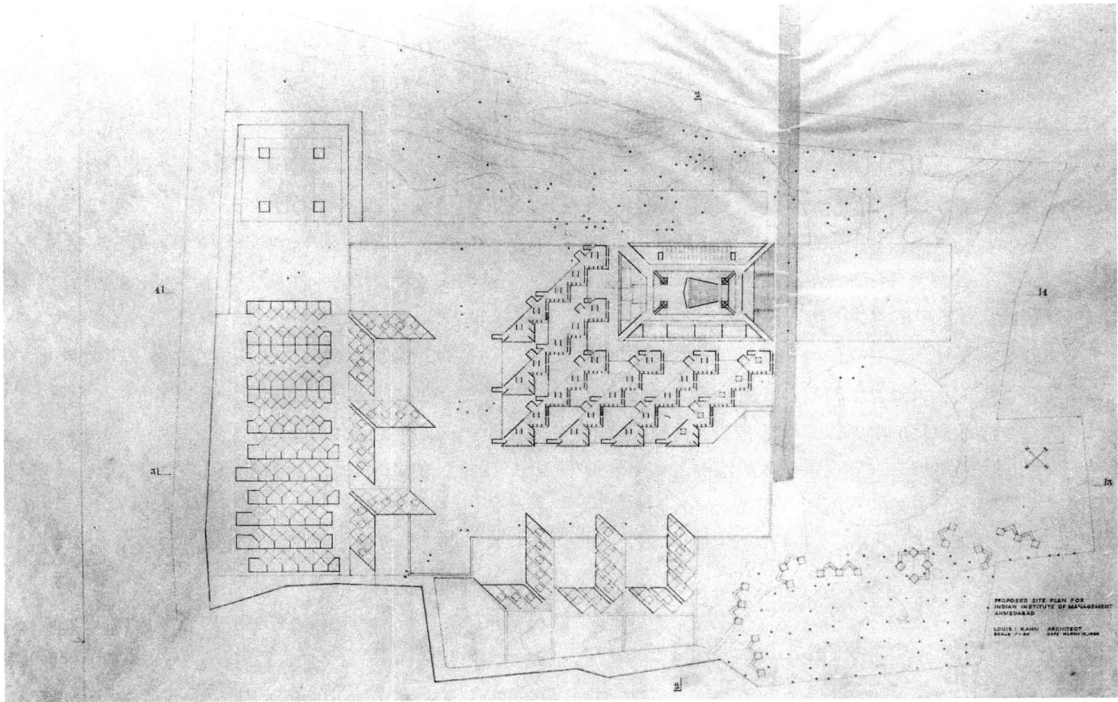

图 87

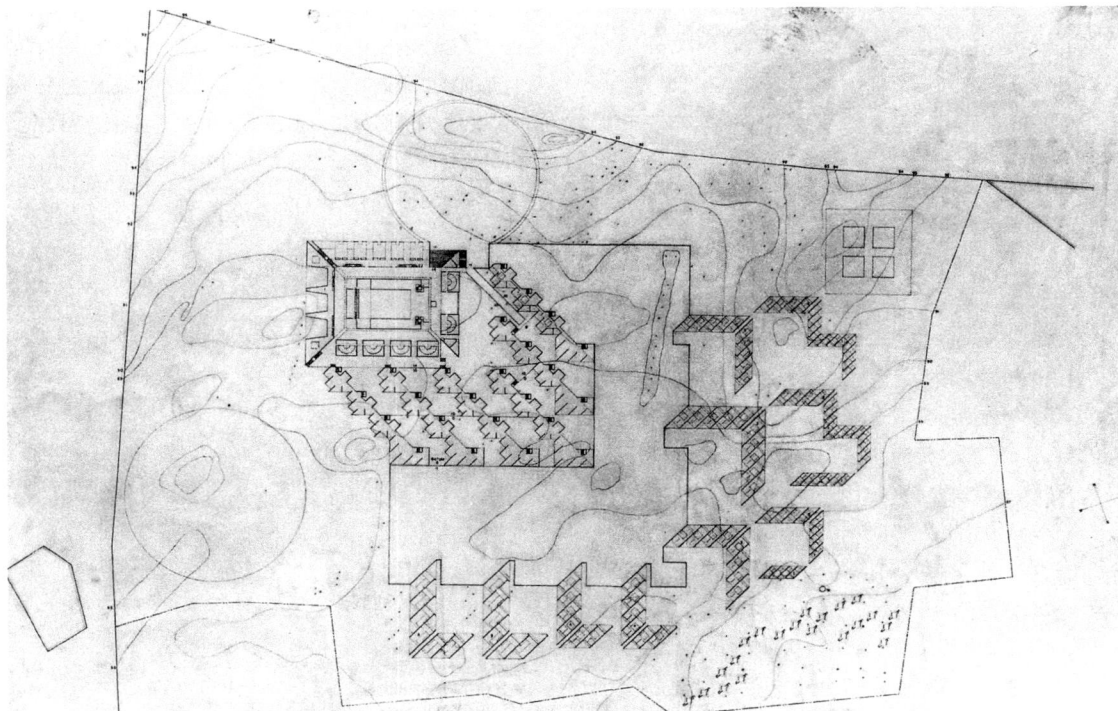

见图 88 中心金字塔形的图书馆周围的元素结合在一起的圆都被保留了下来。与道路相平行的办公楼被分解成了 5 个部分；中心的主体和两侧的楼梯间开始出现，从剖面中我们还可以看到在室内外之间形成了不同的标高。[71] 现在，学生宿舍变成了非常精确的南北向，是第一个版本中的镜像图形，与学校成 45°角，这使得它有可能让房间直接正对主导风向。建筑很深地嵌入到湖面的正交线之中，湖的东侧是 L 形的教员住宅。斜向宿舍延长线的布局发生了重大的变化：单个的图形把它们自己从四折的正交网格的交叉点上隔离出来，只保留斜线的连接。单个的图形由起居室的两个矩形、中间的三角形门厅以及作为服务区的方形"附属物"所组成，这些单个的图形来自前面的阶段中的"茶

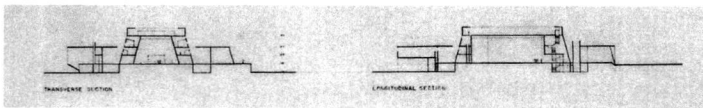

图 88

室"，并且看上去以极端的独立性把它们自己分离出来。新画的*宿舍*的草图也体现了正交和斜交两种手法，在它像棋盘一样的形状中形成了积极的和消极的空间。建筑和庭院的划分发生了改变，从原来的 3 排变成了 4 排，而在其他的图纸中又变成了 3 排次要的图形[72]；这个变化在后来的草图中不断出现，并且对空间进行着微小的调整。

见图 89

基地周边 4 个不同的标高变得清晰起来：湖和"湖岸区"与周围环境保持着同样的标高，外围的学生宿舍的平面的标高在整个学校的标高上稍作变化，一层夹层是学校和宿舍之间主要的连接通道的标高，这些通道位于同一高度并且有很宽阔的坡道。后来，康把精力主要集中在学校建筑的深化上：北侧的办公区根据办公部门的数量而发生了变化，一开始是 5 个，然后变成 3 个，最后又变成了 4 个。教室也发生了变化，一开始是 7 间，后来变成沿着南侧和东侧布置的 6 个单独的部门。

接下来开始了第二个角部的发展或者说把角部打开成一个斜向的凹口从而保留边的整体性。[73] 下一个重要的步骤是通过减小图书馆的体量以及因此而形成的转动而把中心清晰化。实际上，图书馆的体形一直处于现在已经很明确地占据了中心地

位的——这一点取决于它的重要程度——开敞的"庭院"中不断变化的状态之中。在这个开敞空间中有可能增加别的图形作为不同标高之间的连接体，比如说两个不相等的楼梯间。接下来是尝试减轻办公楼的可能性的实验：首先，通过圆形的"凹槽"（见图 89）强调了元素的物质性；然后，建立在功能要求上同时又受到 45°角影响的多边形的采光井形成了（见图 90）；它们通过受控制的、有着细微差别的日光采光的空间在接下来的设计阶段中退缩成了远处的庭院。 见图 90

现在，在接下来的一轮方案中，整体变得越来越清晰，某些地方已经接近结构中的各个部分最终的布局方案。[74] 在这里，4 个办公楼已经非常明确了，与圆形连接在一起并且通过采光井进行分隔，接着 7 间教室和一个经过变化的餐厅和厨房区被分隔成了两个部分，还有一个在矩形轮廓线内斜向布置的、被采光井所包围的方形。与楼梯间连接在一起的图书馆位于庭院的东侧，环绕在它周围的门庭是由插入到斜线中的、根据等级体系建立起来的楼梯所形成的。到目前为止，宿舍楼严格的网格也有了微小的变化：最外面的一排通过一个裂缝一样的空间从内部的楼梯中偏离出来，但是没有放弃斜线的格局。沿着这条通过这个偏离而很简洁地被强调出来的基地边界线布置着朝向内部宿舍一侧稍高一些的高地的狭窄的台阶。在湖岸线上增 见图 91

71 图 88，剖面草图，日期不明，引自《Transverse Section，Longitudinal Section》；摘自《Louis I. Kahn Collection》，宾夕法尼亚大学以及宾夕法尼亚历史和博物馆委员会。

72 图 89，总平面草图，日期不明，在空白处标注着"63"，摘自《Louis I. Kahn Collection》，宾夕法尼亚大学以及宾夕法尼亚历史和博物馆委员会。

73 图 90，有着斜向通道的学校建筑群平面，日期不明，摘自《Louis I. Kahn Collection》，宾夕法尼亚大学以及宾夕法尼亚历史和博物馆委员会；康的其他关于学校建筑的草图摘自加兰出版社，草图编号 645.11，日期为 1964 年 4 月，645.10，645.48—50，645.55。

74 图 91，整个建筑群的模型照片，1964 年 11 月，摘自《Louis I. Kahn Collection》，宾夕法尼亚大学以及宾夕法尼亚历史和博物馆委员会；以及罗纳/贾文理，第 221 页，编号为"ⅡM.83— ⅡM.86"的图纸和模型照片。

图 89

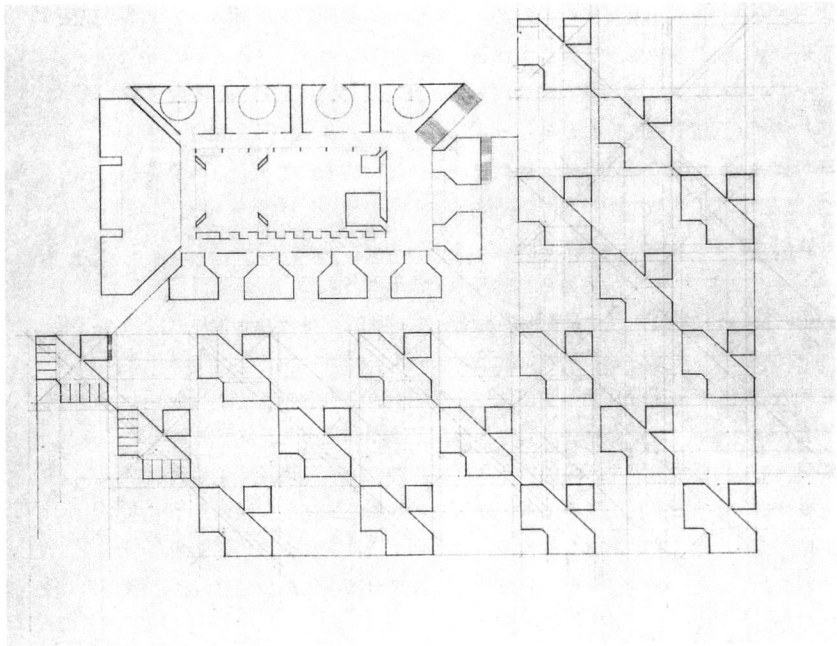

图 91

图 90

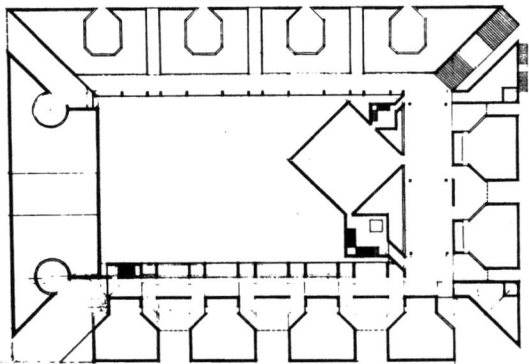

加了基本的分区，稍稍有些类似于埃及墓室的形式插入其中，对于外围的元素来说，由于它们地势较低而显得它比它们高了一层。所有的宿舍中间都是半圆形的台阶。东北侧的 3 个朝向道路的元素看上去稍微有些不同，这里是为已婚学生提供的旅馆。服务区没有单独隔离出来，而是结合在一起，这样可以在道路一侧形成直的斜边，标示出一条明确的边界线。在建筑群的西北角第一次出现了一个水塔，南侧服务人员的住所也有了新的变化。

见图 92

完成了宿舍的设计之后，1966 年开始了施工图设计和建设。在接下来的一段时间内，康的注意力主要集中在学校的其他可能性上，最终实施的方案直到 1969 年才最后确定下来。在这个方案中，与增加了许多洞口的内庭院相连的中心区发生了很大的变化，在这个庭院中有两面带有结构锚固洞口的墙体，它们是用来悬挂帐篷顶的。[75] 教室的数量减少成了 6 个，餐厅和厨房以及办公楼的轮廓线都经过了简化，整个建筑群形成了双向的轴线对称，经过延伸的台阶变成了东北角最后一个斜向的图形。在这个阶段中，图书馆打破了封闭的庭院，突破了到现在为止仍然占据主导地位，并且把所有组成部分连接在一起的圆形设计。在教室和图书馆被分离出去，并且削弱了它们作为"主楼"的重要地位的同时，通过一个新的重要元素——入口大厅——形成了台阶和办公楼之间的连接。作为一个斜放的方形，它把台阶固定在通道区。教室变成了一个 5：1 的不平衡的图形，这种一个元素从整体中脱离出来的手法让人想起早些时候的环形布局。因此，我们已经在这里看到了过渡阶段的信号，在这个阶段中，一个示意性的圆柱形厨房也被隔离出来了（以避免可能会有的味道）。这个阶段还第一次用几何图形把水塔的结构平面表现出来（预应力混凝土结构，中间带有台阶，它的上面是水箱）。

在 1969 年，这个阶段已经非常接近开工的日期了。[76] 办公楼变成了纯粹的正交结构，建筑的尺寸都相等，远处的庭院和窗间墙深深地嵌入到墙体之中。两个半圆形的楼梯间把被夸大的图书馆体量中的书库和阅览区分隔开，这种一分为二的处理在室外通过用来采光的深陷的凹槽体现出来。作为最后一个改变整个图形的尺寸，所有的通过走廊与图书馆相连的教室被布

置成一条直线，并且进入与办公楼的图形的直接对话。这个重要的决定意味着整个建筑群是由两道巨大的、平行的墙体所控制的。阿南特·拉吉（Anant Raje）认为这是由于委员会一名成员所造成的影响："……一位捐赠人给康提了一个建议，他认为它们应该排成一条直线，这样可以向庭院敞开……这个观点很强烈，所以他很快接受了……是一种'精神修养'把它变成了直线。"[77]

见图 93

在多什因为自己的其他工作而离开之后，拉吉变成了康在艾哈迈达巴德最重要的合作伙伴；他在 1974 年康去世后完成了这个设计，后来他的妻子又借鉴康的设计语言，在其中增加了新的宿舍和培训楼。

在办公楼中，走廊被分成了通道和服务区，这种做法很明显地扩大了入口的方形大厅的尺寸，使它变成了一个定义明确的图形。同时，图书馆外面充满戏剧性的斜向空间起到了室内地下室的采光井的作用，并且构成了彻底和教室的轮廓线结合在一起的百叶窗。外墙的中心与来自图书馆轴线的庭院通道相连，从而传达出对转换的暗示。

75 图 92，学校建筑群的平面，1966 年 7 月 6 日；摘自《Louis I. Kahn Collection》，宾夕法尼亚大学以及宾夕法尼亚历史和博物馆委员会，以及罗纳／贾文理，第 224—225 页，编号为"IIM.103—IIM.108"的草图。
76 图 93，学校建筑群的平面，1967 年 6 月 27 日；摘自《Louis I. Kahn Collection》，宾夕法尼亚大学以及宾夕法尼亚历史和博物馆委员会，以及罗纳／贾文理，第 225 页，编号为"IIM.109—111"的图纸和模型照片。
77 摘自作者进行的一次访谈。

图 92

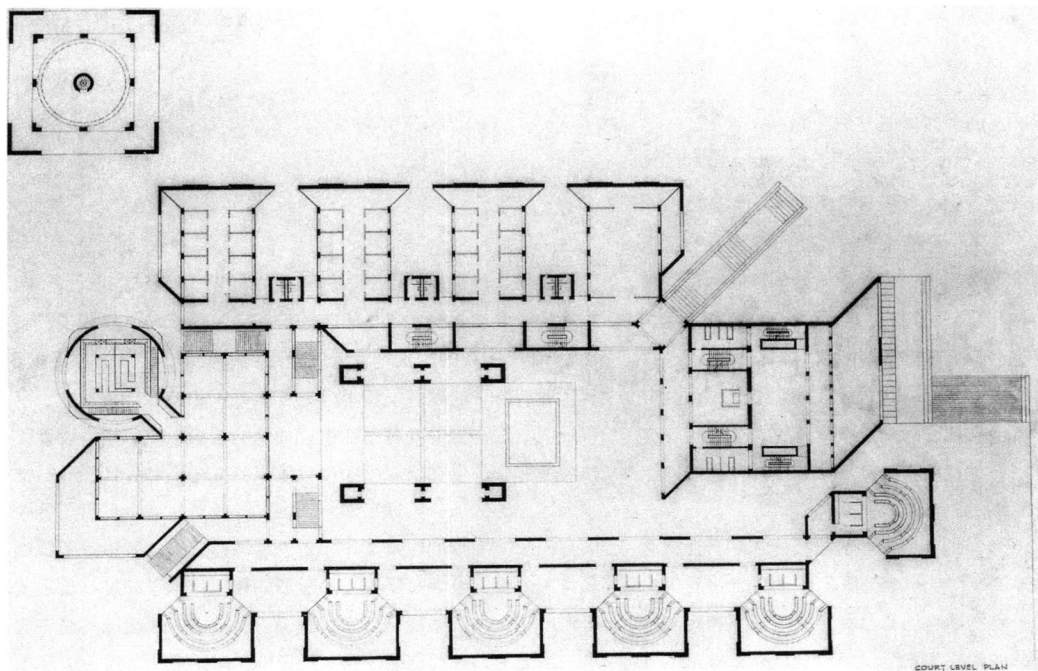

COURT LEVEL PLAN

图 93

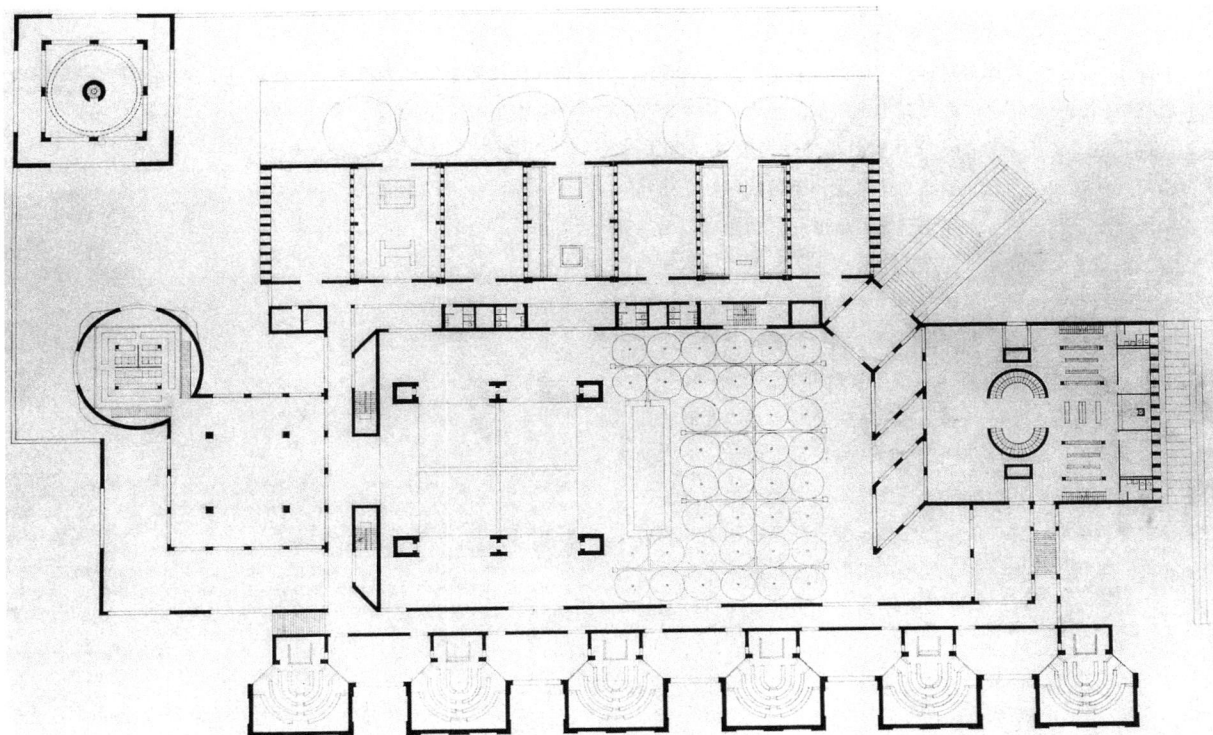

见图 94
图 95

　　1969 年 10 月 23 日确定的设计方案后来几乎没有什么改动[78]，这个方案中的教室看上去好像是被"插入"到连接各个部分的大厅似的回廊中去的。现在，教室通过一个建在庭院中间的楼梯间与圆形剧场连接起来，剧场的轴线与庭院和最后变成对称的食堂／厨房的水平轴线重合。到现在为止，整个平面的图形与主要通道标高的夹层连接起来，这个夹层把办公楼、图书馆、教师和宿舍连接在一起。这里没有表达的是平面、分散在各处的办公室以及厨房和餐厅的送餐通道。教室和讨论室楼上的一层，办公室上面的两层，以及图书馆上面作为档案馆和阅览室的三个楼层也已经形成了。

　　这个"最终的"图形受到互相依赖的学校建筑和学生宿舍的布局的限制。作为从 1962 年一直到 1972 年的设计过程的产物，这个图形体现了一种持续地让自己和起始图形保持距离的内在潜力，它根据外部的影响和这个项目和场地在精神上的强大的约束力而改变自己的形状。然后，这个设计也伴随着从一开始就一直延续下来的形式的影响。

　　实际上，设计的起源是可以感受到的，它们被保留在整个设计思路中，这一点将在后面做详细地讲解。根据严格的等级模式而确定的功能把中间的建筑体量分隔成学校建筑综合体、宿舍和教员住宅三个部分，隐藏在这个设计下面的原则正是从这种"三分法"开始的。它采用了结构的变化，但是也以循规蹈矩的方式遵循既定的规则。在三个组成部分的主体结构中建立了深一层的等级体系，学校的独立元素被界定在一个把所有组成部分联系到一起的、不变的、居中的矩形框架之中。对*中心*的研究导致了康一直以来采用的不变的起始图形——方形。作为一个双向轴线对称的图形，它关注中心和周边的圆形的几何图形所界定的所有组成部分。在设计发展过程中的一个连续的图形是学校中心的正交模式，宿舍在斜方向上与之相连。在有结构的建筑群中，它们的外形在静止的正交形式和动态的斜线形式之间徘徊，最终导致了学校建筑综合体和宿舍之间通过轨迹和轮廓线彼此依赖的格局。

建设过程

　　在设计的建设过程中不可能遵循逐步的、线性的设计方法。实施的过程一直受到尽快完工的迫切要求的推动，康和委员会在 1962 年签署的协议严重低估了困难的程度。[79] 他们希望在 3 年内建成所有的建筑，1966 年竣工，期间康去过印度 6 次。事实证明，进一步的问题出在设计活动的组织上：康只为设计工作准备了一位住在费城的印度代表来完成图纸和设计工作，艾哈迈达巴德的项目管理工作主要由多什负责，而康自己负责中间有很长的间歇的监督工作。交流和通过邮局邮寄设计图纸都非常不方便，电话又受到技术故障的影响。除了印度不稳定的政治局势之外，动乱、宵禁和罢工，以及由此所造成的经济困难，给业主和康都造成了巨大的影响，对于业主来说失去了津贴，而对于康来说则是费用紧缺[80]，这对建设过程造成了严重的延误，导致了长达 13 年之久的设计和施工过程。对施工周期的错误计算和康的计划不周——他超过了程序的限制——都对这个结果负有责任。[81]

78　图 94、图 95，设计完成但是还没有开始建设的最后阶段的平面和剖面，1969 年 9 月／10 月；摘自《Louis I. Kahn Collection》，宾夕法尼亚大学以及宾夕法尼亚历史和博物馆委员会，以及罗纳／贾文理，第 228 页，编号为"IIM.123-IIM.124"的图纸。

79　《Correspondence》，Box LIK 113；1962 年 11 月 10 日康写给委员会的信以及 1969 年 4 月 18 日卡斯特布汗·拉尔波罕（Kasturbhai Lalbhai）写给康的信，在这些信中提到了 6 次旅行。这个项目的协议的整个合同没有保留下来。实际上，康去了印度 17 次，这与协议不一致，也和孟加拉国的达卡项目有关。

80　《Kahn Collection》，Box LIK 113，1973 年 12 月 21 日多什和拉吉写给康的信中，讨论了物价膨胀和缺少州和政府的经济支持，指出委员会成员试图提高工业的捐赠。

81　《Kahn Collection》，Box LIK 113，1965 年 9 月 3 日拉尔波罕写给康的信中，拒绝了一个超出约定面积 50% 的方案。

图 94

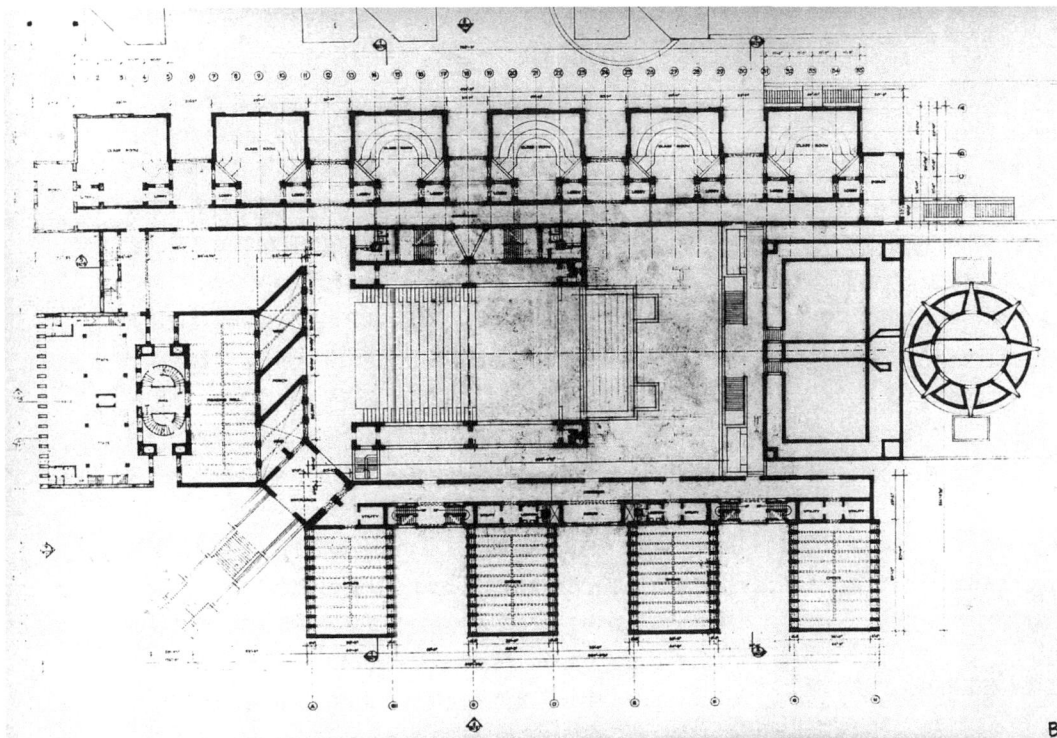

B

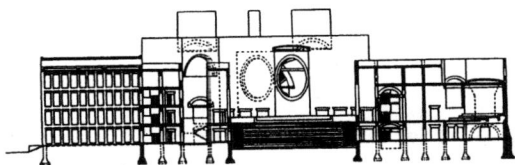

图 95

从西侧看建
筑的轮廓线

宿舍的实施过程——周边是4层，其他部分为3层，普通房间上面都带有透空空间——开始于1966年春天。接下来是住宅的建设，也是3层，在室内有一个稍微抬高的区域，它是用从湖里挖出来的沙土堆积起来的。基地周边2层的教员住宅带有宽阔的平台，它们是在接下来的两年中建造的。水塔建成于1967—1970年，它用来蓄水以及为带有空调的办公室降温。学校建筑综合体的建设开始于1969年，它的地下室被用作辅助用房和教室以及图书馆区域的办公室，2层的教室区在一层有一个宽阔的门厅，它的楼上是带有屋顶平台的讨论室。图书馆在

康和威克兰姆萨拉伯汗（Vikram Sarabhai）于1974年3月15日

主要的标高层上有通向地下室的通道，前面的3层是宽敞的阅览室，后面是5层，它和4层的办公楼同时建设，这座办公楼的前面是入口门厅，主要的台阶通向一层，它的上面是作为连接元素的入口大厅和会议室。康设想的最后一个建设的部分是位于东北侧的、与其他宿舍楼不同的3栋4层的宿舍楼。这3栋楼最初是为已婚学生设计，但是在作出在外围建设已婚学生的住房的决定之后，它们和其他宿舍的功能变得一样了。[82]

我们现在看到的康设计的整个建筑群的样子是在1975年夏天竣工，最后的工作是庭院和外部空间的建设；在1974年3月康最后一次去印度的时候已经可以看到完工的建筑。[83] 庭院

是开敞的，现在变成U字形的学校建筑综合体在教室和办公楼之间没有连接，因此，为了达到把庭院封闭起来的目的，康在1974年3月15日的草图中画出了独立的剧院建筑的图形，以及因此而形成的内部平台上的石材的规格和铺装形式。[84] 西侧最初拥有封闭的庭院的食堂／厨房的区域在康去世后建在建筑群的外面，因为他们担心烹饪的味道会带来污染。[85] 剧场和水池在教室和图书馆之间建立了直接的联系，宿舍周围的湖则没有实施。越来越严重的疟疾导致委员会作出了这个决定，而且他们认为在一个干旱地区用掉那么多毫无实际用处的水是严重的浪费。

后来，阿南特·拉吉从他位于校园内的办公室开始，通过增加康确定在学校建筑综合体西南侧的餐饮设施把整个建筑群进行了延伸。他还在东南侧盖了更多的教员住宅，他还和他的妻子一起，再一次根据康的结构基础，设计了"管理发展中心"——一个位于基地东北角的先进的培训机构。从1989年开始，拉吉在他自己的设计中设计了一个会议中心，借鉴了现有建筑的形式语言和特殊的材料特性，包括手工制作的艾哈迈达巴德砖。[86] 对砖的选择不完全是出于康对这种古老的材料的钟爱，他在之前的设计中曾经多次使用过这种材料，而在这里采用，主要是由于它是传统的制作方法的产物而且在印度国内广泛使用。砖制品——尤其是在有着丰富的黏土资源的艾哈迈达巴德地区——采用的是传统的露天的、建立在木材的热量和太阳的热量混合的基础上的制作方法；这提供了大量的就业机会而且价格合理。砖被看作是一种粗糙的材料，手工制作而且尺寸也不是很精确，它在印度使用的时候通常会先经过粉刷；

82 罗纳／贾文理，第216–232页，以及布朗宁／德·龙，第369–372页。
83 康死于1974年3月17日，在纽约宾夕法尼亚火车站厕所的盥洗室里一个有损尊严的环境，他刚从艾哈迈达巴德回来，中途在伦敦停留了一下。在那里他遇到了他在耶鲁的学生泰格曼，泰格曼发现康变化很大，而且看上去非常疲惫。他的妻子直到几天后才认认了他的尸体。关于这件事的细节详见乌易书中关于埃瑟·康以及史丹利·泰格曼的章节，第283页及第299页。
84 罗纳／贾文理，第232页，编号为"IIM147至IIM149"的草图和说明，以及1991年2月19日作者与拉吉的谈话，讨论了开敞的庭院。拉吉谈到康在这一次印度之行中同意了开敞的庭院，尽管康——正如上面的文本中提到的那样——直到最后还是试图把庭院封闭起来。
85 罗纳／贾文理，第232页，编号为"IIM147"的说明。
86 1991年2月19日作者与拉吉的谈话。

但是在这里并没有对它进行处理，这与当地居民的想法是有分歧的。[87]拉吉对此作出了解释，他说康希望它粗糙而直接的表现可以作为对准备迎接平凡而疲惫的生活的态度的象征。[88]康对天然材料与生俱来的美的看法不仅是包括它们的特征，而且还包括材料和作为对*表达的愿望*的反馈形式之间的协调。它必须遵循自己的正确的定义——因此是美的——进行运用，并且在这个为了满足通风和遮阳的要求而开了巨大的洞口的建筑中得到了发展。[89]由承担压力的砖拱和承担拉力的混凝土连梁组成的所谓的*组成秩序*，与康所想的不同材料之间有着同等重要性的结合完全一致。不同的特性和特征平等地结合在一起，把立面的外观确定为全新的形象。[90]康早期坚持不懈地采用的4.5英寸×9英寸×3英寸砖的尺寸[91]，1964年用它来支撑把砖作为印度管理学院整个几何秩序的模数的想法。

没有完全建成的学校建筑综合体以及向西开敞的庭院

作为模数的矩形手工印度砖

87　当作者1990年呆在这个校园里的时候和1991年与学生们的谈话中，都感觉到一种普遍的对这个建筑群非常肯定的态度，尤其是对内部庭院中的"空"；但是对无处不在的未经处理的红砖却持批评的声音；人们认为与这种深颜色的、粗糙的表面在一起呆上一两年或者更长时间后会让人觉得很压抑。

88　1991年2月19日作者与拉吉的谈话。

89　乌曼，第252页，《Louis Kahn Defendsan interview》（日期错误的标注为1974年5月31日）："我问砖它想成为什么，它说它想成为拱，所以我就给了它一个拱形。"（康语录精选）
　　唐，第29页，康解释说：在决定材料的特性的时候，提出了这样的问题：材料自己想做什么？以及：《Kahn Collection》Box LIK 113：康长期的合作者马歇尔·D·梅耶（Marshall D. Meyers）于1972年8月与康进行的一次关于天然材料的协调性的谈话。

90　罗纳／贾文理，第223页，康说："砖总是对我说，你错过了一个机会，砖的重压使它在上面可以像一个舞蹈的仙女，而在下面发出呻吟的声音，拱廊蜷缩着。但是砖非常小气，混凝土则极度慷慨。砖由混凝土约束着。砖非常喜欢这种方式，因为这样它变得很时髦。"

91　《Kahn Collection》，Box LIK 113：设计，手写的关于不同构造方法的说明，（写给他当时在费城的同事？）以及一张关于这个设计的潦草的草图。在这里康说道（作者从他的亲笔文件中翻译）："必须选择B4砖（之前，作者注）9月底有足够的B4供应（之前，作者注）1964年7月。
　　砖（英寸）－4½×9×2¾ 或者3
　　　　　　2×4½×4½
　　　　　　2×4½×9

早期阶段的平面分析

见图 96
图 97

这个设计第一个在正式图纸中确定的几何形体是 1963 年 3 ~ 7 月形成的图形。这个图形详细的体现了在一个矩形轮廓线中清晰可辨的、自我隔离的学校建筑综合体[92]基本的图解方案，楼梯间从角部斜向插入其中，还有一个图书馆的体量也插在里面。轮廓线可以被看作是两个方形。毫无疑问，一个想像中的方形作为这两个方形的早期阶段而存在其中，就像我们可以从之前的图 81 中所看到的那样；它短暂的生命可以从少量保存下来的草图中得到证明。它是设计过程的开始，它很快就随着基地的长边变成了一个矩形，但是这之前，它

见图 98

是一个在原始条件下"没有选择的"（康）象征性的"中性的形式"。它的方形的几何形式可以简单地通过两个角部点之间 45°角——也就是对角线——的最短的连接来阐明。已经存在的楼梯间和它们斜向的和中间的体量相交的通道，体现了这种斜线布局的重要性。随着设计的深入，这个图形清楚地通过庭院表现出来，它象征着轴线对称的格局和内接的、同心的图形中的"中心点"的概念。我们也可以假定它的几何图形取决于或者相似于刚刚确定的图形，而且就像以前一样，我们将通过角部、轨迹和斜线关系对它进行研究。这个中心提出的、关于这个图形的起源是什么，以及它的形成过程的问题，在轮廓线中非常清楚，但是仍然没有形成一个"纯粹"的方形，它后来变成了图书馆。我们也必须建立起各个部分之间的关系和所有的内在联系。到这儿为止，我们已经描述了对我们所说的方形的早期研究过程。它试图证明那些从一开始就作为康的设计起源的一个固定的组成部分而存在的几何秩序。

整个学校建筑综合体的图形形成于 1963 年春天，包括我们所说的没有确定尺寸的两个双向轴线对称的方形和作为一个主要的几何条件而存在的对称轴 1 和 2，就像我们已经知道的那样。

见图 99

从中心的交叉点 M 开始，以 MD 为对角线的方形 ABCD 在轴线 1 上，以 MD 为半径的圆与轴线 2 相交于点 R，从这一点开始可以画一条与轴线 1 平行的"底边"。现在形成了一个重要的 RC 的长度比上 CB 的长度所得到的比率，这个比率以黄金分割的比例对这条线进行了分割。这个来自于自然体系的作为*宇宙法则*的比例用无理数 1 ： 0.618 或者 1 ： 1.618 来表示。通过 R 点的底边与平行的 DC 边成黄金比例，从中心 M 点开始的对角线穿过点 V。将 V 点分别以轴线 1 和轴线 2 为轴进行镜像，形成了新的方形 STUV，从而产生了边长 ST 和 UV 之间的内部区域和边长 TU 和 SV 之间的外部区域的功能空间的轮廓线。

见图 100

在接下来的步骤中，黄金分割结构在由轴线 1 和轴线 2 新形成的方形 STUV 的 ¼ 中进行了重复。以在把这个 ¼ 方形一分为二时形成的斜线 WU 为半径的圆，与轴线 1 相交于点 Z，从而在左右两侧形成了整个建筑群的外部轮廓线，这条线经过 Z 点并且与轴线 2 平行，或者是它的镜像。

见图 101

这些轮廓线与方形的边 TU 和 SV 相连形成了一个新的矩形的长边，这两条长边在 P1、P2 点根据黄金比例进行分割，就形成了插入其中的图书馆体量的左右两侧的边界线。

见图 102

经过 P1 和 P2 的对角线和轴线 2 相交于点 C1 和 C2，这是功能区的内部边界线。外部边界线长边上的 D 点和 F 点形成了角部的斜向通道的轨迹，它们的延长线与整个建筑群外部轮廓的短边相交于点 E1 和 E2。这样形成了重叠的区域 X 和学校建筑综合体的矩形轮廓线，暗示着距离为 Y 的移动和"摇摆"，同时也形成了一个精确地根据 L1 和 L2 的比例产生的黄金分割的面积比例。[93]

92 图 96、97——学校建筑综合体的中心，摘自：《Louis I. Kahn Collection》，宾夕法尼亚大学以及宾夕法尼亚历史和博物馆委员会；也可以见图 85；或者罗纳／贾文理，第 210 页，整个建筑群的文脉。
93 高宽比为 1 ： 1.618 的轮廓线，也就是在文中所提到的图形，被看作是一个黄金分割的面积比例。

图 96

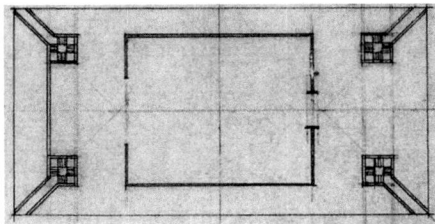

图 97

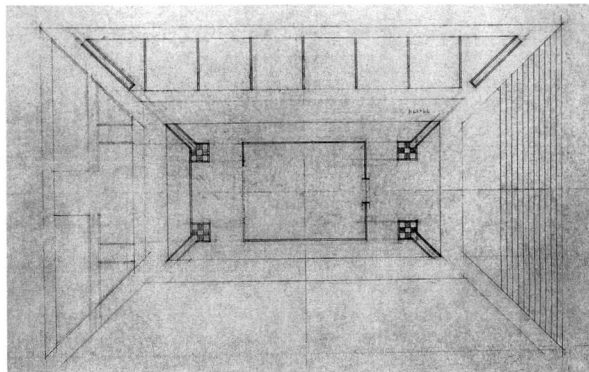

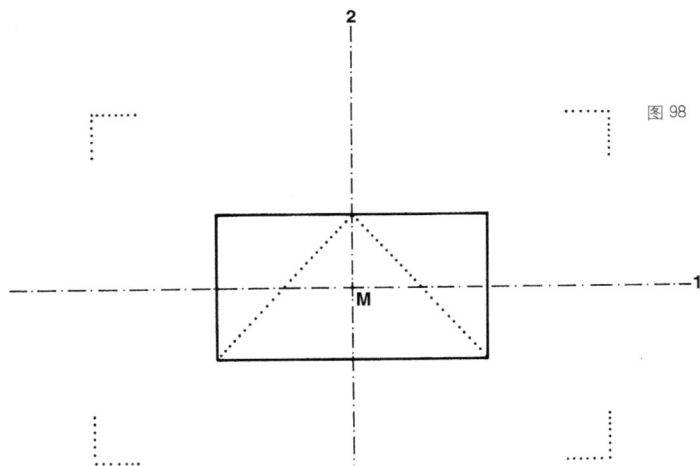

图 98

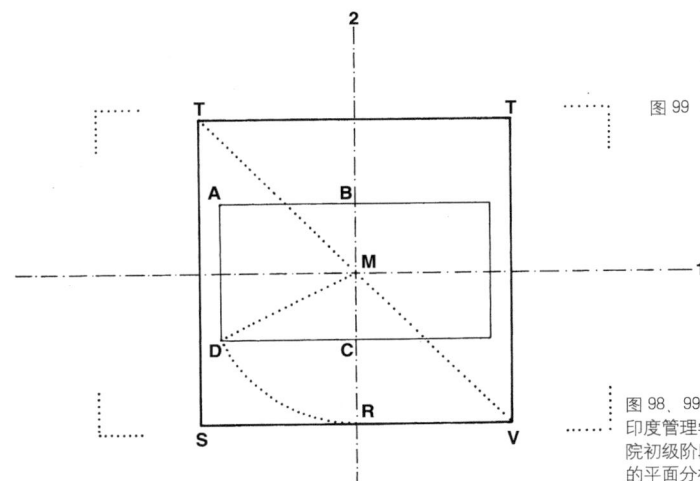

图 99

图 98、99
印度管理学
院初级阶段
的平面分析

129

图 100

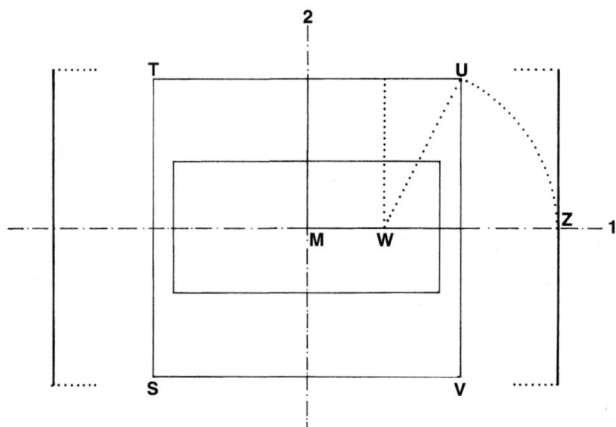

图 101

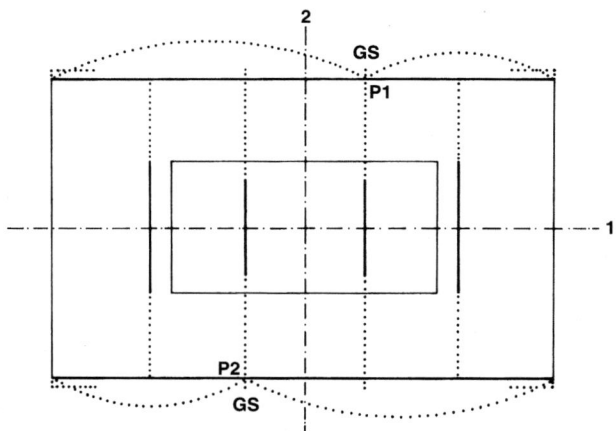

图 102

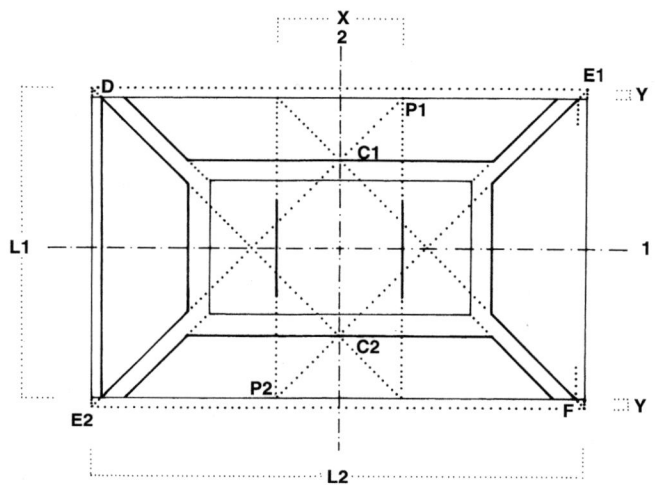

图 100—102
印度管理学
院初级阶段
的平面分析
待续

印度管理学院

学校建筑综合体

中心和庭院

上面对方案初级阶段的分析体现了独立的、扩大的、有等级的几何图形的发展过程的存在，它是内在的秩序的体现。这样，整体的各个组成部分都彼此连接起来。上面采用的方法是可以理解的。接下来对实施方案的分析说明几何图形是一个综合的体系。[94]

在前面的讨论中，我们把28个不同的设计版本压缩成几个重要的阶段。这些步骤说明了一个尚未确定尺寸的、由*两个方形*组成的图形是开始的"定点"。它在整个设计过程中都作为一个连续的母题而存在。因此，这个在几何上经过精确说明的矩形是对建筑进行分析的出发点，这些建筑中的大多数都已经建成了。两个方形和它之前的单个的方形可以被看作是一种中心的象征：这个在康的所有设计中都占有重要地位的中心体现了一个纯粹的几何形式的起点，同时也因为它形式的中立性（"没有选择"）而提出了问题。[95] 在许多已经实施的设计中，它都被用作典型的原形：1955年特林顿浴室中的中心图形是一个双向轴线对称的结构，把中心方形作为相邻的其他建筑组成部分的母题（见图8和图9）。在开始于1962年的达卡议会大厦中，方形和圆形的"兄弟图形"都稍微偏离了中央大厅的原始几何形体，但是给参观者的记忆仍然留下了一种纯粹圆形的印象（见图65）。所有这些设计基本上都是"从中心开始的"，证明了一种体现*宇宙造物运动*的向心的思想。它的起源是通过把所有的元素组合成一个围绕在想像中的中心点周围的圆而形成的，并且"从诞生开始"直到找到最终图形的过程一直保持使人可以理解。

矩形的外部轮廓线中受到控制的两个方形包括从未出现的、隐藏的方形在内，也就是这里"表现的"图形的一半。外部轮廓线的这种虽然不能一目了然、但是可以感受到的特点对于设计概念和分析方法来说具有极其重要的意义。对存在于平面的图形轨迹和边线关系中的图形的认知，实际上就是看到了真实的设计中*隐藏的图形*。我们已经探讨过它的存在：它毫无

例外地建立在几何形体的基础上，可以更加精确——因为更加普遍——地接近*真理*或者事物的*内在本质*。

至今仍然没有确定尺寸的方形现在看上去是完整的。它展现出它的轴线对称和两个方形的镜像关系。它摇摆不定的轮廓线开始移动，这是一个暗示性的现象。它的特征是一个理想化的几何图形可以通过同时具有某个距离的两个位置来描述。作为垂直方向的振幅的距离"X"在宽度和数量上还没有确定，但是从几何学上已经明确了。它的长度必须加入移动的方形的顶部，也就是说在书页的上方，以及长边的底部，从而形成了使方形纯粹的几何形体发生变化的区域，实际上是对它进行了"变形"。结果在新的轮廓线中形成了一个矩形：两个方形加上或者减去两侧摆动的距离。这个变化的区域通过把距离"X"转变成它的长边，在整个图形的右上角形成了一个以"X"为边长模数的正方形。它以这里的对角线为特征，方形和由两个方形组成的矩形的边长都是"X"的若干倍。因此，这个变化的区域被解释为对方形内在结构的模数化的延伸，它分别对方形进行了7×7和7×14的划分。1：1或者1：2的比例通过"+1"被模糊了，$7+1=8$或者$6+1+1=8$，它强调了想像中方形或者两个方形中间重合的部分。作为一个模数，右上角垂直往下延伸了它的宽度"X"，从而通过$7-1=6$在内部形成一个6×6的方形。现在产生了一个宽度为X的狭窄区域，它界定了中间的区域并且被加在顶部、右边和两方形的底边。它的水平对称轴线是建立在这个刚刚形成的、对中心线进行$6+2=8$的划分的图形上的，它精确地描述了伴随着对称而产生了严格运动的图形。

由这两个摆动的方形所形成的轮廓线确定了学校建筑综合体的庭院的形状。在实施方案中，庭院的功能是作为集会的场

---

94 这个分析是建立在来自费城和艾哈迈达巴德的原始平面图和对建筑的实地测量之上的。
95 康认为方形中立的形式是一个起点，它象征着设计师和设计之间关于将要设计的建筑将会如何对待自己的问题的对话；见安·唐《Beginnings》，第44—45页。

所，并且通过临近建筑的墙体形成一种开放的、受控制的和空旷的中心空间。它代表着精神上的集会中心，是集中精神进行沉思和冥想的地方，但同时也是交流的场所。

见图 105　同时，作为模数的方形的尺寸"X"变成了一个水平和垂直叠加的*网格*。就像我们之前所说的那样，它决定了 7×7=49 的方形庭院的范围和它的两倍——7×14=98 的范围。另外，通过转动两个方形，它也成为一种修正的要素：通过在每边分别延伸一个网格，在垂直方向上形成了 7+1=8 的区域，以及长轴右侧划分出的 7×2=14，14-1=13 的区域。这样形成了一个新的矩形 ABCD，它的轮廓线很明确：比例为 8：13，约等于 0.615，非常接近于 0.618 的黄金分割比。

作为一个面积比例，ABCD 构成了刚刚根据侧边长度和高度的比例形成的整个图形的框架。在这个图形内，8：13，7：14 和 6：12 这 3 个面积比例可以在转动的网格模数的距离的基础上进行"计算"。所谓的"相当的"比例[96]，或者说与起始的衡量标准相关的尺寸的比例，是通过采用完整的、"有理数的"数字（结果为 0.615）而形成的。它来自"无理数"的、通过几个结构形成的比例，在不同的情况下只有微小的差别（结果为 0.618）。但是，在系统地运用彼此连接的无理数的过程中产生了很大的变化，它们是"不相当的"，它们的建立是没有共同的衡量标准的。

在黄金分割的图形 ABCD 之外摇摆的区域包括了作为模数的角部的方形，它的对角线暗示着*生长*，就和先前的图形一样。在两个镜像的图形中它把自己放大成 4 个，从而形成了一个新的方形，它像一个菱形那样放置，把黄金分割的轮廓线和自己的垂直对称轴联系起来。这样，图形 ABCD 变成了一个"结合而成"的次图形，这一点和生长的想法非常一致。它在几何上与模数方形紧密地联结在一起，它模糊了 4 倍的放大，它内接的、横向的斜向方形成了后来变得非常重要的正交体系中的特殊元素。

现在有两个元素确定不同区域的边界：把所有元素包括在内的黄金分割框架 ABCD 起着外部边界的作用；与之相反，由两个转动的方形所形成的轮廓线确定了内部 6×13 的网格的范围。它们之间的距离，就是方形的网格的宽度，尽管具体的尺寸还没有确定下来。因为左侧周边区域的开敞空间的存在模糊了垂直方向上对称轴的宽度？而水平方向上的对称轴存在于作为整个图形中心的第四个格的边上。黄金分割的方形 ABCD 阻止了两个方形的运动，把它停止在长轴方向上，因为小的斜向布置的方形被固定在组织运动的点 B 上，从而形成了一种模糊性：例如方形之类的协调的图形是建立在有理数基础上的，两个这样的方形则失去了它们的反应，它们发生了*摆动*，动态的、连续运动的图形是建立在无理数的基础上的，就像黄金分割比一直都是很*严格*的。现在找到了位置的图形暗示了一个正在变得具体的建筑。它的轴线、墙体和边界关系来自于几何图形逻辑。黄金分割的重要轮廓线决定了接下来的设计。

学校建筑综合体，左侧为办公楼，右侧为教室

96 "相当的"（按照欧几里德的说法）意味着"可以用同一标准进行衡量的，不相当的则是那些没有共同标准的"。欧几里德《Elements》，维特科尔（Wittkower）和纳兰蒂－雷讷（Naredi-Rainer）。

132

图 103

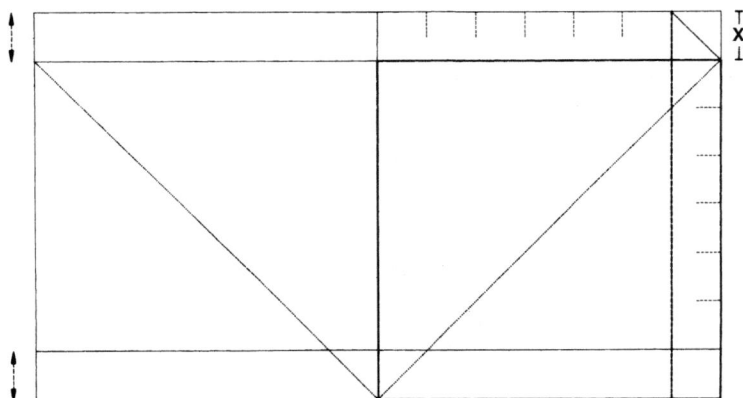

图 104

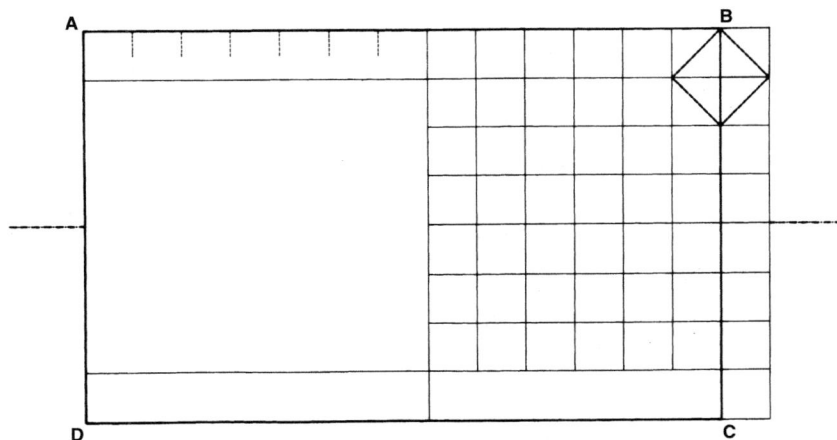

图 105

图 103— 图 105
印度管理学院平
面中作为庭院的
两个方形的起始
图形分析

133

见图 106　黄金分割的矩形 ABCD 一直保持是一个可见的图形：尺寸固定为 1 英尺 7 英寸（48.2cm）[97] 的墙体布置在矩形的每一条边上。在建成的建筑中，墙体大量的采用砖来建造[98]，在斜向布置的入口方形中它的尺寸为 23½英寸（60cm）。它作为入口大厅而存在，它的位置在整个图形的右上角，界定了通道的位置，正如我们在先前的步骤和不同设计阶段中的设计起源中所看到的那样。在端点将斜放的方形和它连接起来的墙体的中轴线与对称轴相关，并且和网格线重合。它们通过轴线方向与和方形的对角线一致的墙体和方形融合在一起，形成一面连续的墙体。与之相反，黄金分割矩形 ABCD 的上边和下边的墙体遵循着网格线，它们的外侧或者内侧边界与网格线重合。这些边界线在墙体的体量中并没有消失，而是依然作为很清晰的边界线保留下来。这个变化看上去非常重要：它不是通过对称轴线与入口方形连接起来的墙体，而是墙体的边界，它的位置是通过原始的两个方形的移动所决定的。

　　到目前为止，几何形体的插入可以通过算术证据来证明。在尺寸和数量上对它进行确定表明网格直接取决于入口的方形。入口方形外部轮廓线的主要的尺寸是 32 英尺 8 英寸（9.96m，或者说约等于 10m）。从确定网格并且形成作为"X"区域对角线的 9.96−0.60=9.36m 的轴线中抽取出两个半个的墙体的厚度——2×30cm。它的长边变成 6.61m 了，在接下来的、对实际建成的建筑整体中相对全面的尺寸分析中，我们将把 6.61m 看作 6.60m。[99] 从中我们可以得到入口方形所有墙体的尺寸：边长为 9.96m 的外部轮廓线形成了长度为 14.08m 的对角线，约等于 14，在空间上产生影响的内部边长为 28 英尺 9 英寸（8.76m）[100]，它的对角线为 12.38m。这些尺寸和几何关系将在讨论完建筑的各个组成部分之后进行详细的分析。那时候我们会回到采用的尺寸关系体系的起源上来（见第 173 页）。

　　已经建立起来的尺寸为确定庭院和邻近区域通道的尺寸提供了可能性，之前我们一直把它称作变化的区域。它们在网格中体现自己的长度，被当作是附加的部分：庭院的轮廓线在 6×13 网格中的比率是 6×6.60=39.60m 减去墙体的 0.24 和 0.48m 等于 38.88m，13×6.60=85.80m 减去 0.24 等于 85.56m，通道区域的内部尺寸的顶边为 6.60−0.24=6.36m，底边为 6.60−0.48=6.12m。在接下来的分析中，这些尺寸将根据以英尺和英寸为单位建筑平面和通过实地测量得到的尺寸中加以证明。[101]

　　根据这一点，我们可以得到在 8：13 的网格中精确的黄金分割面积比是（8×6.60=）52.80m：（13×6.60=）85.80m=0.615，约等于 0.618。但是如果我们考虑穿过短边中心的墙体并且选择庭院的内部边界，那么就必须减掉宽度的一半：52.80m 除以 85.56m（85.80−0.24），等于 0.617，非常接近黄金分割。我们可以假定在每种情况下墙体和它们的外部轮廓线都是非常清晰的，这一点对于不同部分精确的比例分配是非常重要的。作为一个比较，几何上和数学上的证据都将被用来在连接点 B 上进行详细的证明。

97　印度的度量衡是英国殖民统治的遗物，以英尺为基础，相当于 30.48cm，它的 1/12 为 1 英寸，等于 2.54cm；1 英尺等于 12 英寸。这种度量衡制度可以追溯到维特鲁威时代，他在他的《建筑十书》，第三卷的章节中提到"所有建筑的尺寸……来自身体的肢体"：手指（英寸）=2.54cm，手掌=10.16cm，脚，人体身高的 1/6=30.48cm，肘 =6 个手掌或者 24 个手指 =61cm。
　　这本书中，除了那些非常必要的原始尺寸之外，其余的尺寸大多已经转换成公制。
98　对作为整个体系和几何关系中最小的单元的砖和它的尺寸的重要性的详细描述见第 173 页。
99　十进制的重要性在于把分割世界的两种不同计量体系——英尺／英寸和厘米——结合起来，见《Modular Origin》，勒·柯布西耶的在他的《Modulor》一书中也产生了对这个问题的兴趣，第 116/117 和 180/181 页，在那里，来自于黄金分割比的"调整器"被作为是对加强两个体系的"协调"非常有效的比例依据。
100　这里给出的尺寸来自拉吉在艾哈迈达巴德的办公室的施工图的复印件——为作者所有——"A1-2，1970 年 2 月 3 日，办公楼"，以及"L1-2，1969 年 6 月，图书馆"。
101　1990 年 2 月和 3 月以及 1991 年 2 月，作者对建筑群的一部分进行了测量，发现了与平面图不一样的尺寸，以及在施工过程中的错误和修改，但是同时也发现几何图形和建成的建筑物局部之间是非常吻合的。

对称轴 Z 沿着庭院第 3 个垂直的网格区前进，这一点在接下来的分析中是非常重要的。现在它通过长边的墙体发生了轻微的、几乎察觉不到的变化，这个变化产生于它的位置，并且对这个位置进行了改变。这个过程第一次暗示了可能来自于对称和非对称的微妙的*折射*原则。

这个区域由 8×14 的网格组成的框架现在扩大了，从先前存在的图形中产生了新的几何形体。它产生于原始的两个方形以后来形成的方形的水平轴线 Y 为轴的镜像图形，现在变成了 14×14 网格的方形。在"有机的几何形体"的生长过程中，它体现了下一个阶段中最大的图形，并且在这里展现了它的内接的斜向的方形。对它们在轴线 Y 上方的部分进行等分：在 Y 轴垂直方向上长度为 7 个网格的边界围合了上部 1 个网格宽的通道走廊和 6 个网格的剩余部分。这样就形成了平行于庭院的、位于第 3 个格的中心划分。斜向的入口方形已经暗示更深一层的斜线关系，并且依然保持为一种可以理解的尺度。

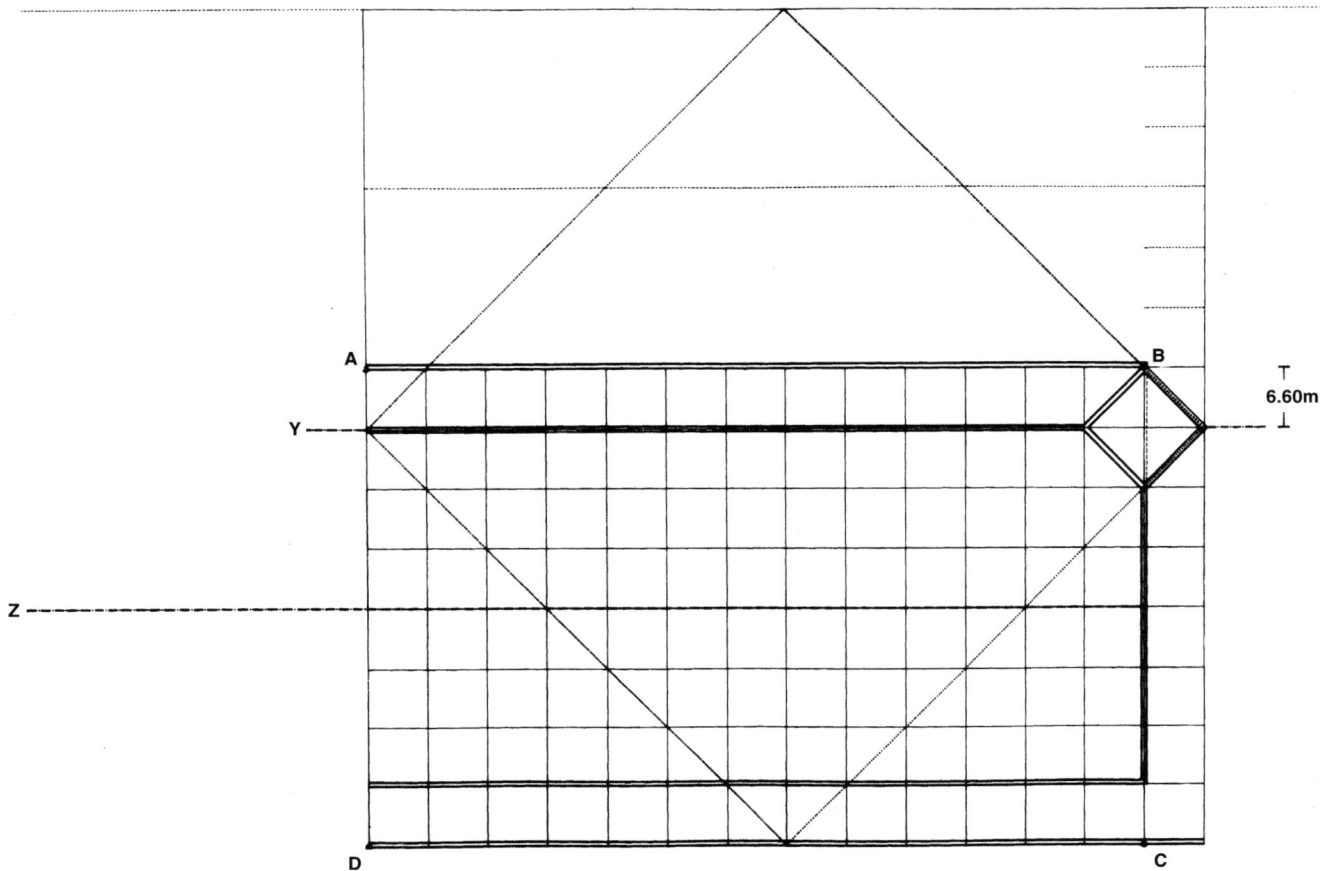

图 106
印度管理
学院平面
分析：庭院
图形、镜像
轴线以及入
口方形

135

办公楼和主入口

在康的作品中具有非常重要的地位的中心在这个设计中表现为庭院的两个方形。这些单一的原始图形可以从几何上和数学上进行确定，因此，我们可以清楚地看到一个相关的次几何形体的生长过程。庭院和它周围的区域形成了固定的轮廓线里面第一个确定的形体。它的中心位置以及围绕在它周围的、在3个边上保持连续的墙体形成了一个实体，以及在下一个产生"末端"的步骤中被加到这个空心体中的次图形。在这里，斜放的方形在B点的特殊位置暗示着通道区域，这些通道原来是打算被布置所有的4个角上的。它在这一点上成为了惟一的主入口，它的布置对通道特别有利。

在庭院和它周围区域的图形确定以后，现在可以在它之上建立办公楼的图形了。

见图 107

上面的通道区的端点是通过庭院轮廓线左侧的一道偏离网格线的墙体所确定的。这道墙体偏离的距离是在与23½英寸厚的墙体尺寸的一半（30cm）进行比较[102]之后产生的，它决定了外围的黄金分割图形 ABCD 的移动，从而得到了可以从外部看到的墙体的位置。当想像中的——因为它在实际建成的建筑中没有表现出来——网格没有了约束力之后，黄金分割的图形变成了一目了然的既定墙体的位置。这样就可以证实比例关系了。通道走廊的内侧墙体是庭院"实际上"的边界；它们的功能没有明确的表述，它们是既属于室内又属于室外的过渡空间（最初摇摆的两个正方形）。

见图 108

第一栋办公楼来自于斜向的入口方形的方形框架。它沿着斜向的方形的内墙线的角部布置，它的尺度，无论从量度上还是几何上都被表述为 $\sqrt{2}$（较大的一部分）。在对入口方形和它的墙体尺寸进行详细考虑的时候，展现了对于更深一层次的次图形的尺寸起源来说非常重要的一个情况：上面提到的 60cm（23½英寸）厚的墙体必须要从 9.96m 长，或者说约等于 10m 的外部尺寸上进行两次分割。这样，产生了一道内部尺寸为 8.76m 的墙体[103]，与它形成 $\sqrt{2}$ 比例的对角线的总长度等于 12.38m。在进入建筑的这个部分时感受到的方形空间的尺寸以及它的墙体和对角线的尺寸已经形成了，它很快消失成了空间的边界（入口方形的尺寸关系将在分析的最后进行详细的讨论）。

长度为 12.38m 的对角线通过平行的移动变成了方形的角部，这样，接下来的最大的边长为 12.38m 的框架方形（与斜放的方形成 $\sqrt{2}$ 的比例）出现了。在这个详细的方形中庭院的上部，与斜向的方形水平相接的墙体非常清晰，它不是沿着网格中布置的。因为它的横断面比那些垂直连接墙体的横断面要小——是 0.48m 而不是 0.60m——为了让从网格线到外轮廓的距离保持一致，并且在庭院一侧保证斜墙在视觉上的对称性，所以康没有选择让墙体居中的做法。

见图 109

网格通过水平线 AB 上方宽度为 6.60m 的区域而得到了延续。它起到了从斜向方形而发展而来的、边长为 12.38m 的方形在斜向方形的垂直轴线上的支撑线的作用。它下方的线没有遵循网格的轨迹，而是根据相对尺寸往上偏移了 0.2m（8英寸）。[104] 在黄金分割的轮廓线中，可以从庭院中看到的通道走廊的内侧墙体的变化暗示了康对这个图形的几何形和比例进行了修正。在实际建成的建筑中可以感受到的图形 ABCD 的短边 AD 和 BC（见图 106），从 52.80m 延长到了 53.00m。这样，长度为 53.00m 的短边和长度为 85.80m 的长边的比率几乎就等于 0.618 的精确值。让图形 ABCD 尽可能接近黄金分割比的做法体现了康想要把通道走廊作为庭院的一个组成部分的想法。尽管这个建筑综合体由于超出人体尺度而显得非常特殊，但是——因为它们的重要性而被强调出来的——相关的次图形的几何形体倾向于对设计的起源进行图解说明。

---

102 这里采用的尺寸是以最后被证明是正确的施工图之一的"A1-2，1970年2月，办公楼"，这是作者从拉吉在艾哈迈达巴德的办公室中复印得到的。
103 施工图"A1-2，1970年2月3日，办公楼"。
104 施工图"A1-2，1970年2月，办公楼"；这些变化也在1990年和1991年的实地勘查中得到了证实。

办公楼和教
室将室内和
室外连接起
来的走廊

主入口大厅
("入口方形")

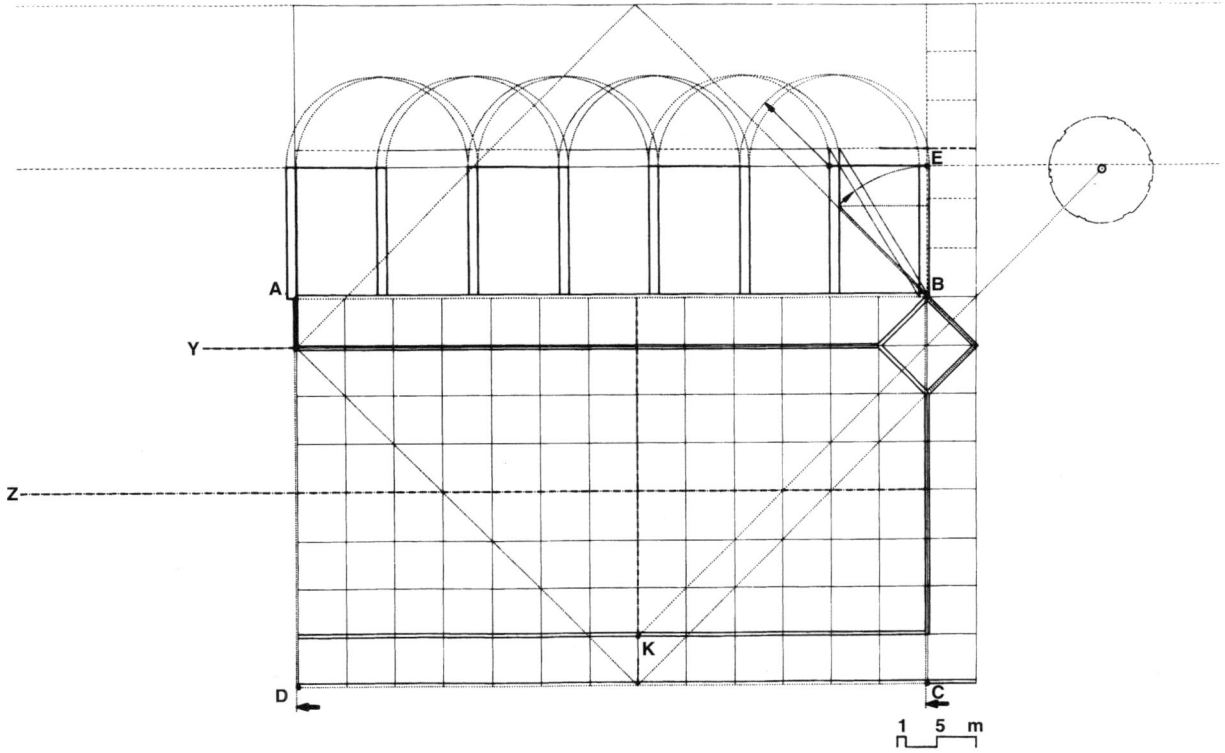

图 107
印度管理
学院平面
分析：办公
楼图形的发
展过程

1 5 m

边长为 12.38m 的方形可以作为办公楼的原始图形强调出来。它的对角线沿着右侧的圆形的半径移动，这样，通过 1：√2 的比率建立的几何结构，在和支撑线相交的 E 点，产生了一个办公楼"元素"的顶边。这些方形的交点或者说联结点是一个主要图形彼此成 45°角的关系，借助联结点 B 再一次直接的表现出起源的过程，并且说明了在建筑体量的轮廓线中，从抽象的图形变成现实的*生长*或者*一起生长*的过程。

见图 110　在入口方形上方第 3 个格的重要的水平线与右侧的边 FG 结合在一起，把√2 的图形往上延伸至 H 点，从而形成了新的矩形 HIB′F。它的底边和高度的比例非常接近黄金分割。这表明这两个图形都直接和它们的起始图形——入口方形——相关：黄金分割图形 HIB′F 在斜向的入口方形与网格——也就是说，墙体轴线——产生联系（见图 108），而√2 图形 GEB′F 是由斜向的方形的内侧变现形成的（见图 108/109）。因此入口方形的墙体的厚度表明了对于两个图形在几何上的连接来说，它是一个关键的尺寸（见第 173 页关于这个重要图形中的尺寸和几何关系的详细描述）。

然后把图形 HIB′F 往左移动，它对角线上的点 G 在通过 IH 的水平网格线上产生了点 J。它的垂直边则确定了一个办公元素的外部轮廓线，它到 H 点的距离形成了产生阴影的窗户所在的外墙的深度。与之相对照，穿过 G 点且平行于 HB′的对角线在几何上确定了右侧墙体的位置，这个元素与最终的图形非常接近，可以被看作是把√2 图形和黄金分割图形综合起来的想法的产物。与两个方形和庭院起始图形的黄金分割框架的叠加相似，它留下了很容易理解的变化的区域，用来暗示通过移动或者摆动而造成的摇摆不定的动态图形。正是由于这个原因，我

们开始假设一个系统化的几何连接原则的存在，它贯穿于所有建筑之中，为变异提供了可能性。

现在，这个元素在它作为办公楼的次图形的轮廓线中已经有了明确的界定。它分解成了三个垂直的条：周边的两个区域是由移动的过程产生的，而中间的区域是由√2 图形 GEB′F 留下的。最后在顶边和底边加上 1 英尺 7 英寸（0.48m）厚的墙体。这个元素没有保持它最初的、遵循垂直的网格线的位置，而是往右移动了墙体厚度的一半，占据了把下方的入口方形接起来的墙体的外部边线。这样达成了墙线的一致性，在连接点上产生了一个清晰的紧密融合的棱柱体。见图 111

GH 之间的距离是由黄金分割图形 HIB′F 和√2 图形 GEB′F 之间尺寸的差异所造成的（见图 109/110），它影响着建筑上部轮廓线到水平网格线之间的距离。它出现在与办公元素相邻的被称为"远处的庭院"外面的楼梯间的图形中（见图 111）。它的宽度和办公元素内部相一致，因此，庭院被定义为一个"消极的"室外空间，与"积极的"建筑实体结合在一起，并且把周边的区域与一侧的空间和另一侧*让人迷惑的图画*连接起来。

接下来产生的是附加的 4 个办公楼简单的几何结构（见图 107）。先前产生的元素的周长在顶点以它们的圆的半径为轴进行了镜像，它们聚集在穿过 E 点的水平线上的交点之上，形成轮廓线，这个轮廓线一直延伸到通道走廊的边墙上，并且在垂直方向上与之平行。之前严格的用 14 个格子界定了庭院的宽度并且让办公楼穿过它的外墙的网格体系，在左侧边界被"打破了"并且从走廊左侧的外轮廓线发生了偏移。与它的边线有关的微小的变化可以被看作是发展过程的蛛丝马迹，它们是各自

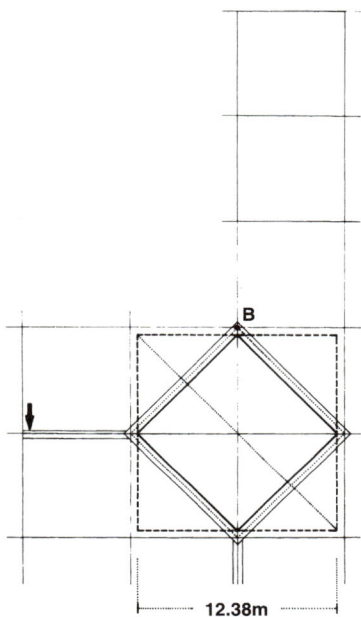

12.38m

图108

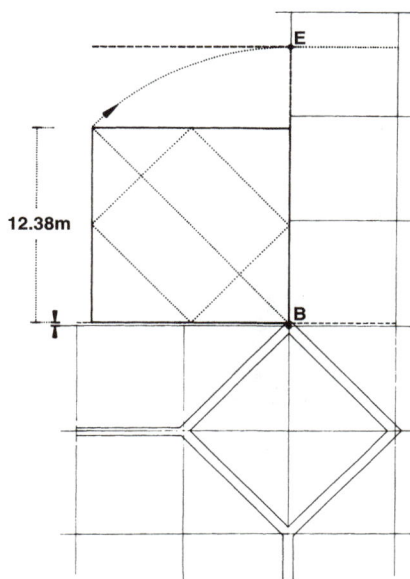

12.38m

图109

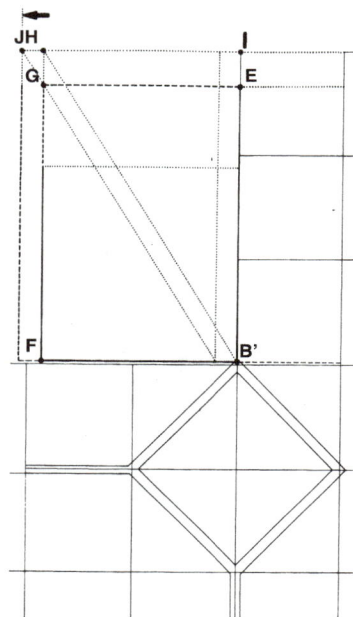

图110

主入口及布
置在轴线上
的台阶和原
有的芒果树

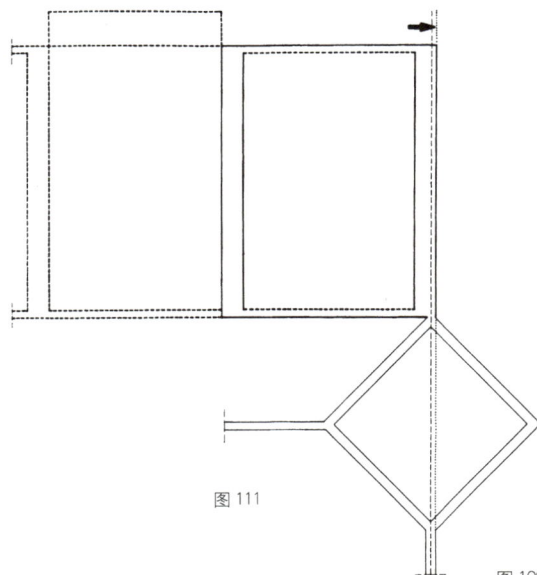

图111

图108-111
印度管理
学院平面
分析：办公
楼图形从入
口方形开始
的发展过程

139

四栋基础相连的行政办公楼

是一个网格的宽度。它从庭院轴线上的一个点开始，穿过入口方形的中心，与现有的一棵芒果树相遇，这棵树与上面的办公楼的水平延长线相交。这棵树在轴线位置上的存在不仅标志出那里的主入口，而且赋予了它几何图形生长过程中的一个自然发生器的象征意义，这一点可以从接下来的分析中看到。

水塔

前面的分析步骤已经生动地展现了庭院中的次图形——周围的走廊和办公楼——产生的根源。发展过程非常清晰的几何图形的体系确定了康的这个建筑以及后来所有的阶段中的结构。

办公楼上面的水平线被位于高处的、与室外空间连接的庭院的台阶所打断。在这个图形的起源中，它的宽度被确定为 $\sqrt{2}$ 图形和黄金分割图形之差。这个有 7 个转折的、蜿蜒的办公楼元素以及通过庭院和台阶把办公楼和室外咬合在一起的关系可以被定义成向上的"伸展"或者"生长"，也就是说，是一种垂直方向上的动势。它与前面的在整个图形中占统治地位的水平方向形成了对比，这种对比在垂直方向的、而不是方形的或者说静态的办公元素上也有所表现。

见图112

通过它刚刚确定的总体长度，办公楼在左右两侧超过了庭院和走廊的宽度，使之有可能通过一个新的方形 LMNO "突破"依然占统治地位的 14×14 的方形网格的严格性，图形 LMNO 附着于台阶上部的水平外轮廓线 LM 上。在 $\sqrt{2}$ 的几何结构的帮助下，它的对角线 LN 产生了矩形 QMNP。当这个矩形的左侧边界往上延伸的时候，就形成整个建筑群的首层平面中一个新的图形——水塔平面的方形轮廓线——的内部墙线。水塔提供饮用水和空调单元的冷水。它与 14×14 的方形网格的上部水平线相交的交点确定了水塔的轮廓线和位置，但是它的尺寸只有在上面的办公楼的轮廓线被接受为新图形的下部边界线的时候才能确定；这样，可以借助方形对角线在几何上建立起它的尺寸。

独立又彼此相关的 3 个阶段的产物。这个从通道走廊的连接线上开始移动的显著的变化暗示着一种动态：同构图形的布置看上去是非常模糊的；就好像它们正沿着一条铁轨滑行，完全忽略了周围的几何形体。它们周边的区域中彼此叠加的元素很快从变形或者说"飘移"中分离出来，这个往边界方向的飘移打破了等距的边界所组成的框架。通道走廊也起到了削减的作用，它抵制了办公楼的图形分裂的趋势，并且把自己固定在斜向的入口方形上，这个方形吸收着压力和拉力，在定形和变形之间摇摆。

我们可以很明显地看到单个的图形失去了对称的关系。办公楼作为一个独立的形体插入到它的垂直对称轴上。它看上去已经摆脱了一直暗藏在庭院的两个方形和 2×7 的网格里面的、占统治地位的对称性。现在已经存在的网格和它的严格性有意识地忽略了这种偏移，但是图本身却"坚持"它的对称性，因此这里既有严格性也有运动。

对目前为止，对整个图形的分析是以条状空间的形式的确定，或者以水平方向为特点的、通过 14×14 的网格连接起来的、处于运动中元素的聚集为标志的。它的水平轨迹超出了外部轮廓线（见图107），暗示着这个图形正在往左右延伸（生长）并且与基地的方向保持一致。用虚线表示的 14×14 的斜向的图形有了一条新的轴线，它与右下方的斜线平行，它们之间的距离

我们可以从实际建成的、对办公楼、走廊和庭园的外部轮

140

办公楼中后
退的走廊的
墙体

办公楼
前面是端头
往内凹的走
廊部分

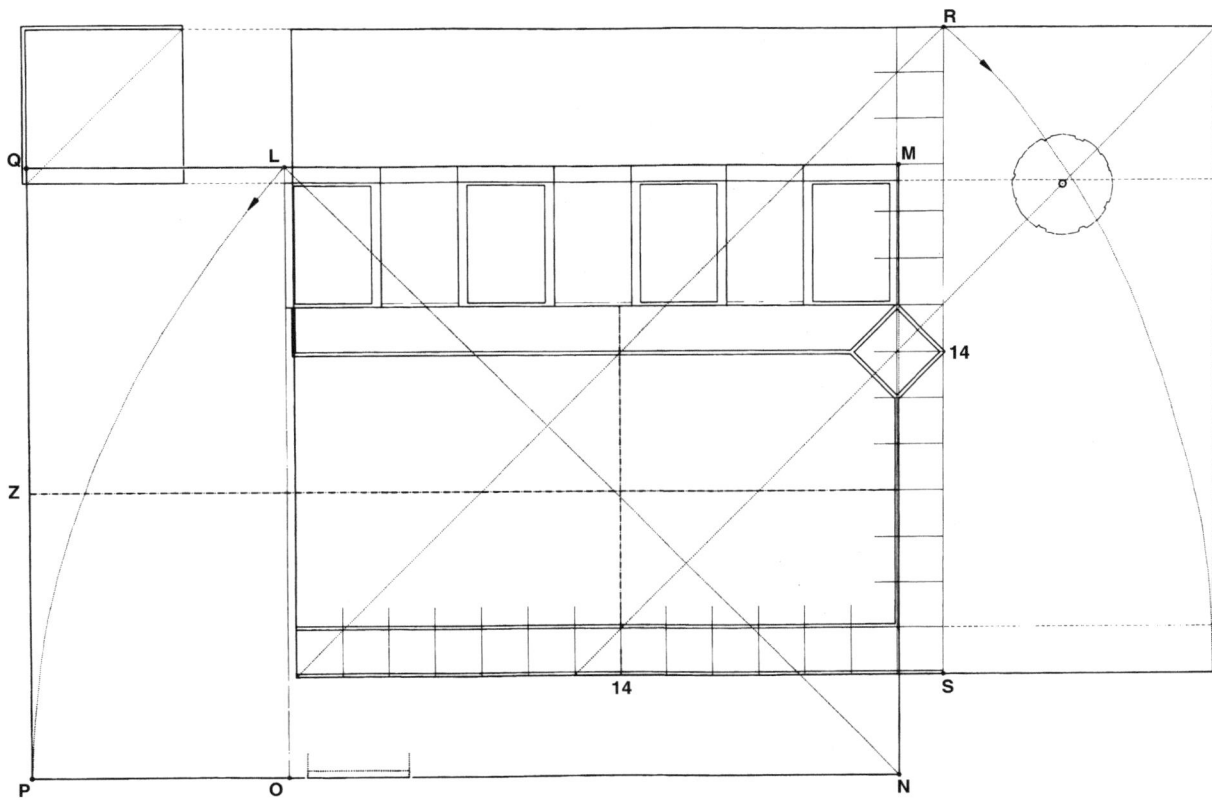

图 112
印度管理
学院平面
分析：后来
在中心生成
的图形的相
互关系

141

廓线作了微小的变化的建筑中清楚地感受到几何图形逐渐形成的过程。最终所形成的√2的矩形比例也暗示了一种动态的控制，不同于它在静态的图形中的主要的和次要的延伸。它既限定了整个建筑群的外部轮廓线也决定了这个被隔离出来的元素的墙线。然而，当几何关系确定的时候，这一点对于所有次图形可以预见的整体布局来说是非常重要的。

点 L 和 O 在这里仍然是非常重要的。它们的特殊性在于它们是"不存在的"，它们都和图形没有直接的关系。但是，通过它们对方形重要的左侧边界作出界定，它们在从几何上确定√2矩形 QMNP 从起始方形 LMNO 的延伸的时候起到了关键的作用。在 14×14 的方形网格中，也产生了一个相似的延伸过程，这个过程是只在实际建成的建筑中部分地露出它的边界的图形的延伸。它的对角线在庭院上面的边界线上穿过了由两个方形组成的庭院的垂直对称轴，并且结束于 R 点。√2图形往右侧延伸的过程形成了整个区域的垂直边界。它决定了入口坡道的外墙的位置，坡道的长度在上方是由办公楼的端头决定的，在下方是由走廊面向庭院的边线所决定的。现在，通过右侧这个新的边界，斜向的入口方形在它水平向的中心位置被进一步加强了，它右侧显著的指示标志也起到了支持作用。沿着坡道前进的垂直线标示出√2矩形的边界，它和穿过 R 点的水平线的交点确定了图形在上部的角点和入口方形对角轴线的端点。它把树和它的位置紧密地结合到几何体系之中，把它上升为建筑的一个组成元素。与之相反，建筑群的总体布局依赖于现有的自然元素，树通过对角线确定下来，并且作为一种锚固方式与建筑群结合在一起。之前建筑看上去是飘浮在基地上的，没有相关的地形元素，但是现在，它的几何形体与自然条件结合在了一起，因此而加强了芒果树在印度社会中重要的象征意义。

通过 6 个网格的移动，14×14 的方形网格现在以 20：14——也就说 1.428——的比率形成了√2矩形，偏离了可以通过左侧图形延伸的几何过程而得到的精确的 1.414 的值，但是基本上相当于这个精确值。在这里我们可以再一次感受到康对使用相当的或者不相当的比例，并且把它们结合在一起的浓厚兴趣，从而避免了完全通过理性发展形成的图形的呆板。可以从 O 点得到楼梯的一个模糊的边界。虽然它很模糊，但是仍

然和下面的√2矩形 QMNP 有着密切的关系，事实上它加强了它的存在。这个轮廓线形成了整个学校建筑群的底边，并且在后来的步骤中展示了它和在办公楼中与室外相连的楼梯的几何关系。这种平行关系还强化了想像中的矩形 QMNP 的存在，它的左侧轮廓线是庭院水平对称轴的端点，暗示着一个向它延伸的图形，这一点还将继续描述。

水塔

通往学生宿舍一层夹层的坡道

作为端头建筑的位于中间的图书馆左侧是斜向的入口建筑

图书馆

　　图书馆的图形强化了分析过程中网格模数的极端重要性。让建筑的每一个组成部分遵循秩序结构和把它分解成单个元素的这两种手法之间的相互作用渐渐变得清晰起来。

见图113　　14×14的方形网格往右延伸了6个网格形成的略大于$\sqrt{2}$的图形是一个有着相当比例的矩形。它在这里表现为20×14个"可数的"网格。右侧的一个7×14的矩形和14×14的方形网格在中间叠加，盖住了整个斜向的入口方形的垂直条。这样，它的下半部分表现出7×7的方形网格和庭院原始的两个方形的重合部分。这个7×7的方形网格的边界线是由入口方形的水平轴线所形成的，在它的中心，与庭院右侧的垂直墙体的轴线相交。方形的底边来自于通道走廊的外侧边线和它在与坡道结合的墙体的左侧外边线上右侧的边线。它界定了重合的区域，宽度为一个网格。康把这个区域设计成新的图书馆图形的前庭，并且与入口方形连接在一起。它4：5的边长比例来自于对7：5，也就是$\sqrt{2}$的比率的减小，它围合了前庭和坡道。现在前庭遵循入口方形的斜线特性，它与图书馆之间的墙体与两个图形都有关系。前庭的这种转变使得图书馆看上去像一个被"附着"在入口方形上的飘移的结构，它让人想起庭院方形的垂直运动，这种运动产生了通道区和网格模数。

　　图书馆前庭的这种斜线的特性既意味着运动也暗示着刻板——或者说暂停——它是第一个对设计起源的运动过程所做的直接的说明。它清楚地强调了通过这种方法确定下来的单个网格的尺寸，试图体现它们在几何图形的条件系统中的重要作用，因此，斜线、变形的墙体仍然是一个让人感受到内在的网格的信号。

　　在前庭里，这种运动感被与入口方形和办公楼之间的连接或者融合所加强。办公楼尽头的通道走廊里的凹槽可以通过入口方形的转变来解释，可以表现出一种张力的状态。

　　在早期的草图和方案中，从入口处产生的一个主要的楼梯斜向的布置在角部（见图97）。它和入口方形连接在一起，并且一直延伸到水平往右扩展的办公楼的边界线。它的轮廓线相当明显地往外突出，给人一种想要把承受张力的办公楼／图书馆的图形转过来的杠杆的感觉，但是它被它和现有的树木之间的轴线关系牢牢地拴在位置上。

　　现在，这棵树变成一个自然的发生器：作为一个*力量的提供者*，它通过楼梯——它被看作是一种工具——把能量引导到入口方形中，并且牢牢地把想要延伸到周边轮廓线的、彼此依赖的局部图形连接在一起；这可以用自然的生长过程来解释。相对于康的其他作品，这个楼梯是极端地、甚至有所夸张地进行了强调，它的重要性更多地在于它的象征意义，而不是作为主入口的功能。这一点对于与楼梯紧密地结合在一起的入口方形来说是完全正确的，从这里并不能进入到任何室内空间。入口方形实际上是一个过渡，一条穿过室内外的边界的通路。

　　在一个网格内的斜线是在平面内建立最初的网格的关键尺寸。它与图书馆前庭的斜墙和入口方形的边墙相等。通过这种方法，它把庭院的水平对称轴和根据彼此关系发生转变的图书馆结合到一起。通往图书馆的主入口遵循着这条斜线，并且沿着作为轴线的网格中心线建立起了一个作为竖向通道的对称的楼梯图形。建筑轮廓线左侧第2个网格的垂直线——包括前庭——包括6个网格的矩形的对称轴是与台阶相连的边界线。现在，在一个网格中，以黄金分割的比例对称地增加了一段以网格的边长为半径的、经过转变的圆弧，通过两个建立在黄金分割比基础上的方形，它的边被确定为楼梯段的内径。它确定了距离，导致了圆形重叠的距离，并且把圆弧位于外侧的一半确定为楼梯。

　　图书馆的墙体以不同的方式遵循网格的模式：在与入口方

144

图书馆的斜
墙后面是入
口建筑

图书馆前庭
的斜墙

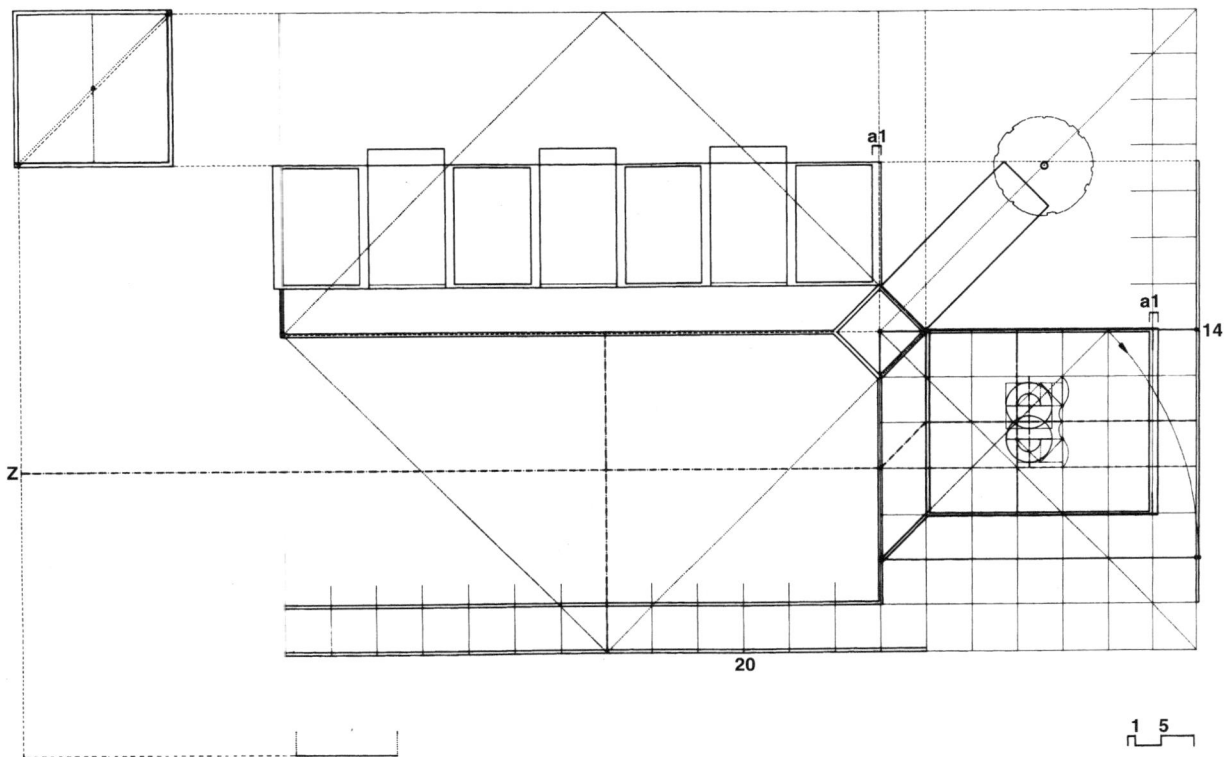

图113
印度管理
学院平面
分析：图书
馆和主入口
图形的发展
过程

a1

a1

14

Z

20

1 5

形连接的地方，网格线是墙体的轴线。另外，左侧的外边界与前庭内墙的网格线一致。在右侧，坡道的对面，墙体的厚度变宽了，延伸到凹槽的宽度 a1，用来为办公元素提供阴影。这一点，与到目前为止的其他元素一样，通过"变形"打破了网格的限制。

水塔的外墙在左侧形成了整个建筑群的外部轮廓线。它左边和上边的墙体被增加在通过几何关系建立起来的线的外面，而另外两条边不得不放在它们的里面。从而形成了在垂直轴线上偏移的中心。

在上面的分析中，我们可以意识到，一方面网格是作为一个几乎独立的模式和图形而存在的，因此它在逻辑上是相关的。另一方面，这种模式被覆盖了起来，事实上是受到了类似于墙体厚度或者精确地通过几何关系建立起来的尺寸的转变的质疑。这些有秩序的图形的轮廓线有助于把设计的各个部分组织在一个各司其职过程中，支持理性的或者非理性的——也就是说互相依赖的——发展过程。然而，通过有意识的转变而放弃了这个约束的自由选择加强了内在的张力。

教室

整个学校建筑综合体已经在对设计发展过程按部就班的描述中讨论过了（见图 79-95）。在一个很早的阶段中产生了一个矩形——圆形的功能区，这图形在后来的过程中发生了变化。教室被布置在东南侧的周边，也就是说图书馆的下面，与学生宿舍直接连接在一起，形成了校园封闭的环形。

教室的图形也是和内在的几何秩序体系结合在一起的。在这一侧，到现在为止仍然控制着庭院和图书馆的形成的网格体系向上延伸。在图书馆的入口形成了 7×7 的网格，它是图书馆轴线到庭院对称轴线 Z 的距离的重要转变。在这里，这个偏移的距离形成了*主要的尺寸*。无论是上面边线位于庭院轴线上的方形，还是下面的一个将边线与图书馆的轴线发生联系的方形，它们的轮廓线都覆盖了整个 7×13 的区域。这个重合说明了一个活动区的对称范围。办公楼前面往外伸展的台阶的轮廓线是它的上部边界的一个组成部分。右侧的边界是由入口坡道的墙体形成的。事实证明，楼梯的深度 a2 等于从一个网格到办公楼的轮廓线的距离，这个尺寸对教室的布置来说是非常重要的。它被增加到网格最外侧的底边，形成了一条新的线 UV，这条线与图书馆的外墙相连。减去 a2 的目的是要打破刻板的网格体系，同时又保留将各个部分联系在一起的普遍秩序，这样——与办公楼图形的起源相比较——整个建筑群中的每一个次图形都成了一个带有自主特色的"组群中的个体"并且有了新的轴线。刚刚形成的线 UV 与长边 TU 形成了一个黄金分割比的图形，TU 的长度可以通过尺寸或者几何方法得到。这样，矩形 TUVW 可以作为教室体量宽度的限制范围。不同的尺寸 a2 现在隐藏在教室区里面，可以在楼梯的宽度中找到，这体现了尺寸和内容的一致性：楼梯在教室的下面、办公楼的上面。

见图 114

从入口大厅
看未完成的
内部庭院

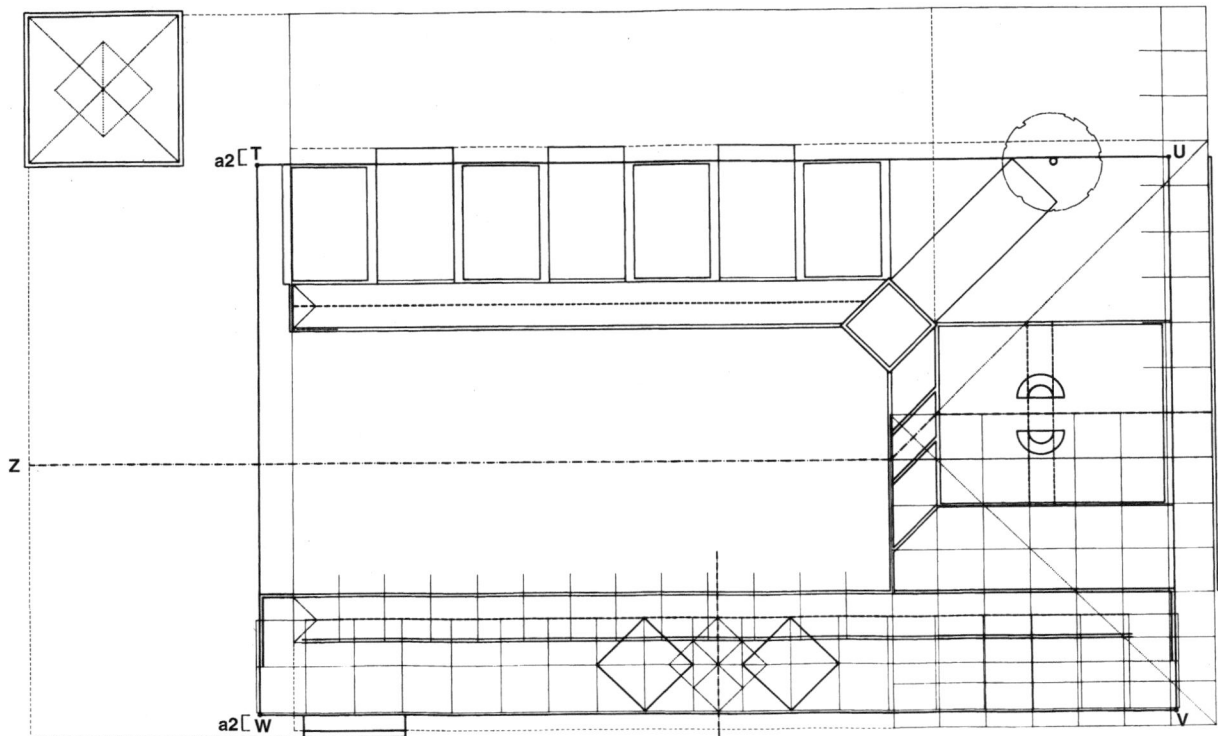

图 114
印度管理
学院平面
分析：教室
和水塔图形
的发展过程

我们还可以看到康对用相当的和不相当的比例来改变它的几何秩序的主体的兴趣。在这里，他把以相当的比率之上建立起来网格结构和建立在不相当的比率之上的矩形 TUVW 的几何结构结合在一起，从而产生了两个系统的等级体系：毫无疑问，在教室对图书馆和办公楼的依赖中，起源的序列是连续的。办公楼上方的和教室下方宽度为 a2 的楼梯的存在，以及它们在几何上的依赖关系对证实假想的联系起到了有力的作用。它让我们可以想像与分析开始时候的两个方形的轮廓线作比较的、由矩形 TUVW "产生的" 一上一下的两条轮廓线。这里的目的是暗示出一个室外空间的联系，并且有意识的让参观者的视线来回移动。

现在，可以通过已经很明确的长度 WV 来确定教室的中心和垂直轴线。一个被分成了 4 个部分的斜向的方形被布置在这条轴线上，这个方形上面的点与现在已经被设计成通道走廊的网格的中线相接。这条中线是一个从斜向的方形和它的划分中产生的新的网格的上部边界线。它的结构精确地决定了每一教室在 WV 上的位置。它表现了一个刚刚产生的网格与庭院和图书馆网格的叠加。在这里，这个图形与入口方形之间的联系也非常的明显，后者就像几何图形的理性体系中一个类似于有机生长过程的发生器。入口方形让我们感受到次图形在依赖和独立之间的张力。因此，这个生长的、已经发生变化的网格体系仍然保留着入口方形的墙线对它的影响。它的轴线穿过了庭院网格，内部的线产生了办公楼的图形，外侧的线则产生了教室与网格有关的位置。

在图书馆里面，可以看到按比例发展的半圆形梯段；它们的内径形成了与网格平行的垂直线，并且通向图形外面的线。

看起来，中间被称作水塔的 "内脏" 的产生也取决于斜向的入口方形外部轮廓线的尺寸关系。

新教室图形的网格的宽度 q1 确定了相邻的两个斜向的方形在对称轴上的位置。它的框架线由每边两个网格的宽度 q1 组成，从而形成了实际的教室平面图形中 $\sqrt{2}$ 主要的框架。它对理解第一次出现在对称轴上的斜向的方形的生长过程非常重要。当方形被分成 4 个部分的时候，它决定了网格的尺寸和教室之间的距离。 见图 115

斜向的方形的框架被 19 英寸厚的外墙所包围。它们在水平向的中心切入了上部的一个区域而获取墙体的宽度，还有一个下部的、在这个阶段还没有明确界定的区域。 见图 116

现在，即使是一开始的教室方形的外墙线，它们的下半部分也被扭曲了。在 $\sqrt{2}$ 矩形的几何结构中，以方形外轮廓线的对角线为半径的弧与方形的下半部分相交，从这个交点到方形中线的新的垂直线形成了每一道墙体的外侧边界线。把这条线镜像到外墙线可以说明方形上下两个部分的分离，在这些墙体上形成了一种移动的效果。现在，在静态的、刻板的网格体系中产生了一组对比元素：有着很强的水平动势的上下两个部分。它的变形所形成的力量产生了一种彼此碰撞、挤压的感觉，从而在墙体内部形成一种吸引力。 见图 117

现在，不再完整的方形的下半部分的边线形成了教室楼的外墙边界线。关于它们的还没有确定的上下边界线的问题现在引起了一个类似的演变过程。由网格决定的斜向的方形以一种在垂直方向上移动的图形出现。它的振幅与网格相关，为 9½ 英寸，也就是说已知的 19 英寸的宽度的一半。在左侧的教室中，它往上移动，决定了墙体的外轮廓线，往下移动了同样的距离形成了右半部分墙体的外轮廓线。这个过程通过转变网格结构 见图 118

确定了教室两侧外墙的最终位置。它还形成了教室之间距离较远的网格内的 19 英寸厚的连接墙体，在上方把一个狭窄的区域划分出来，在下方则划分出一个宽阔的区域。左侧的墙线是由斜向的方形沿着它冲破角部的网格线往上延伸而形成的，左下方和右上方的外墙线也是这样形成的。右侧的斜向的方形往下移动，只产生了左下方的外墙线——在这种情况下它是两个教室图形中间的连接。

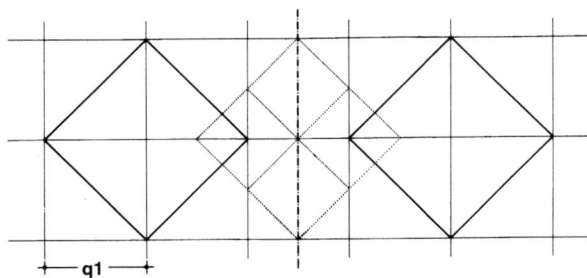

图 115

我们可以感受到一个被强化的运动过程：它不仅是教室的起始方形在水平和垂直方向上都产生了变形，而且还有一个"组队"，那些连接的墙体也开始*摆动*，每一个连接墙体的位置都发生了变化。它们的上部和中心被固定在网格线上。

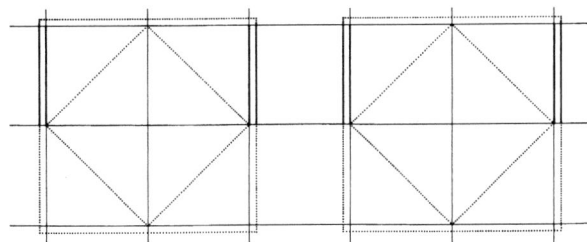

图 116

见图 119　　　　在中间的斜向方形的这个垂直运动过程中，它来回穿梭以形成外部轮廓线，它自己的边线反倒"模糊"了。两个与教室成小于 45° 角的墙体中的每一道墙体的边界线都是通过斜向方形的移动来决定的——这让人想起最初的斜向的方形。把网格尺寸 q1 分成一半之后产生了一个格子。它在教室图形演变过程的最初阶段就用自己的模数尺寸占据了斜向的方形之间重合的区域（见图 72），并且标示出斜墙的边界。它们的端头和占据模数尺寸并且确定了通道区域的墙线融合在一起。这个区域的墙体以各种不同的宽度遵循网格线：下方水平边界的外边线的宽度为 19 英寸。与之不同的是垂直方向的厚度是一个半墙厚，也就是9½ +19= 28½ 英寸。在与斜线相交的地方，它为了形成把交点放在网格线精确的几何位置上而往外突出。墙体与网格的不同关系形成了一个强调通道方向的水平空间。它位于网格中心的 19 英寸厚的墙体形成了走廊上方的结束。与之形成对比，墙体的厚度是根据教室下方的边界线而产生的，这个教室的轮廓线来自与网格同样的距离增加于其上边墙的 $\sqrt{2}$ 边。它的内侧

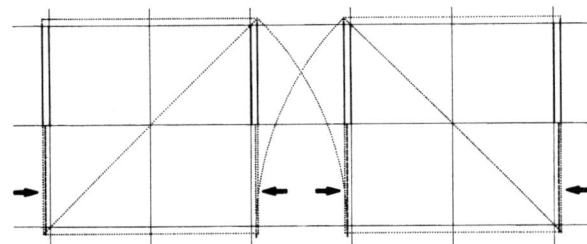

图 117

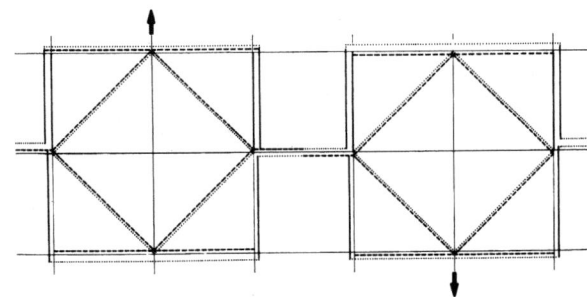

图 118

图 115—118
印度管理学院平面分析：教室图形的发展过程

轮廓线是由斜向方形的移动而形成的。

现在，教室的轮廓线几乎已经完成了。它水平方向上的分割表现为一系列有所变化的、独立的室内／室外关系。教室之间的连接墙以及教室和给地下室提供采光的三角形采光井边上的通道形成了一个新的、对称的图形，这个图形几乎是独立的。这样，不属于一块的图形可以因此而看作是连接在一起的。显然，康试图要建立元素彼此之间的独立性，这一点在办公楼图形的演变过程中也可以看到。

见图 120　　现在证实了最初作为发生器的斜向方形的存在。这个斜向的方形遵循网格的规律并且形成了墙体的边线。它的〝振幅〞的尺寸与教室里暴露在外面的顶棚隔栅的斜向结构相一致。我们可以把它看作是变形过程中在水平和垂直方向上形成〝固定〞或者〝阻止〞反作用力的力量——因此是斜向的。教室室外的下半部分变形更大：网格结构的模数尺寸 q1 的一半——由自己的一半转变而成——在外墙上与内部网格发生轴线关系，并且形成了一个凹槽。在室内和室外的关系之中，内部的隔栅结构和整个墙体相交，它们在这里起到柱子的作用。与之相反，墙体之间的部分由于隔栅斜向的结构所造成拉伸的过程而看上去非常的〝薄弱〞。这个尺寸为9⅓英寸的凹槽可以看作是对图117中侧墙变形的强调。它们进一步强化了教室区在特征上的差异，在走廊一侧看到的是一条〝硬朗〞的轮廓线，而在室外，不同的结构使它们变得〝柔软〞。它的立面展现了一幅令人迷惑的图画：例如在形成了一个完整的立方体的外墙之间被砖填满了的〝洞口〞，以及突出在外面的、使角部充满了戏剧性的壁柱。

在整个教室区轮廓线的水平对称轴上方，两座设计并建成的校园建筑进行镜像所形成的图形增加了两侧附加的部分。因此，到最近的相邻图形之间的距离，可以通过一段圆弧形的简单的几何结构确定下来。这个作为连接墙体的、有着连续表皮的连接体的移动已经完成了。就像办公楼的演变过程一样，在

教室立面
细部

这里，我们也可以看到康要通过微小的变化过程在古老的几何图形中建立一种张力的决心。静止和运动之间的对比通过一个独立的连接体表现出来。但同时，康塑造了这个图形的*重要形象*，用纯粹的几何图形来控制和加强它的自主程度。[105] 因此，方形的偏斜和变化可以被解释成一个塑造的过程，它在感受各个部分的运动和内在张力的过程中〝凝固〞下来，并且因此而保留了一个富有雕塑感的形式的演变过程。

---

105 大多数的出版物常常对在康的作品中连续出现的简单的几何形体有一种误解：由于之前缺乏对内在的几何秩序的精确分析导致了一种过度草率的想法，认为康的兴趣只在于——〝具有高度象征性的〞图形——一种对〝纯粹的〞几何形体的说法，这种说法很快——因为它总是可以很主观的表达出来——造成了大量哲学的和玄学的解释。但是他们忽略了我们所分析的*变形过程*，它应该被看作是康的建筑中一个基本的本质性的方面。

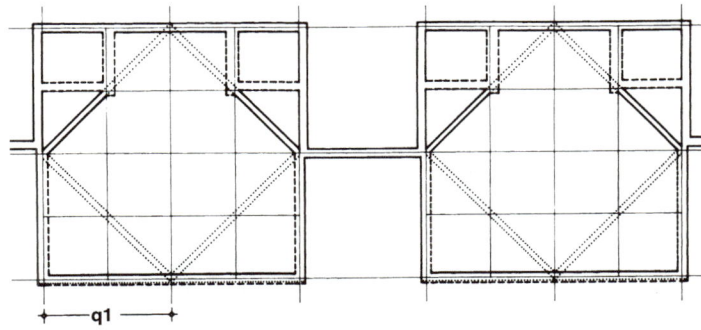

图 119

q1

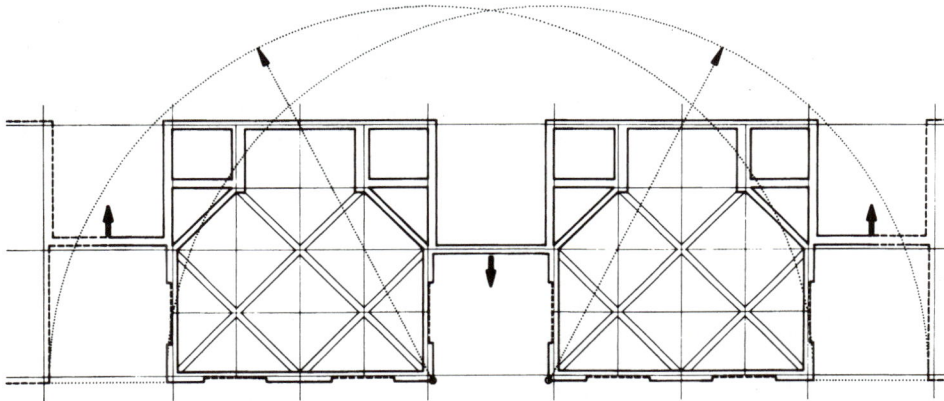

图 120

教室之间 "摆动"
的连接墙

教室立面
图 119、120
印度管理学院
平面分析：教
室图形的形成
过程

151

右侧为图书馆和教室前面为通道

见图 121　　　通过一个简单的弧形几何结构，教室的图形开始从中心往两边生长和延伸。它包括 6 个教室和 5 个中间区域。它作为左右两侧的结束和教室框架的端头由环绕在它周围的走廊所确定，这条走廊位于黄金分割图形 TUVW 的边线之上。这样最终形成了 7 个中间区域。它们和上面的图书馆融合在一起形成了扩大的大厅。这样产生了一种每一个单独的体量都是被插入到大厅下方的墙体中的效果，这些体量很明显地在来回移动。它的端头占据了先前的墙体的位置，并且在垂直边界线上非常精确地通过 $\sqrt{2}$ 圆弧建立起来的黄金分割框架保持一致。这种一致性暗示着尺寸的对位是在矩形 TUVW 的比例和外侧决定网格形式的斜向的入口方形的控制之下进行的。这表明了在实际建成的建筑和斜向的方形理想化的结合结构之间的微小的差别：根据施工图，[106] 模数尺寸 q1 的一半等于明确的网格尺寸 11 英

教室前面的通道以及巨大的"被穿透的"洞口

尺 5 英寸（3.48m）。它的两倍，也就是说 6.96m 应该和入口方形的对角线的一半相等，但与它的实际尺寸 7.03m 差了 7cm。因此我们不得不称之为在尺寸上"近似于"入口的斜向方形。我们可以假设这是对严格的结构的一个变异或者打破，并且适用于高级的比例图形。但是毫无疑问，在整个设计一开始就很明确的入口方形，作为一种尺寸关系的值，对于开始来说是非常重要的。

由于教室和通道之间的连接，通道减少了一半（见图120）。这也导致了办公楼门厅的减小，在那里形成了既属于功

能区又属于通道走廊的次空间。因此，尽管通向教室的通道与整体紧密地结合在一起，但是它不得不被分配到巨大的大厅之中去。这种情况让人想起根据它周围的通道对庭院所进行的划分，它也不是特别的明确（见图 106、107）；它们通过一个黄金分割的矩形框架结合在一起，这意味着走廊既是室内空间，又是室外空间。

现在，图书馆和水塔的内部图形有了它们最终的形式。在半径上设置了一个墙厚为 19 英寸的专用空间，确定了它们半圆形的楼梯的几何图形。它以楼梯的内径为尺寸的、朝向外部空间的洞口为通道提供了采光，并且为图书馆的房间提供了间接的照明。这个空间把图书馆的体量分解或者打破成两个功能区：一个是位于楼上两层高的阅览室，有着斜向的墙体和巨大的圆形洞口，它也采用间接采光，在入口方形上方形成了通往会议室的通道。它后面用作阅览室的凹槽也对书库进行了划分。

一个与墙上的采光凹槽有关的、新的元素与最后的教室在轴线上是对位的关系，它的轮廓线把图书馆和教室用通道和楼梯结合在一起。

庭院

106　精确的尺寸来自于拉吉设计的最后的正确的施工图 "C 1-2, 1969 年 10 月，国家设计学院"，它的复印版权归作者所有。

教室门厅入口

教室通道内
部的〝洞口〞

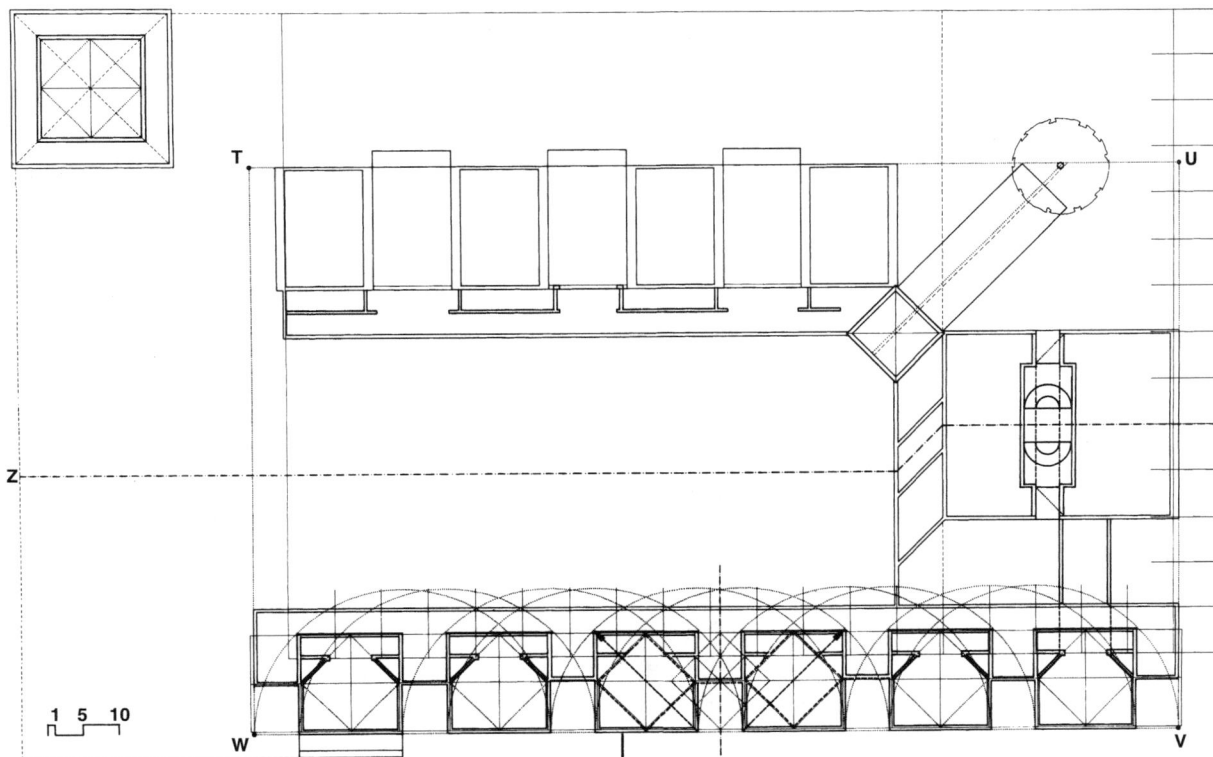

图 121
印 度 管 理
学 院 平 面
分析：教室
和水塔图形
的形成过程

1 5 10

153

现在可以把入口方形的轮廓线的尺寸用在水塔和它用作设备用房的宽阔的地下室中去了。它以19英寸厚的墙为界，作为最顶上的水箱间。

现在进行了一个最后的、非常微小的调整，把整个建筑群在基地上作了一个移动。它是具有象征意义的：先前位于入口方形和相邻的楼梯图形轴线中间的、现有的芒果树树干现在偏离了轴线。它和我们所说的轴线以及水塔下侧轮廓线的水平边线之间形成一种切线关系，它对上面办公楼的结束以及与主入口的楼梯相连的点产生了影响。[107]

这个处理体现了整个建筑"演变"过程的原则：建筑群的建设虽然稍有变化，但是并没有对起源造成任何的破坏。

餐厅与厨房

学校建筑综合体和它的3个主要的功能区：办公楼、教室和图书馆现在都已经确定了。现在，根据形成一个封闭的环的概念，增加了第4组建筑——餐厅和厨房。这组建筑的图形的轮廓线是康为这个项目所做的最后的版本，但是实际上并没有建成。虽然它不是实际建成的建筑的组成部分，但是这个图形对于设计最初的概念来说依然是非常重要的。康试图让庭院形成一个封闭的环，但是这个想法最后遭到了业主的拒绝。

见图122 在它外侧的线条上，对于教室图形的形成非常重要的入口方形，对这个将整个庭院中进行描述的图形的尺寸和格局也起到了决定性作用。它证实了在对建筑细分出来的部分的平面分析中，存在着一个等级序列的逻辑，这些部分在尺寸和几何关系上彼此依赖。两栋教室楼之间与远处的庭院相连的通道走廊把教室和办公楼结合在一起。走廊宽22英尺，包括1英尺2英寸的外墙。[108]这个尺寸与教室远处的庭院的网格尺寸相关，从而解释了这个相互依赖的图形序列。中间的走廊对餐厅的"联结"是非常重要的。它与办公楼的外侧边界相交的交点是与走廊相交的斜线的起点。以庭院的对称轴线Z为轴的一条水平线的镜像形成了"框架"，或者说围合餐厅和厨房区的墙体。这个从水塔外墙的内侧边线开始延伸的区域确定了厨房的后院的边

界。它界定了一个强调学校建筑综合体的长轴方向的区域，它像一个舌头一样从中间的庭院中伸出来，它是独立的——因此也是自主的。因此庭院的水平对称轴Z将继续决定布置在这个区域内的次图形。它们最初为了在两个斜向的方形之间布置一条垂直的对称轴，并且在入口庭院的方形与水平轴线Z相交而利用办公楼左侧的轮廓线在几何关系上进行确定。以Z为轴的镜像确定了实际上被用作餐厅的方形。这个轮廓线与由两个斜向的方形组成的$\sqrt{2}$图形放在一起，形成了一个位于左侧的大小为整个区域的¼的$\sqrt{2}$图形。它在Z轴上居中布置，因此它的上下边与"封闭的方形"的角部是一致的。在这里可以精确地描述出一个圆心在Z轴上的圆。这个圆包括厨房、紧邻的餐厅，并且它暗示着——一种特殊的形势和一种特殊的功能———个与它对面的图书馆在形式上和功能上都形成对比的东西。这个图书馆从强制性的轴线关系中偏移出来，它的重要性和厨房相比也是不可同日而语的。对面的场地中令人兴奋的布局是为了在办公楼和教室独立的"手臂"中追求精神上和身体上的双重满足而设计的。

封闭的外轮廓线和餐厅的内部边界之间的差异生成了一个与Z轴有关的距离，两个区域分别被划分出来6英寸，宽为10英尺。[109]它们取决于在这里没有表达出来的墙线。它们的尺寸包括一个最后放置在庭院内的图形，它在教室区的垂直对称轴上居中布置。这个图形后来变成了一个垂直运动的方形，在几何关系上紧密地与庭院和教室的轴线对称关系结合在一起。它的基本图形还可以被理解成4个插在里面的入口方形所组成的框架，它表现了一个有着当作座位的台阶和舞台的圆形剧场的

107 作者对与楼梯相关的树的位置和周围环境以及基地上的整个建筑群作了精确的测量。
108 精确的尺寸来自于康在费城的作品选（当时在极其恶劣的状况下），一张标号为KD4的示意图"厨房／餐厅"的复印件（照片版权归作者所有），日期为1971年8月；它们在9月8日到达康在费城的办公室，包括厨房和餐厅的剖面、透视和平面图，制图人的签名是M·S·萨特桑吉。
109 尺寸来自于KD4平面图。

图 122
印度管理
学院平面
分析：厨房
和餐厅图形
的形成过程
以及建立在
入口方形基
础上的圆形
剧场

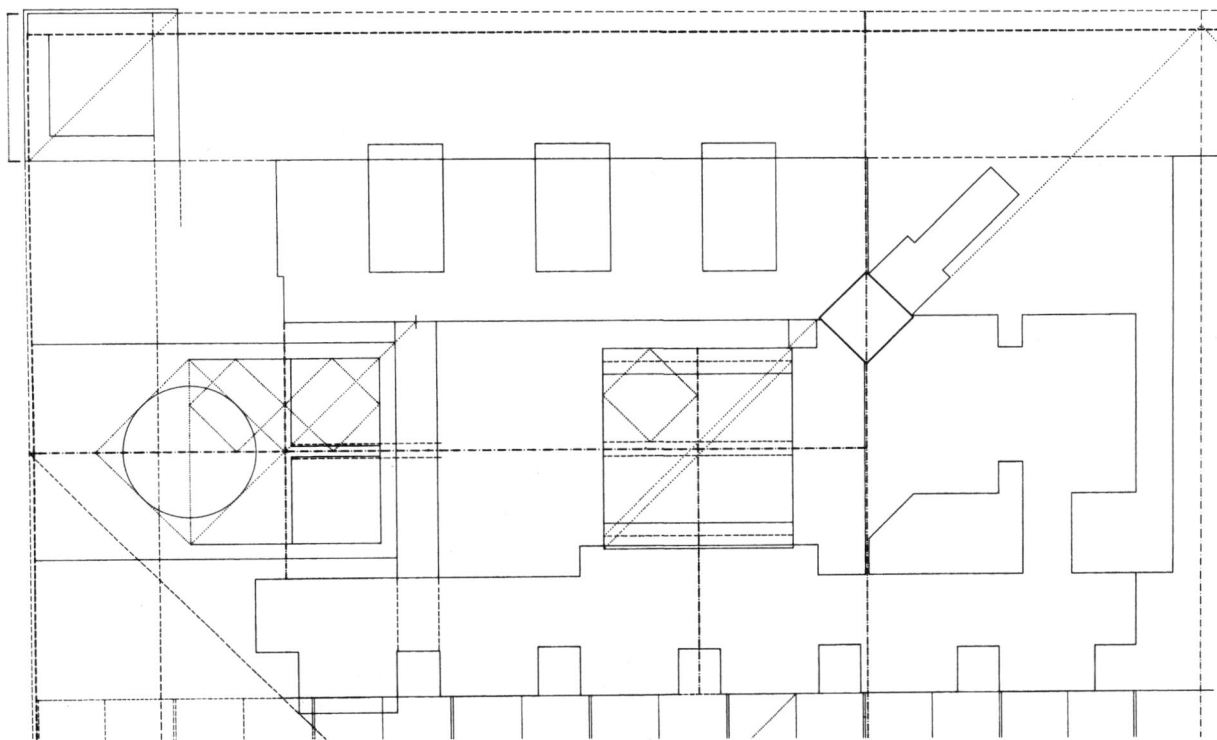

轮廓线。在这里形成的、移动的方形的周边区域通过对称的楼梯间和卫生间与教室结合在一起，它也是居中布置的并且与走廊融合在一起。在右上角的一个小小的附加的方形——回到了起点——形成了与入口方形的联系，通过楼梯可以到达庭院。

餐厅和厨房区是双向轴线对称的，它是一个自我联系的、封闭的和严格的图形，它和我们在这之前所看到的动态的运动过程形成了对比。它的作用是固定学校建筑综合体中各个移动的部分，它建立了向心力并且达成了平衡。它在这个位置上强有力的、自主的特征"诱惑"了设计委员会，在他们表达了他们对厨房的气味有可能造成的问题的担心之后，[110] 把餐厅移到了学校建筑综合体的外面。虽然康在最后也建议把圆形的厨房移到庭院的外面，但是大多数人并不赞成这个办法，尽管之前在不同的场合都曾提出过把厨房去掉，设计成一个更加独立和与周围建筑一样高的建筑的想法。[111] 这些想法所产生的结果的影响是非常大的：改变餐厅和厨房的位置意味着放弃对从一开始就因为集中而设计成在各个方向都封闭的圆形的逻辑的追求，在一侧的开口上产生了方向性。这导致了一种与"外面的"某个重要的东西发生联系的暗示，和一种不自然的轴线关系的逻辑。康一直到他去世的时候都在努力用不同的、坚持按照他把庭院封闭起来的想法去做的方案来反对这种趋势。[112] 最后他接受了委员会把餐厅移走的决定，在 1974 年 3 月 15 日和 16 日他最后一次去印度的时候表达了对把庭院变成有向外开敞的开口以及表现出的相关的立面感到非常满意。[113]

110 在 1990 年 2 月 9 日与拉吉的谈话中，他描述了委员会成员是怎样提出烹饪的气味问题的，他们认为在一定风向的影响下，它会干扰教学和其他的工作。
111 康为了避免烹饪时的味道，把厨房布置在了学校的周边。委员会一开始接受了这个建议，但是后来又拒绝了。关于这一点见康在 H. Klotz，约翰·W·库克的《Conversations with Architects》，Praeger 出版社，纽约，1973 年。
112 1974 年 3 月 15 日，在他去世前的两天，在最后作出了把厨房放在外面的决定之后，康画了一张把现在被改成一个封闭的剧院的圆形剧场——"表演艺术剧场"——取代厨房来封闭庭院的草图，这个圆形剧场被叫做"小提琴"；他为厨房确定了一个新的位置，和宿舍位于同一标高上。
113 在上面提到的谈话中，拉吉提到了在最后一次去现场的时候对接近完工的建筑作出了肯定的反应。

印度管理学院

学生宿舍

到目前为止，对平面的分析已经说明了整个学校建筑综合体包括一个由相互联系的、具有独立特征的单个图形所组成的、连贯的整体。这清楚地展示了不同立面上洞口的数量和尺寸。与之相对比，宿舍的建筑群是由处于同一"结构"中的、重复的单个图形所组成的，这些图形都是一个独立的实体。接下来我们将要分析它们与学校建筑综合体之间的联系和它的几何秩序的内在等级体系。

几乎相等的单个图形的聚集并不是从一开始就存在的想法。它是对过长的"手臂"打断以后形成的效果（见图87），它们很不稳定地在斜线方向连接起来，它们的轮廓线则是正交的。从它的功能区的布置以及楼梯和侧室之间明确的分隔中，我们可以预见到后来的宿舍的结构。这些手臂的分裂向人们暗示着斜向的特质。宿舍变成了一个容纳学生房间、相邻的被用作走廊的社交区、以及几乎已经脱离出去的、带有卫生设施的起居室的自立的单体建筑。学校建筑综合体和宿舍的几何结构开始变得一致，并且在整个结构中形成了"统一"，尽管它们的结构特征具有"双重性"。实验室的起源是建立在正交网格的叠加之上的。在不同的方案中它们的尺寸也不相同，并且产生了不同数量的宿舍楼：开始是 3 排共 18 个宿舍，之后根据一个更大一些的网格尺寸，变成了 4 排共 24 个宿舍。最后，在经过对这个没有详细讲解的布局的变化之后，康又回到了上面第一个有着不同距离的图形（见图89）。正如我们在这里所能看到的，宿舍的方案从设计最早的阶段开始就是非常清楚的来自于方形网格的叠加的，它被确定在基本上是"棋盘型"的结构中，独立于跟它差别很大的学校建筑综合体之外，当然这与它最后采用的形式还相去甚远。在任何一个给定的宿舍中都有着确定的功能分区：建筑的西南侧是学生们的房间，每层 2×5 间；中间是起居室和交流的空间；还有简洁的划分成方形的、几乎脱离出去的卫生间。这些图形的轮廓线严格地控制在方形的里面。这些分区的布局看上去是出于对气候条件的考虑，尽管它的图形的产生过程依然是从"形式上"入手的：来自于网格的方形是起决定作用的图形，尽管后来对它进行了扭曲和"变形"。过程本身——演变——一直保留着最初的想法。

在设计的这个阶段，学校综合体的入口方形并不存在，但是它对实际建成的宿舍的几何形式的生长分析来说是非常重要的。在结构确定下来，并且对学校建筑综合体的不同部分和它的周边环境作出呼应之后，它以一种在尺寸上相关的形式出现了，当时宿舍的建设工作已经开始了（见图93）。[114] 我们可以猜测到，对后来整个综合体中所有的次图形的独立演变过程来说最重要的尺寸就存在于宿舍和它的累加结构之中。宿舍和学校建筑综合体之间在尺寸上和几何上的联系，通过入口方形的"发明"把所有的图形组合成一个连续的整体。但是，宿舍所处的位置和它们在这一点上的结构应该被看作是正确的，因为所有次图形的等级——在这里指宿舍前面的学校——在对内部几

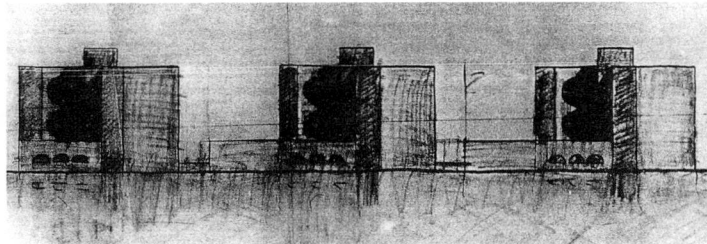

康早期关于宿舍的一张草图

何秩序体系进行分析或者"解读"的时候都必须加以考虑。因此它们不是按照实际的时间顺序排列的，但是最后的几乎已经建成的设计发生了变化，各个部分依然很重要的独立性变得模糊了。

114 可以断定宿舍的建设工作开始于 1966 年春天：康选集，Box 113，《Correspondence》，多什写给康的文章。学校建筑综合体和入口大厅的建设工作直到 1969 年才开始。

见图 123整个宿舍建筑群是通过一个新的框架图形联系在一起的。把从水塔左侧墙体到入口方形的垂直轴线之间已经确定的距离加倍，形成了长度 1—2。它的右侧边线确定了宿舍结构区的边界。入口方形特殊的斜向的位置强调了垂直对称轴和它的上下两〝端〞，现在这个方形被合法化了，成为了整个结构的中心。长度 1—2 形成了一个 √2 比例的矩形框架 1—2—3—4，它的位置是通过〝依靠〞作为连线的水塔上面的内部轮廓线而确定的。在几何结构中，√2 矩形 1—2—3—4 的方形确定了之前只在它的左侧有所暗示的坡道的轴线；它的整体宽度是通过把这半个长度加倍之后得到的。坡道、入口方形和附加的楼梯几何上彼此连接在一起，各个部分之间的这种〝交流〞一直延续到水塔。现在，水塔抛弃了它遗世独立的姿态，变成了一个从外部对整个图形的理性关系体系进行调解的元素。根据下侧的 3—4 边界线而确定的尺度给了它精确的方形尺寸，它在水平方向上的延长线穿过了整个宽度，确定了一个与框架的其他部分相脱离的区域。

现在，宿舍的网格结构中以入口方形为模数尺寸，在下侧的教室图形的轮廓线和这条线的水平线之间产生了，它的距离为 5 个方形。以 4 个为一组把它们连接起来就形成了一个宿舍的轮廓线。把它直接与顶部和底部相接之后形成了两个组之间的一个距离，这体现了〝撕开〞的运动过程。

见图 124这个作为〝联结点〞的距离脱离在外面，从而确定了两个方形网格之内的宿舍图形里面每一个以 4 个方格为一组的图形之间通常的缝隙。这个网格一开始由 3 排 4 个为一组的宿舍和一个把它们从教室中分离出来的方形所组成，后来还把联结点包括在内。它的位置是由坡道的对称轴线和框架左侧 4—1 的连线所确定的。网格在框架 1—2—3—4 的边界内沿着学校建筑综合体延伸，到目前为止，只和教室图形的边界和左侧 4—1 的框架边线相联系。这样产生了一个网格机构近乎随意的布置和框架的 2—3 和 3—4 边，它们彼此很难协调。建筑的体量被确定为在棋盘似的网格内 4 个入口方形模数大小的样子。这种处理手法在同一个范围内形成了〝积极的〞和〝消极的〞区域，它们在功能上把有着足够远的距离的庭院和建筑的各个面结合起来。一条划分网格并且和庭院的水平对称轴 Z 相交于水塔延长线上的点的斜线，与教室下面最左侧的楼梯间的边相切。当它延伸到框架的底边时，宿舍结构的端点就确定下来了。它也体现了一个简洁的、与严格的正交形式相抵触的斜线结构，它到目前为止只在入口方形中出现过。

水塔的整个宽度表现了它在下面的边上也有同样的价值，它与已经确定的水平线下方之间的距离与边 4—3 相关（见图123）。它的边把最外面的一排宿舍从其他建筑中分隔出去，形成了框架 1—2—3—4 周边上下两侧宽度一样的宽度相等的条状区域。次图形之间的关系体系变得清楚起来。平面中象征性的、经过简化的水塔的几何图形看上去像一个〝密码〞一样〝调节〞着水平方向和垂直方向上的周边区域，并且以一种特殊的方式把框架上部和下部的 1—2 边和 3—4 边连接起来。网格之间的联结点的尺寸变成了宿舍的内部结构：在 4 个一组的图形的右上角插入斜向的方形，在垂直方向和水平方向上增加联结点的宽度，这样就产生了平面结构内的划分和图形的基本布局方式。

现在我们要研究单个学生宿舍的结构，而忽略它们是如何与结构联系在一起的，以及它与整个综合体在尺寸上的几何关系。作为一个独立的形式，宿舍展现了它内部结构的等级是建立在入口方形的外侧轮廓线上的。因此，我们已经说明过的（见图124）这个演变过程的起源将进行扼要的重述。[115]

115 宿舍的研究是在 1990—1991 年不仑瑞克理工大学讲座期间，由埃尔克·贝卡德（Elke Beccard）和乌尔里希·戈兰梅尔斯帕克（Ulrich Gremmelspacher）进行的，他们当时是学生，他们的成果构成了进一步研究的基础。

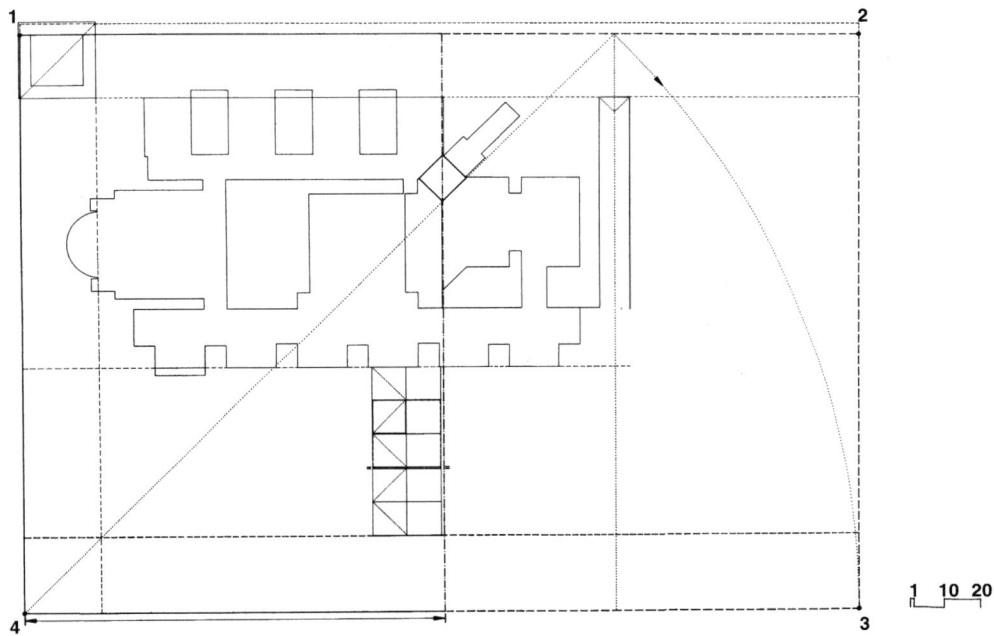

图 123

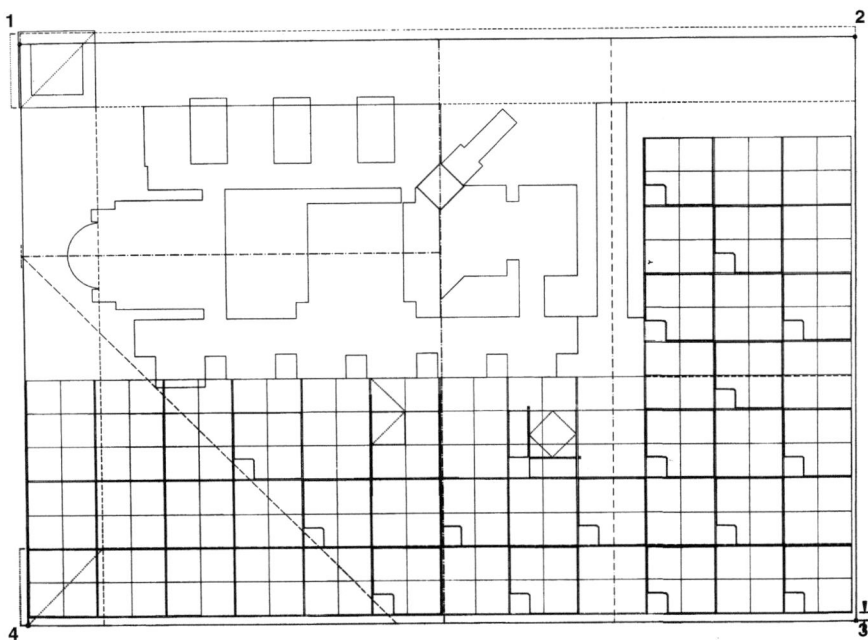

图 124

图 123、124
印度管理学院平
面分析：宿舍模
式的形成过程

159

见图 125　　入口方形的轮廓线的尺寸形成了模数尺寸。把它一分为四之后就产生了作为宿舍结构元素的一个生长方形最初的轮廓线。通过似乎完全一致的方形的边长之间的精确的比较，我们发现它们在尺寸上有微小的差别，宿舍的¼的模数方形选择的是稍大一些的形式。这里显示出与办公楼和教室的图形的起源之间的平行关系；它与入口方形之间的几何关系是绝对的，但是尺寸上的差异却并不完全一致。入口方形的边长为 32 英尺 8⅓英寸（9.96m），而模数方形的边长为 32 英尺 11 英寸（10.3m），它们的尺寸上可以被看作是正确的。[116] 因此，两个长度之间相差了 2⅖英寸（约等于 7cm），这说明两个值都接近于想像中的 10m 的值。就像在学校建筑综合体的图形中一样，这里也可以看到以入口方形的最初模型在整个学校建筑综合的图形创作一个新的图形的原则。为进一步适合于这个方形，作为高一级的框架的图形与整体之间的几何关系以及作为补充的实际建成的建筑中的秩序设计仍然产生了尺寸的变化，看来，这种在重复的主题中发生的变化是很受欢迎的——没有一个图形是完全和别人一样的。

见图 126　　宿舍的轮廓线在各条边上都是由分开的联接点来确定的。它们的网络线产生了两个网格，这样相邻的区域不会互相碰撞。每个第二个格形成一个建筑的形状，这样在各个部分之间形成了棋盘似的对话关系。在一个网格的格子内，一个斜向布置的入口方形被放在这个格子的斜向轴线上，它的上方和右侧与格子的边相交。这样形成的√2方形确定了这个格子内的一个新的区域的边界线。"相关的"入口方形也在宿舍平面的图形中决定了几何比例。所形成的区域被加入到等级化的功能空间中，建立了一个包括相邻区域在内的斜向的对称关系。这里也有一个在斜向的和正交的特质之间含糊的摇摆的图形，产生了一幅令人疑惑的画面。

　　把宿舍的方形和网格结合起来并且通过双线把网格确定下来（见图 124）的做法强调了正交的特性。与之相反，在远处的庭院中，实体和"空的空间"的交替布置以及对角对称的功能区的布置暗示着一种强烈的斜线关系。

　　周边的区域现在构成了一个矩形。但是它们最终的形状 见图 127 直到把结合点转变到里面刚刚确定的变线上之后才出现。这样斜向对称布置的矩形把它们自己从实际上学生们的起居室和卧室中分隔出来。这些区域的确定导致了宿舍轮廓线的改变：短边的卧室——在对角线方向正对着隔壁的宿舍——形成了新的外墙。它与相邻部分之间的距离通过作为室外一部分的方形的角部空间而被扩大了，这样沿着卧室长边方向布置的庭院相互渗透在一起。联结点和既属于室外又属于室内网格的布置打破了——或者说消融了——这些开始的时候非常强烈的划分——网格被扭曲了。对明确的外型的认知渐渐变得模糊了，因此我们说"次要的网格"，它在几何上和比例上的依赖关系背叛了图形内在的组合目的。

　　接下来，方形继续被更加无情地划分和"切割"所破坏。见图 128 从学生们的卧室处斜向地把方形切掉一半以后留下的部分说明了整个图形是如何被分解成各个独立的部分的。但是从原始的方形的外轮廓看，1 个三角形和 2 个附加的矩形依然留在它们的位置上，它们有间隔的联结让我们可以看到分解的过程并且形成了穿过其中的区域。

---

116 入口方形的尺寸来自于下列确定的施工图："A1-2，办公楼，1970 年 2 月 3 日"和"A1-2，图书馆，1969 年 6 月"；宿舍的尺寸来自下列平面图："DA 48，1965 年 2 月，一层夹层"，修改于 1965 年 3 月 29 日，1965 年 7 月 10 日，1966 年 7 月 22 日和 1967 年 6 月 17 日，"DA 49，1965 年 2 月，二层夹层"（具体的日期没有注明）；"DA 62，DA74，1965 年 2 月 19 日，详图"，"DA 99，1966 年 5 月 19 日，详图"以及"DA 204，1966 年 2 月，剖面"，绘制于国家设计学院，NID，艾哈迈达巴德；这些平面图来自于拉吉的办公室，复印版权归作者所有，与实际建成的尺寸之间的比较是根据作者 1990 年 2/3 月和 1991 年 2 月的实地测量而进行的。

图 125

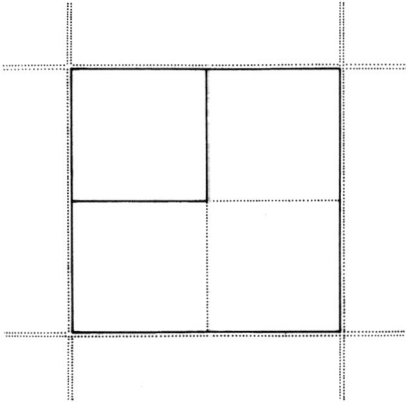

图 126

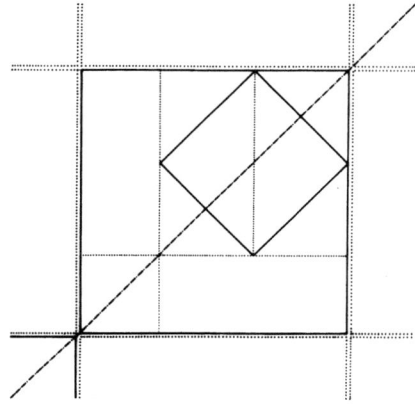

图 127

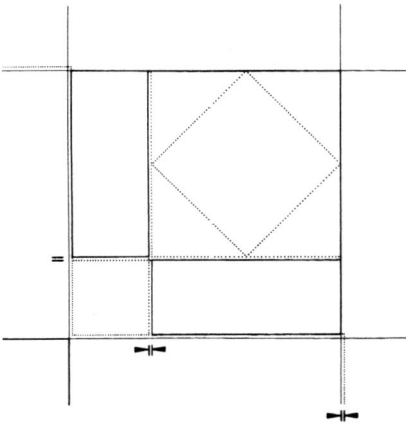

图 128

GS

GS

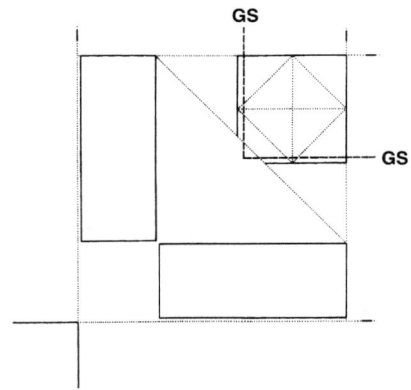

GS

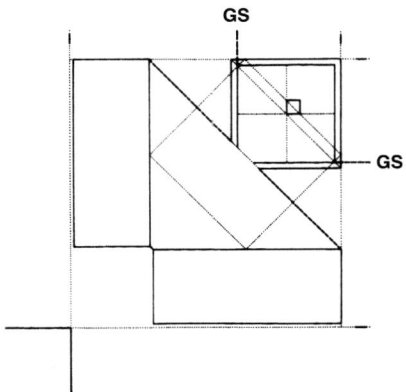

GS

图 129

图 130

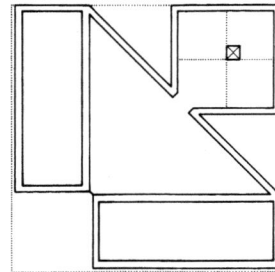

图 125—130
印 度 管 理
学 院 平 面
分析：以入
口 方 形 为 基
础 的 宿 舍
图 形 的 形
成过程

161

在它们的结构中交织在一起的宿舍图形之间联接的重要性是通过一条边上的分割比例展现出来的。外侧的连线没有占据它自己的边线，而是位于相邻图形的角部位置上，这是脱开的联接点的宽度。这表明了被分解的图形是如何与几何秩序的设计结合在一起的；不能被直接认知的单个体量之间的潜在关系在自我隔离后重新被建立起来。这是由于宿舍图形的两条边上所采用的黄金分割比而产生的。在每条边的分割点上增加的与之成直角的垂直线条形成了墙线。它们在三角形内相交，形成了以右侧黄金分割的较小部分为边长的方形边界线。

现在这两个矩形和刚刚形成的角部的方形在宿舍图形演变过程的这个阶段形成了非常精确的面对面的关系。这两个次图形都沿着方形框架的外边线布置，它们的斜向对称形成了一种类似于*磁场*的平衡。它们看上去就像在原始的方形已经被打破的框架中独舞，通过与矩形的角部相连的斜线而连接在一起。它在两侧与黄金分割的划分线的交点决定了角部的方形的最终的尺寸。在它们的外围增加了 19 英寸（0.48m）的标准尺寸的墙体。一个嵌在里面并且与新的轮廓线相关的以√2比例的较小部分为边长的斜向方形显示出以它轴线为准的简单的四分法，这种空间划分的结果形成了几乎独立的体量。

见图 129
这个被隔离出来的卫生间通过采用作为方形网格的轮廓框架的外侧边线而被绑定在里面。它与斜向的轮廓线和直角关系的斜向对称刻意的融合在一起，抵制了这个图形的分裂的趋势，又把各个部分联系在了一起。插入到三角形中心的卫生间墙体曾经被添加到黄金分割线的外侧，然后又被沿着框架轮廓线增加到它的内侧。在这里，它们 19 英寸的尺寸变成了黄金分线和嵌在里面的以√2的较小部分为边长的斜向方形的交点。它也成为了黄金分割和√2比例之间在几何上相互作用的一个间接结

果，并且为设备管道（"输送管道"）确定了一个专门为它们设置的空间。因此以√2比例的较小部分为边长的斜向方形轮廓线和斜向卫生间的转移体现了这个小方形的边长。几何图形的演变过程与在这里起到一个微生物细胞的作用的象征图形有关，它的位置像一个光彩夺目的元素一样在正交的结构中强调了斜向的对称。

见图 130
现在可以增加地面层、周边的宿舍的一层夹层、以及宿舍中间的一层夹层的内墙。卫生间的墙厚为 19 英寸（0.48m），斜线和被用作社交功能的矩形的短边，以及长边的墙厚为23½寸（0.60m）。这些尺寸与一层夹层相一致，就像对学校建筑综合体办公楼的主要通道层的描述一样，它的楼板标高在 14 英尺 10 英寸（4.52m）。

见图 131
斜线在宿舍图形演变过程中的重要性将会在接下来的图形中体现出来。在斜线最终的轮廓线被确定下来之后，斜向的特质在它内部的功能元素的结构中体现了出来，这些功能元素的几何结构是由一个圆确定的，与先前的说明形成了对比。这里，从右上角到左下角形成了用来统一这些圆形的几何图形的发展过程的对称轴线。

接下来的对这个再一次把外侧联结点包括在内的封闭方形的分析对于这个设计来说是至关重要的。这可以以学生起居单元的 3 层夹层的平面为例加以证明。它的轮廓线现在根据斜向的轴线旋转了 45°，并且与卫生间的右上角相交。这个"倾斜的过程"形成了一条新的和它成直角的黄金分割线。以卫生间的外侧边长为半径的两个圆的圆心就位于这条轴线（GS）上。它们的轮廓线与封闭的方形相交，并且对三角形斜边的中间区

域根据在几何上明确定义的比例进行划分。这样形成的圆形的片断表现了与三角形的、没有窗户的，但是在斜向外墙上有着巨大的圆形洞口的走廊区域相邻的边界上的室内栏杆。这种视觉和听觉上的联系促进了楼层之间垂直交流的可能性，并且通过直线和曲线之间的对比使几何图形的线型特征变得柔和。另一个放置在中间的圆形元素打破了严格的直线关系，并且加强了方形和圆形这两个对比图形之间的联系。它的几何结构同样也是从来于卫生间尺寸的半径开始的。这个圆形的圆心位于斜向的对称轴上，与和它成直角的黄金分割线相切。和半径一致的圆形一样，最后命名的圆形的圆心——被它的来自于黄金分割轴线的半径所转移——也会被看作是将两个圆形的片断与斜向的轴线结合起来的交点。它表现了半径较小的圆的圆心，这个圆形的尺寸是由轴线与卫生间的交点所决定的。

最后形成的结果是作为垂直通道的半圆形的楼梯间。它向卫生间开敞，看上去像是被锚固在建筑的主要部分上，这是它深深地插入到三角形的卫生空间的结果。想像中的圆形构成之间的相互作用体现了作为图形关系的调节线可以重构的轴线的重要性。它使得它们可以持续地保持彼此间的关系，并且以宿舍轮廓线的正交模式中的一个独立的"陪衬"或者对它的叠加的姿态出现在旋转的框架方形中。

平面分析使得我们有可能在它的从最高级的结构一直到末梢的细节的、独立的等级体系中完全地"揭示"几何图形体系的结构。它再一次证明了在设计的一开始就根据比例划分确定一个框架图形，然后用圆形和方形来确定秩序结构的形式，因此可以称之为"主要的"或者"次要的"秩序设计原则。

见图 132 在学生宿舍楼的设计阶段，包括了学生们方形的卧室的2层夹层和3层夹层的平面轮廓线已经形成了。在这里它们的整

个墙体的厚度减小为 14 英寸 (0.36m)。已经确定的三角形的走廊和起居室的斜向的轮廓线上加上了墙体，在不能从几何上确定边线的卫生间和作为居住空间的 2 个矩形图形上也增加了墙体。这样每一个图形的轮廓线对于几何秩序体系来说都是正确的。在楼梯井中的内侧梯段上和栏杆线的外部空间中也增加了一道同样尺寸的墙体。虽然在划分明确的睡眠空间、社交空间和侧室中，斜向的对称关系占据了统治地位，但是作为起始图形的封闭的方形已经由于各个部分越来越强烈的独立感而变得很模糊了。

斜线两侧的各个部分暗示反作用力之间的相互作用：卫生间被扭曲的方形插入到中心区域中。它因此而产生了对楼梯的反作用力，它巨大的、没有窗户的体量调动起了向心力，似乎要把宿舍的两个部分扯开。与之形成对比的是，两个卧室通过楼板的轮廓线连接在一起，它在立面上以一种狭窄的轮廓而显得格外突出，它中间的窗洞必须吸收束缚在建筑中的力量。

在接下来的步骤中，睡眠区和起居空间将在单个的房间中发生变化。没有明确说明的矩形被分成了 5 个部分形成了每层的 10 个房间。狭窄的阳台的位置和尺寸取决于与分隔墙的轴线和外墙的内边相关的黄金分割比，单独的起居室也形成了。一个单元的整体空间接近于两个方形，这为在前面形成因为功能和气候原因而需要的单独的阴影区提供可能性。这个区域外侧的分隔墙像表皮一样的木质推拉门所组成，它可以被完全打开，这样就可以从整体上感受到这个空间。见图 133

在为周围的梯段形成一个连续半圆形的透空空间的楼梯井的分割中可以看到另一个黄金分割比。它的尺寸是 5 英尺 6 英寸 ×3 英尺 5 英寸，约等于 1.68m×1.04m，巩固了内在几何关系。

见图 134　　　　卫生间的内部结构也是建立在黄金分割比基础上的。它的参考边是外墙的边线和它自己一分为四的分割线，在它上面增加了两道 14 英寸厚的墙体。从这些基准边开始进行进一步的划分，在右侧形成了厕所的单元，顶部形成了淋浴间，然后形成了通向茶室和厨房的通道。方形右上角的部分没有动；它不是室内的一部分，它把楼板引向露天采光井的最低点；它包括新鲜的空气、阻挡人们视线的墙体和设备管道。

　　　　地面层和一层夹层 19 英寸厚的墙体的内侧边线变成了从几何上确定跨越斜向轴线的镜像图形角部位置的另一个重要参考边。它的"倾斜"阐明了外墙方形角部位置的斜线，打破了墙体的巨大体量，通过斜线对称确定了处于特殊位置上的卫生间的方向。

见图 135　　　　在绝对的方形框架内的功能区通过两翼在斜线方向是对称的而在正交方向上是不对称的这种方法连接在一起。与之相反，半圆形的楼梯间"插入"到中心区域，卫生间外墙的划分给人造成了一种*被吹散*的印象。力往外冲，但是又被封闭的方形轮廓线阻止。在这里采光缝上网格元素的框架承担了把位于消解的角部的两个部分联系到一起的责任。

　　　　可以从它的墙线中看出来，学生房间的几何图形是通过10 英寸（0.25m）的分隔墙的确定而显示出来的，这些分隔墙把最外侧的、稍大一些的空间划分成了接近于 2 个方形的房间。在内侧的房间中 2 个方形是通过占据阳台上的排水沟的内边而形成的。

见图 136　　　　宿舍的平面图现在已经完全成形了，它以 3 层夹层为例，阐明了在实际建成的建筑中补充的所有的次图形和它们的尺寸。它确定了斜向对称并且向彼此移动的门洞的位置和尺寸，并且表现了在一个经过变异的半圆形中的通道的方向以及每个单元中的 10 个学生所需要的所有卫生设施之间的空间联系。阳台外墙的栏杆的高度和学生房间中墙到墙的顶光体现了一种透明的感觉，这一点在走廊9½英寸厚的内墙和它们经过粉刷的表面中也有所表现。我们可以清楚地看到单元之间在两个方向上的封闭联系，表皮似的分隔墙在室内外都造成了壁柱的感觉，

宿舍背面和
单独的厕所
设施

并且以之作为更厚的墙体的纪念物。因此，变薄、分裂和拉伸的打破过程在很大程度上改变了次图形，这种带有攻击性的、想要在巨大的体量中形成透明感的原则并不仅仅运用在平面结构中。它还包括通过楼板上半圆形的空洞所形成的垂直交流空间，这是一种更加紧密地和印度的生活方式结合在一起的处理手法。这也解释了同一排学生房间的宽度不同的原因，这是通过用外墙的内边线而不是它的轴线来划分矩形而产生的（见图133–135）；斜向的壁柱在室内和室外都可以看到，它们是被布置在最下面的地面层中的。在宿舍的周边区域，采用拱形的结构吸收来自外部的力，跨越了 2 层的空间。它们在轴线上与中间的分隔墙相关，但是在短边与外墙平齐。这导致了前面提到的轴线的移动，并且在立面上产生了非常微妙的变化，通过周边巨大的洞口把一系列同构的元素连贯起来。

图 131

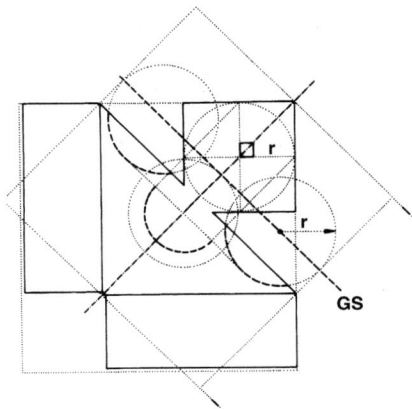

图 132

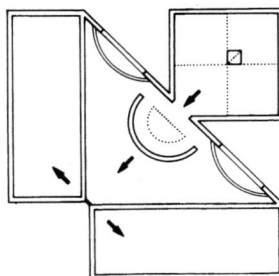

图 133

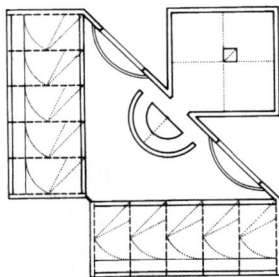

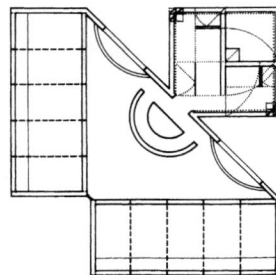

图 134

图 135

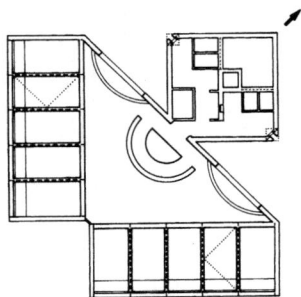

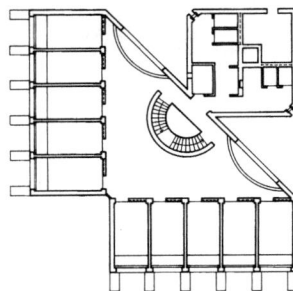

图 136

1　　5　　10

图 131-136
印 度 管 理
学 院 平 面
分析：宿舍
最 终 平 面
图 形 的 形
成过程

首层平面中
2 层高的起
居室和楼上
的卧室

南侧周边的
宿舍

学生宿舍：
阳台和外立
面上的壁柱

外面一排宿舍

宿舍之间的
庭院

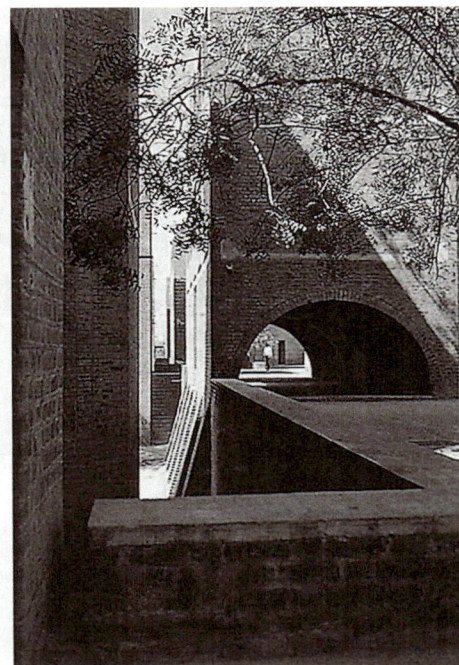

因为基地高度
不同的"缺陷"
而形成的内侧
的宿舍与外侧
的宿舍之间的
高差和通道上
的台阶

一层夹层宿
舍通道门厅

见图 137单个的宿舍图形的演变导致了它和整个结构模式的联系。它决定了几何秩序的框架是很容易掌握的比例图形。因此结合的过程，也就是说把宿舍图形与框架边线 2-3 和 3-4 相结合的过程（见图 124）得以延续。到这儿为止，外侧的，也就是最下面的一排宿舍，确定了总数为 18 的数量，现在它从网格的限制中"脱离"出来，并且和它的壁柱的外边线一起旋转了 45°直到边 2-3 和 3-4。在它的上方，面对着相邻的建筑的地方，它被转移到壁柱的尺寸上，去掉了已经出现的联结点。它上方的线标示出了由于周边的地面层和其他宿舍的一层夹层之间的

外侧的宿舍
上的壁柱

高差所造成的缺陷。在那里需要用台阶来解决这种高差的变化，这些台阶被布置在刚刚确定的沿着卫生间的位移距离之内。现在，我们可以清楚地看到地面层和一层夹层之间的高差是通过与水塔在几何关系上的联系而确定尺寸的，它们使得壁柱和位移互相依赖。它也把壁柱和边上的建筑的各个部分结合在一起，并且和上面的高地融合在一起。这就是根据壁柱的长度在它的外线中"生长"出来的周边区域的新的宿舍类型是如何产生的（见图 136）。

在矩形 1-2-3-4 的上边和下边有一个明确的、与它的尺寸相一致的带状空间的平行关系，它的长度来自于现有建筑的尺寸。它为各条边形成了一种形式上的联系，并且建立起一

个摇摆的矩形。这种摇摆或者振动，是由于高差和框架的下侧轮廓线之间的距离，或者是从办公楼的外侧边线到它内侧边线之间的距离上垂直产生的。它与最初的 2 个庭院方形的摇摆非常相似。宿舍结构中暗示的斜向的特征被进一步加强了：在水塔的右侧的轮廓线与庭院水平的对称轴相交的边线，之后沿着 45° 行进，形成了结构的边界线。它的边线切断了左侧的宿舍网格，并且在地面层与宿舍壁柱的轮廓线相切。

整个学校建筑综合体中单个图形的布置，伴随着一个试图克服内在的严格的运动过程，保持着对在系统内部建立起来的边界线的依赖。这种处理手法在一个*动态暂停*的承受张力的区域中摇摆。在垂直方向的运动可以看作是一个想像的框架矩形，它的运动也是水平的：1-2-3-4 的 $\sqrt{2}$ 轮廓线在密码似的平面图形中"摇摆"。它确定了从外侧的左边到内部的右侧水塔轮廓线的矩形 1′-2′-3′-4′ 的移动。右侧的轮廓线形成了 3 个宿舍楼的最外侧的右墙。水塔的平面和它简单正交的、双向轴线对称的严格性看上去像这运动的一个*冻结的废墟*，它们看上去是动态的。它的脱离在外的位置，没有直接的跟着何别的建筑联系，暗示着它在几何秩序结构中的特殊功能。

为了确定最后的一组宿舍，把右上角隔离出来并且打破 $\sqrt{2}$ 的轮廓线，我们必须考虑周边区域中根据壁柱的长度*生长*和延伸的方形。它的轮廓线 a-b-c-d 被以 $\sqrt{2}$ 比例中较大的部分为边长的斜向的方形 e-f-g-h 所包围，通过这种方法，形成了一个作为*理性的有机体*原则的产物的、有新尺寸的图形。方形 e-f-g-h 在这些"特殊的宿舍"的演变过程中起到了一个协调的作用，这个过程不再遵循最初的网格结构，而是形成了一个独立的组群。它们与结束于综合体的东北角与西南侧的宿舍边界平行的坡道的对称轴线上的 45° 斜线相关。3 个 e-f-g-h 方形沿着这条线布置，这样它们的斜向对称轴线与参考边是一致的。为了确定它们的位置，中间的方形旋转了 45°，并且被移到了穿过角点 g 的切线一侧。通过这个方法，其他的 2 个方形"挤进"了它们之间的方形，它们的角点分别为 f 和 h。这种相切的几何关系意味着在斜线方向把 3 个图形结合在一个方形框架内的做法看上去可以随意地进行改变。然而，它这样布置之后就形成了右侧外边的 2′-3′ 线等于延伸后的办公楼上方的线。方

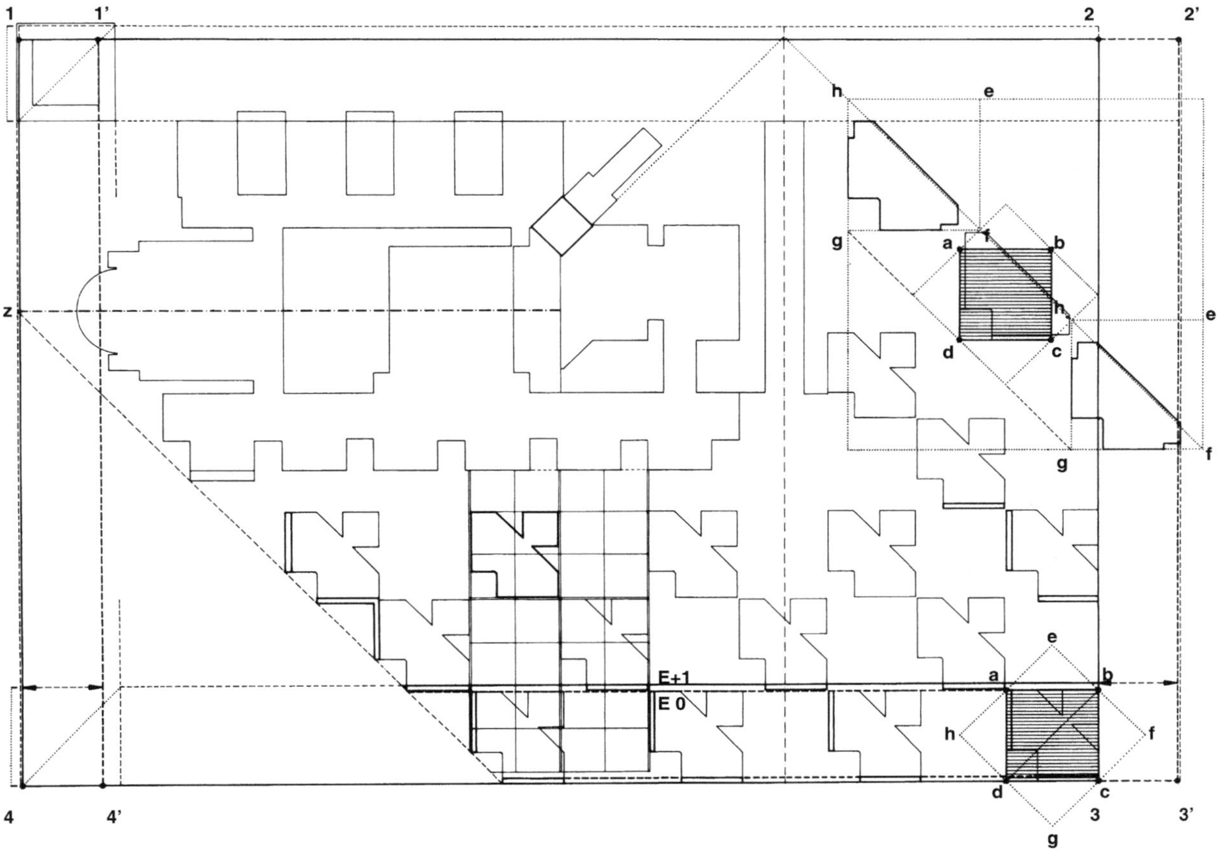

图 137
印度管理
学院平面
分析：彼此
依赖的 3 个
特殊的宿舍
和整个综合
体的几何框
架的确定

左侧的＂原
始＂宿舍和
右侧延伸后
的宿舍

整个综合体
东侧的特殊
宿舍建筑群

形 e—f—g—h 被这个〝悬垂〞的区域切开，并且与已经命名的轮廓线相适应。同样的，斜向图形的主要线条也起到了实际体量的边界的作用，并且形成了建筑中的三角形。把方形切开的过程在每一个方形的两侧都得到了延续。这样就重新建立了对称关系和单个图形的斜向朝向，并且可以被看作是在整个〝变形〞的过程中一个可以直接感受到的塑造过程。这个过程阐明了设计过程中一个近乎手工调整的思考方法，以及对基本的物质结构的处理。

在两个图形中，我们可以看到内接的以√2比例的较小部分为边长的方形 a—b—c—d 通过把它们自己脱离出来而标示出学生宿舍的形状，这样它前面的景象——也就是说西南立面——和周边的宿舍是一致的。尽管它们的位置独立于宿舍结构之外，但是特殊的宿舍体系通过这种立面的演变成功地和它结合在一起。它们的斜墙再一次把建筑的 3 个部分联系在一起，它可以被看作是一道防御型的墙体以及室外空间的明确的边界。

这些特殊的宿舍的斜墙发生了很清楚的〝变形〞。它没有沿着斜向的元素延伸到室外空间，而是往内弯曲。与整个综合体中的所有其他的次图形相反——除了庭院中没有建成的厨房之外——在立面上第一次出现了圆形。之所以给这些建筑一个特殊的形式是因为一开始它们有着不同的功能，是为已婚的和福特基金会的学生提供住宿的，但是后来决定不把它们与其他的宿舍楼分开了。

在通过〝塑造变形〞把这个部分结合到封闭的方形里面之后，以凸起和凹陷为标志的斜向元素的演变过程是建立在〝中间的〞建筑的例子上的。出发点仍然保持着与所有其他的宿舍一样的方向，两排〝带状〞的宿舍朝向西南，根据从左下角一直到右上角对称轴形成对称关系。单个建筑的基本结构图形与〝普通的〞宿舍各个部分的布置相一致（见图 127）。在这里，入口方形被嵌入到方形 a—b—c—d 的右上角。这导致了——和以前一样——睡眠区的一分为二和与单独的联结点在一起的走廊。这是通过以√2比例的较小部分为边长的框架方形 a—b—c—d 和它外侧的壁柱来确定位置的。由已经通过对斜边端点的〝覆盖〞而连接起来的方形 a—b—c—d 外侧壁柱的宽度确定的图形形成卫生间两侧的周边区域。它们内接于一个新的想像中的方形，并且通过四分法把自己的中心确定下来。位于这个方形中间的一个圆形以在斜线方向把所有的宿舍统一起来的尺寸与外墙的外侧边线相切（见图 129—131）。[117]外墙尺寸的斜线的重合可以被看作是在有秩序的结构中一个有意识的转变，从而形成了楼梯间的圆形的半径。与圆形的两个交点是通过与斜向的外墙平行的线把这个圆形一分为二之后形成的，与斜向的外墙线的两个交点是由 a—b 和 b—c 这两条线形成的。中间与这些点成直角关系的垂直线追随着它们之间作为中心点的轴线的直线。最后，与圆弧相切的楼梯和楼梯井的宽度决定了相关圆弧的半径。现在两个往里凹的圆形深深地插入到中间的起居室中，试图想

117 这 3 个特殊宿舍的尺寸来自于施工图〝AD2，1970 年 8 月，一层平面图〞，来自于拉吉的办公室，复印件版权归作者所有。实际建成的尺寸是建立在作者 1990 年 2/3 月和 1991 年 2 月的实地勘测之上的。

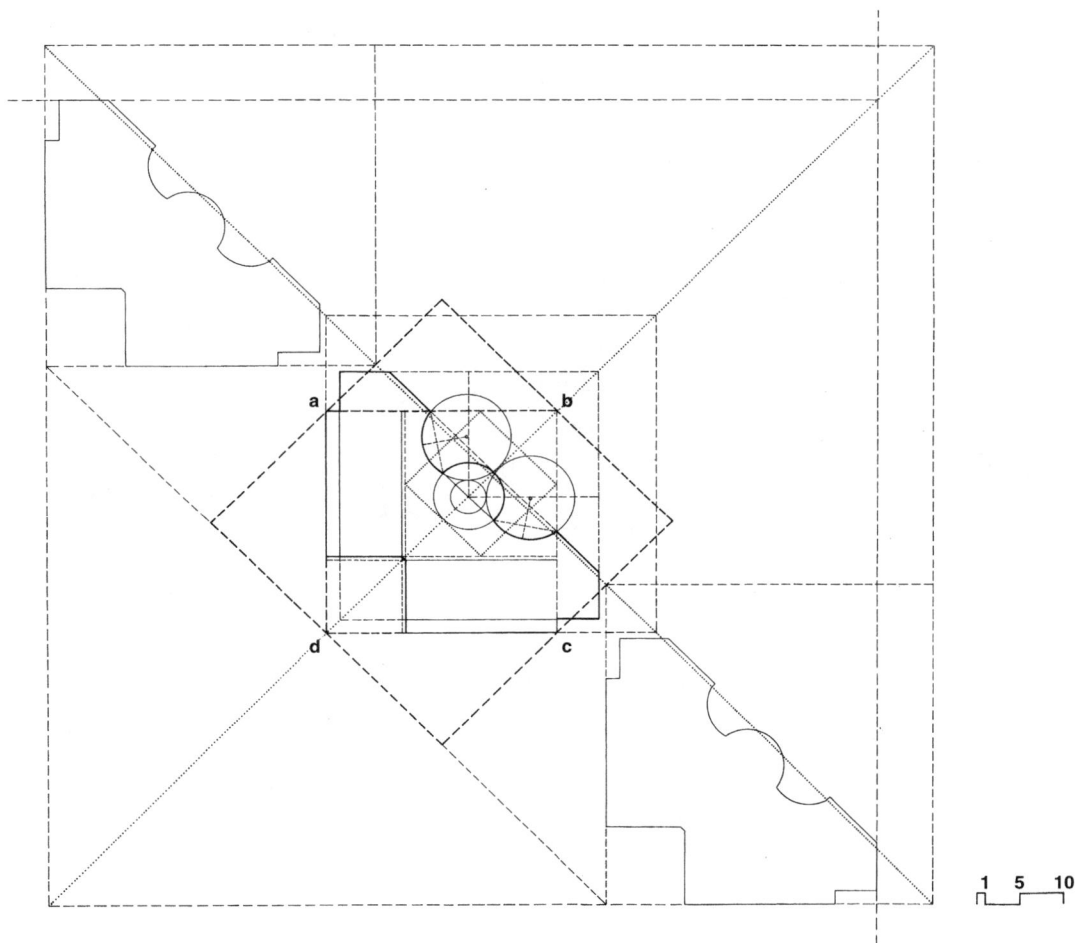

图 138
印度管理
学院平面
分析：3 个
特殊的宿舍
图形的演变
过程

1 5 10

特殊宿舍带
有阳台的睡
眠区

有着圆形楼梯间的特殊宿舍的通道一侧

把室外空间结合到建筑中来，并且打破斜线防御性的、封闭的线性关系。它们的轮廓线再一次在阁楼层把所有的部分结合在一起，与斜线上往外凸楼梯的圆形相平衡。这里再一次形成了一种让我们回想起最初的位置和一开始是线性的轮廓线的可能性，它在后来变成了曲线，它在寻找形式的设计过程中把这个元素保留了下来。

　　大量的圆柱形的楼梯间在由完全是斜向的交叉墙体形成的体量中体现了一种戏剧化的穿透效果，通过非常复杂的圆形几何图形产生了一种张力，这样形成了一种往后退让的效果。它们看上去就像城墙一样，好像正在移开，在这里和学生房间的矩形中都可以看到硬朗的棱柱体和弯曲的、运动的、消溶的柔软表皮的对比。局部的图形通过对它们的轮廓线的消解和再一次划分它们的斜向的立面的对称关系而交替连接在一起。从屋顶往下看也在往前迫近的中间的圆柱形楼梯塔把建筑体量的细部聚集起来，这个体量通过它的对称轴平均的往两侧发展，同时它也是一个分隔元素。接着，卫生间通过一个联结点分隔的多边形的周边体量再一次在缝隙的对称轴的两侧往彼此倾斜，这样成对的格局在这一边和另一边与邻近的元素连接起来，形成一幅令人迷惑的图画。

　　这组在设计过程中最后建成的建筑，体现了整个建筑群中最复杂的图形演变过程。我们看到康始终如一地去打破既定的框架，并且用彼此穿插的曲线的平面形式来暗示一个距离设计开始 8 年之后的新的创作阶段。

单栋建筑整体的三角形轮廓线

立面细部以及承受压力的拱和承担拉力的预应力混凝土梁

印度管理学院

模数起源

"开始的精神是最了不起的一刻
在任何时候对任何事来说都是如此。因为在开始中
蕴藏着所有事情都必将要遵循的种子。"[118]

这个教学和居住的建筑群的轮廓线体现在设计的演变过程中，一个由于方形的状态而以斜向的通道中的方形为发生器的图形。这个居中的方形决定了重要的量度、各个部分的位置以及轮廓线彼此相关的地方的尺寸。方形内部"纯粹的"、没有被破坏的轮廓线确定了独一无二的中心点，并且进一步提出了关于它的重要性的问题。特殊的尺寸和对它的量度的依赖通过一个潜在的、把所有元素联系在一起的*模数*，形成了后来的次图形，它的尺寸还有待于确定。它的存在对于所有在实际建成的建筑中所体现的几何比例来说是非常重要的。

模数起源

到目前为止，我们研究了整个印度管理学院建筑群的"宏观世界"，主要是针对视觉上的体验和它可以直接进入的实体。但是，我们还是要提出在决定结构元素、墙体的厚度或者在微观的水平上材料的连接关系的时候，尺寸和比例秩序的体系在

主入口，树，
台阶和大门

多大程度上对细部产生了影响的问题。入口方形在这里依然很重要。不管是从对关键的平面位置进行深入分析的观点出发，还是出于把立面的图形带入到包罗万象的秩序结构中来的目的，都必须对这个图形进行更加深入的研究。在面向台阶的入口一侧，它成为了可以代表所有其他的次图形接受详细研究的例子，而且如果我们思考得足够仔细的话，它会让我们远远超越本书的范围。

主入口位置上的斜向的图形仍然是可以从角部斜向进入的、来自于概念设计阶段的教学楼的矩形的遗物。在接下来的演变过程中，它把自己分成了两部分，后来又只保留了右上角的一个入口。通过位置和形式对入口的强调最后必须服从于象征图形的符号学表达方式。

被台阶的对称轴纳入到斜向的格局中的芒果树首先通过对轴线位置地占据和"阻碍"减弱了它的纪念性效果，并且变成了一个建筑元素。但是，由于它近乎"神圣的"不可碰触性——在印度是不允许砍伐芒果树的——它也以一种具有印度特色的自然元素给入口图形带来一种精神特征。它的象征性的使用，在这里变成了人与他所制造的建筑产品之间的媒介，而超越人工世界之上的自然，把它自己的有机生长的形象和作为"精神生长"的工具的台阶结合在一起，并且作为"学校"的简略表达方法。

就像在整个建筑群的分析过程中所建立的一样，关于类似于有机过程的生长的想法变成了理性的几何和比例秩序的体系。图形就这样形成了，它们彼此依赖，并且可以进行精确地描述。它们开始于入口门廊的方形和它的主要的入口台阶，一个过渡的平台与门廊和芒果树结合在一起。[119]就像一个等级化的、理性的原则的诞生地一样强化了整体中的各个部分，我们可以假定这个特殊的图形也是建立在同样的原则之上的。这与

---

118 康引自：奥斯卡·纽曼 (Oscar Newman)，《New Frontiers in Architecture: CIAM in Otterlo》，环球图书有限公司，纽约，1961 年；以及 A·拉特沃尔《Writings, Lectures, Interviews》，第 85 页。
119 就像我们可以在另一张明确的施工图"L1-2，图书馆，14 英尺 10 英寸标高平面，1969 年 6 月"中所看到那样，建成的平台暗示着最初被设计的台阶的宽度，它成了楼梯而不是门廊的一部分。

173

它的轮廓线和构造细部之间的尺度联系，有可能发展出入口门廊——包括把平面和立面带入到第3个尺寸的大门——芒果树和台阶的"三个组合"的一个象征。

我们可以假设具有高度象征性的入口方形是建立在之前设计的模数组合的数字分析基础上的。这种假设是以由庭院的轮廓线和它周围的通道走廊所确定的网格（见图104、105）为出发点。它的一个网格的边长为6.60m（21英尺8英寸），标准的墙厚为0.60m（23½英寸），这形成了约为10m（32英尺9英寸）的入口方形的轮廓线，这一点在施工图中得到了证实。[120] 曲线一侧边长为9.96m的方形，与公制的10m非常接近，它暗示着不是采用英尺和英寸的，而是采用了构成度量的基本单位的公制。这可以体现了康把世界一分为二的度量体系结合起来，指出一个可以把盎格鲁撒克逊人和世界的其他部分联系在一起的共同的东西。[121] 现在，这个10×10的对角线约为14m的区域的一半，也就是说¼的方形和图5至7，包括与现在仍然非常精确的但是在尺度和尺寸上还没有确定的理性数字的最小的√2关系。[122]

从外侧9.96m的长度中减下来的0.60m厚的墙体，确定了入口方形内侧边线8.76m的边长（28英尺9英寸）。在基地地面层中所体现的入口方形的尺寸，下面的入口层（正4英尺½英寸标高），8.76m的内边尺寸和一层夹层（正14英尺10英寸标高）的8.65m，都体现了一种偏离。[123] 这个不能在平面中确定的11cm（4⅓英寸）的误差不仅仅是在建造的时候不够仔细的结果——它看上去并非是把两个同样的、彼此似是而非的方形叠加在一起那么简单。相反，它变成了破解所有前面没有解释的尺寸上的联系的关键：康试图创造一个作为在现实的和先验的尺寸之间的"交点"的入口情形！

两个房间之间极其细微的差别说明它们"非功能"的原因，尽管尺寸关系只有在精确地分析之后才能形成。这证实了关于我们已经指出的尺寸上的差异是康有意识的对内在的秩序体系参考的说明，这个参考启动了对整个建筑群的破解。8.76m和8.65m的这两个尺寸都是从比例上来自于上面所提到的数值5和7和它们的√2比例。就像沿着较小的方形旋转45°"生长"的一样，它们在角部围合了它们，意味着它们的面积加倍。这

意味着决定性的数值和从在建筑入口区域中的图形中摘选出来的所有√2关系的无限的理性数列5—7—10—14—20之间的相关性。斜向布置的入口方形已经说明了在嵌入到建立在彼此之上的其他√2方形中去的时候发生的转变过程。它的边长决定了上面提到的所有数列中所有数值的轮廓线：约等于2×5=10m，它的对角线约等于2×7=14m，下一个更大的、想像中√2方形，它的对角线长度为20m，然后决定了长度为14m的对角线。

现在，在彼此叠加在一起的两个入口大厅的内边，我们可以看到康对在这里把数值10和14的整个数字的理性与入口部分的度量尺寸结合在一起的兴趣。它们神秘的差别展现了一个清晰的、可以理解的数列把平面和立面在秩序结构中结合起来。正如我们可以从上面的对整个建筑群的几何构成分析结果所形成的图形中看到的那样，所有的尺寸——在数学上——通过占统治地位的√2比例和黄金分割比联系在一起！首先，作为理想的起始尺寸的10m外边长的变异，精确的√2比值14.14m形成了对角线，而内边的尺寸来自于14.14m的黄金分割的较小部分的8.74m（在实际建成的地面层中为8.76m）。它们来自于14m长的对角线理想起始尺寸的√2比例中较小的部分，结果形成了9.89m的外侧边（在实际建成的一层中为9.85m），精确地把8.65m黄金分割的较小部分变成了起始方形的内边。可以直接感受到的√2和黄金分割比值之间的差异，9.96-8.76以及9.85-8.65，得出的结果是相等的，也就是0.60m（23⅓英寸）的墙体厚度，这是入口各层"必然的"结果。它下面的方形的轮廓线每边扩大了5.5cm（2¼英寸），与上面通道一侧的轮廓

120 所使用的平面是拉吉的"L1-2和L1-7，图书馆，入口门厅和剖面"，1969年6月和7月以及"A1-2，标高14英尺10英寸的平面，办公楼"，1970年2月；所有平面的复印件版权归作者所有。

121 勒·柯布西耶在他的《Modulor》中对划分世界的米制和英制的度量体系有详细地描述；他提到建立在把两个系统统一起来的黄金分割基础上的一系列模数；康肯定也是了解这一点的。

122 这可能是康从√2的关系开始，在√2和黄金分割比例的帮助下把公制和英制度量体系统一起来的尝试。

123 1990年2月和3月进行的勘测被用来将已经建成的建筑和我们能够找到用作分析基础的施工图进行比较，除了先前所取得的认识之外不接受任何中心点。在首层和上面的楼层中建立起偏离的尺寸之后，对入口方形和它的大门进行了全面勘测。

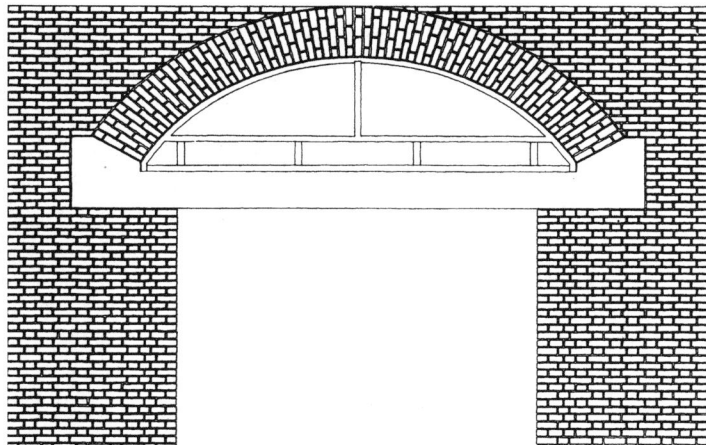

见图 139

主入口台阶
和图 139
主入口大门
的景象

线相一致，并且因此而轻微地——很难察觉地——偏离了庭院。

现在证实了入口方形的内侧和外侧的边线之差是 $\sqrt{2}$ 比例和黄金分割比之间的差异，最初对分析的假设——它们是模数的起源——在"逻辑上"是合理的。它们在内侧方形的尺寸中创造了办公楼的图形，并且在外侧方形的尺寸中创造了教室和宿舍的图形，最后在它们之间的区域用中间的方形网格确定了庭院的形式。因此，所有的带有自主性质的图形和它们自己的对称轴线都被统一在一个共同的秩序结构之中，这个结构甚至在入口方形出现之前就已经形成了，而学校建筑综合体最终的精确的细节也可以用它来作解释：宿舍的轮廓线从它的外部尺寸看是一个四折的入口方形（见图 123—125），它的边长为20.06m（65 英尺9¾英寸），它的一半是 10.03m，非常接近于作为最小的模数的理想数值 10 或者 2×5。这一点强调了基本的数值和在这里得到发展的想法的重要性。

具有确定的参考值的尺寸和几何的秩序世界在主入口与台阶和首层平面连接在一起的大门的形式上得到了延续。我们已经假设了它与平面长度之间在比例上的联系。在这里将会对一层夹层上与芒果树结合在一起的大门的洞口进行分析。[124] 它是把"台阶组合"放到墙面上的竖向设计。

与台阶梯段宽度一致的入口门洞有一个对称的弧形拱跨越其上。它以2½砖厚的宽度往外"插入"到砖墙之中，并且被一根吸收拱的压力的混凝土梁拉住，它把它的标记张贴在了印度管理学院所有的建筑上面，几乎成了一个形式的版本。作为对比材料的混凝土意味着这个元素作为单纯的连梁而体现着力量的传递。在立面上它追随着从外面可以看到的特殊楼层的位置和边线。对立的事物被结合在一起：大门的图形通过它垂直的对称轴把隐藏在洞口后面截然不同的功能统一起来。另一方面，拱形的窗户就为位于入口方形上方的学校的管理团队的会议室提供了采光。如果忽略组成部分之间几乎相反的功能在布局上的模糊性，我们就可以看到立面的自主性，它使得建筑群中大量的洞口形成了一个整体。洞口的分隔和联系体现了立面是通过去掉平面布置之后"自动"形成的。同心的窗户图形和入口门洞通过一条垂直的轴线找到了它在拱的顶部有一个小棍的特

124 这张图纸是由作者在非常详尽的实地勘测的基础上重新绘制的，它的砖的尺寸，特别是砖与砖之间的层叠关系，与长轴方向上的剖面完全一致（版权归作者所有），它们的比例关系将在下面进行说明。

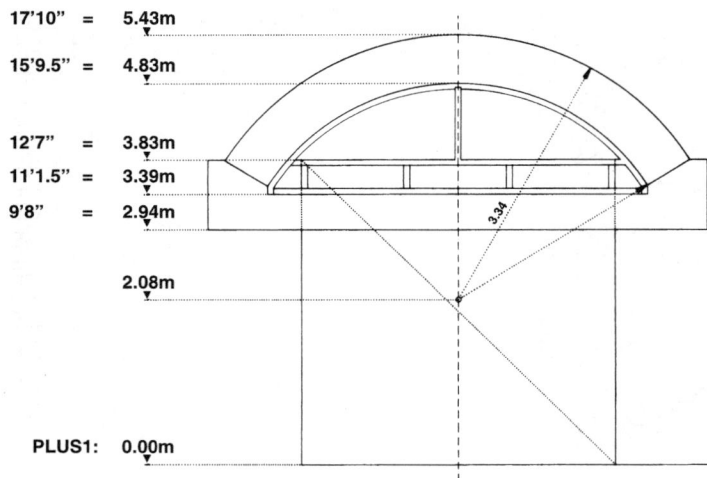

17'10" =	5.43m
15'9.5" =	4.83m
12'7" =	3.83m
11'1.5" =	3.39m
9'8" =	2.94m
	2.08m
PLUS1:	0.00m

图 140
主入口大门
的尺寸关系

色形式。它属于退后的、与墙内皮齐平的窗户的一部分。它的线条和喇叭形的混凝土拱座形成了对比，使它们站出来抵抗砖墙完全均质的两维特性。

见图 140　　为了确定大门轮廓线的尺寸，我们必须寻找与确定平面轮廓线的"理想"数值 10 的关系。对 10 进行黄金分割以后得到的结果是 6.18m，这个数值是实际建成的 0 标高处的对角线尺寸 12.38m（在几何上应该是 12.36m）的一半。在对它进行黄金分割之后得到 3.83m，这个尺寸形成了入口门洞和台阶梯段的宽度。实际上，外侧的拱和洞口的宽度都是独立的，这一点可以通过 3.83 是拱顶最高点尺寸 5.43m（17 英尺 10 英寸）的 √2 比值来加以证明，这个拱形与一个想像中的把洞口和拱统一起来的 √2 矩形相切。同样，在数学上代表它的高度的是对长度 8.76m——下侧的入口方形的边长——进行黄金分割后得到的数值。高和宽为 3.83m（12 英尺 7 英寸）的方形轮廓线出现在第 2 个水平窗户剖面的上侧边界，它与连梁之间 0.44m 的距离几乎和 0.45m 的混凝土梁相等，可以被看作是对两个洞口的几何形体的交织的进一步说明。我们应该注意到，圆形的中心表明一层夹层的楼板并没有和圆形相切，也就是说它不是在一半的位置上；它的位置也是来自于整体高度 5.43m（17 英尺 10 英寸）的黄金分割的结果。它与楼板的距离 2.08m 是黄金分割

的较小部分，而拱形外侧的半径 3.34m 是其中较大的部分。隐藏在混凝土连梁后面的楼板之间高度为 3.29m（10 英尺 9½英寸）的点是根据与不能改造的楼板的上边之间的距离而确定的，并且是开敞的。[125] 然而，我们可以看到的从楼板到顶棚的距离，也就是楼层的净高为 2.94m（9 英尺 8 英寸），圆心 2.08m 的高度是它的 √2 比例的较大部分。它的距离与整体高度 5.43m（17 英尺 9½英寸）是相关的。最后的两个尺寸是彼此相关的：确定下侧的拱形高度的数值 4.83m（15 英尺 9½英寸），它和上侧的

从庭院看
"入口方形"
的大厅和上
面的会议室

125 楼板之间的高度来自于平面图 "L1-7，入口大门和剖面"，1969 年 7 月，"L1-10，图书馆西立面和剖面"，1969 年 8 月，和 "L1-14，图书馆横剖面"，1969 年 8 月，由艾哈迈达巴德的国家设计学院设计；复印件版权归作者所有。

拱形之间的距离和墙体的厚度 0.60m 是一致的（23½英寸）。这个尺寸的 $\sqrt{2}$ 比值的数值为 3.41m，实际建成的是 3.39m（11 英尺1½英寸），这个尺寸是楼板上方 10cm 的混凝土连梁的上侧边的高度。

在这里需要明确地说明一下，作为大门最初轮廓线的入口门洞的宽度和拱的高度直接来自于理想的平面长度 10m 和 14m。所有沿着建立在拱的半径之上的对称轴分布的垂直划分线都是一种类似音阶的方法建立起来的。尽管对前面给定的比例的执行是建立在一个公制和英制之间连续的近似值的基础之上的，但是并没有达到高度的一致。

总的来说，我们可以看到所有确定大门图形的外轮廓线的尺寸都和演变过程中以自己为条件的入口方形有关。在这里，方形的尺寸和比例结构以及它作为 5 的 2 倍的起始尺寸 10 是非常有用的。尺寸服从于黄金分割比和 $\sqrt{2}$ 比值的数学划分的交替出现，并且，作为建筑群的秩序的一个表达方式，与整个建筑群的几何结构形成了对比。

这就提到了一个问题：什么样的尺寸是两种分割比率所共有的、可以起到几何的和比例的线条之间转换的基础作用，并且和实际建成的建筑中既遵循黄金分割比又和 $\sqrt{2}$ 比值一致的砖的精确尺寸相关。

60cm（23½英寸）厚的墙体尺寸来自于入口方形轮廓线在不同比例下的差值。它被分成2½个砖的宽度，因此也变成了康早期对砖的边长选择的结果，现在砖的宽度是 9 英寸（22.8cm），厚度为 4½ 英寸（11.4cm），砖缝宽 1.2cm。这种整砖和半砖的交替形成了整个墙面的铺砌方式，尽管它仍然具有印度手工制造的砖的典型特征以及说明砖尺寸上必然的误差的全部勾缝的砖缝。像入口大门那样的特殊洞口的宽度（见图 139）可以通过在每第 2 皮砖中增加特殊形式的倒数第 2 块砖和两块半砖来形成在拱的内侧的起跳点上面的垂直砖缝这个办法来解决。因此，当一个计划好的洞口尺寸被确定下来的时候，无论是在所有其他的线条中还是一个相关体系内的轮廓线里，对于确定比例关系来说，非常重要的砖的规格的宽度都不能随便改变，但是在入口大门的洞口中，*砖的铺砌高度发生了变化*。

因此我们不得不面对关于最小的建筑模数——作为起点的

砖——的高度的关键问题。根据平面图[126]，一块砖加上两条砖缝可以得出 4 英寸（10.16cm）的高度，在排砖图中，一块砖加上一条砖缝等于 3½ 英寸（8.8cm），从这里面可以分解出一块砖的高度是 3 英寸（7.6cm），砖缝的宽度是半英寸（1.2cm）。根据这些数值，大门所有的尺寸都可以从数学上计算的、几何的和成比例的秩序的数值（见图 139 和图 140）都遵循每一皮砖共同的分割值（最低的约为 1.2cm 的拱形的砖缝必须从高度中减掉）：

2.93m ： 33 皮砖 =8.8cm
3.37m ： 38 皮砖 =8.8cm
3.82m ： 43 皮砖 =8.8cm
4.82m ： 54 皮砖 =8.9cm
5.42m ： 61 皮砖 =8.8cm

8.8cm（3½英寸）的尺寸就是一皮砖的高度，它由一块砖和一条砖缝组成，确定了*通过黄金分割比和 $\sqrt{2}$ 比值而产生的比例关系的共同的模数尺寸*。它使得大量各不相同的图形有可能立面中以砖为基础的整个结构内的划分比例而变得可能，并且可以通过与抽象的无理数值的直接联系表达出来：

0.618（黄金分割比）： 0.707（$\sqrt{2}$ 比值）=0.87

这个分割数值，在公制体系中被确定为 0.087m，这是与在英制的体系下生产的 3 英寸高的砖再加上半英寸的砖缝（0.088m）的高度最接近的数值。如果印度的石匠能够在逐行建造的大范围的误差中精确地掌握尺寸，那么这种转换成公制所形成的误差是允许的。这样，就在数学上、几何上和实际建成的尺寸中达到了高度的一致。

黄金分割比和 $\sqrt{2}$ 比值之间的这种联系已经在数学上得到了证明，但是也可以从几何上和图形上加以证明。它们将在与入 **见图 141**

---

126 施工图"A2-1，砖拱"，1970 年 4 月和"A2-2，墙体剖面"，1970 年 6 月，以及在这里被用作基础资料的由艾哈迈达巴德国家设计学院绘制的砖墙详图和上面提到的砖的铺砌设计图。图纸复印件的版权归作者所有。

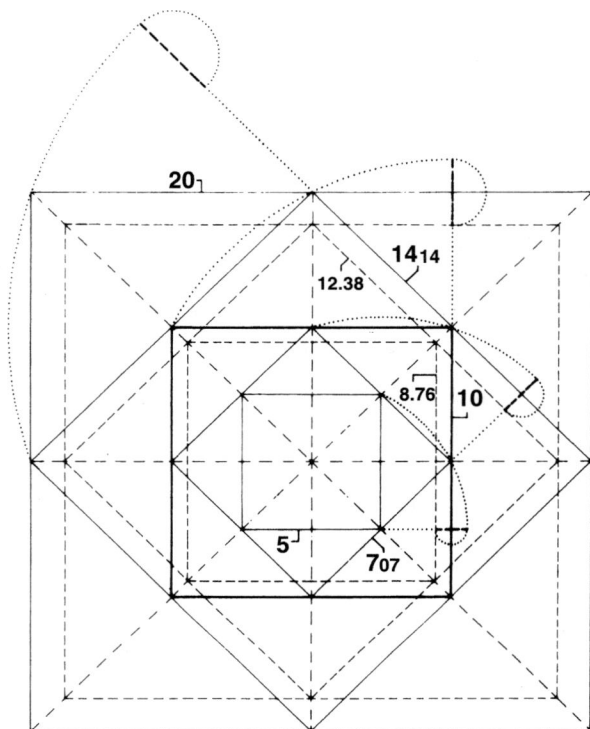

图 141
根据入口方形的尺寸（数值为10）确定的黄金分割比和√2比之在几何上和尺寸上的关系

20

14 14

12.38

8.76　**10**

5

7 07

口方形相关的方形的√2比值数列 5-7-10-14-20（确切得说应该是：5-7.07-10-14.14-20）中加以说明。它确定了作为一个定位图形的 10(m) 轮廓线的"理想尺寸"。

　　黄金分割几何结构中以 5 为原始尺寸的弧线穿过"纯粹"的根号值 7.07 和 10 的交点与"楼板线"相交于点 5。它们的交点根据数值为 10 的轮廓线镜像，从而形成了方形的尺寸 8.76（作为 14.14 的黄金分割的地面层入口方形的内边长）。与√2数列中居第 2 位的起始数值 7.07 的紧密联系也可以通过地面层中 12.38 的斜线(20 的黄金分割数值)的黄金分割加以证明。因此，增长中的√2方形的无限数列是伴随着一系列的黄金分割的数值产生的。与之相反，相应的√2数值在几何上重构一个未知的黄金分割数值。在这里，在方形和圆形片断结构的结合中，我们可以看到一个以黄金分割距离作为对更加复杂的几何关系的暗示的螺旋运动。这两个划分方式与几何体系之间的关系可以加以进一步地说明，就像方和圆的结构比例关系中存在着各种不同的组合的可能性一样。[127]

　　这个内嵌的图形，这些连续生长的方形一直延伸到角部，我们可以看到一系列清晰的√2数字，它们与对印度的宗教和哲学重要的图形解释相关。它的象征意义被解释成一个与存在结合在一起的图形，但是它并不是真实存在的世界，它被叫做"曼陀罗"的"宇宙星盘"或者"心理上的宇宙星盘"。[128]

　　梵语曼陀罗的意思是一个圆形，而且在绝大多数的情况下是由几个方形组成的，通常这些方形被圆形所包围或者布置在轴线中间的三角形重合。在印度教中，它一直是一个经过图形抽象的平面，但是在佛教中，它被神灵和真实世界的形象以不同的方式进行了放大。方形和圆形之间的紧密联系通常被看作"把圆形变方"，可以被解释成"整体的原型"（荣格）。[129]在印度人的思想中，它通过一个把视觉上可以理解的东西和想像的世界集中、联合起来的图形把真实的微观世界中微妙地划分和宇宙宏观世界的超凡境界联系起来，这个图形对于所有的体验来说都是开放的。与之相反，在西方的欧洲文化中，曼陀罗被解释成对物理上的迷失环境的一种积极的行动。[130]在印度人的思想中，曼陀罗没有特殊的治疗作用，但是在藏传佛教中，它和它纯粹的图形象征被看作是一种宗教仪式的器物"具 (Yantra，印度教和佛教坐禅时所用的线形图案)"。但是它也起到了支持冥想和沉思的工具的作用，在这里我们需要稍稍偏离一下主题而对它的宗教含义进行一个简短地解释。

　　印度人通过一种缓慢的内在寻找自我的过程而获得"真我"的认知，在那里心智和智力——与把这两种特质分开的西方世界不同——形成了一个同等的统一体，从而把自我转变成对一个现有的真实世界更高的、"失去个性的"、"纯粹的"认知。在那里，它从罪恶的生活压力中释放出来，但是它对行动和体验

127　玛蒂拉·吉卡 (Mathila Ghyka)，《Geometry of Art and Life》，纽约，1977年，1946 年第 1 版，以及安妮·G·唐博士，《The Energy of Abstraction in Architecture：A Theory of Creativity》，在宾夕法尼亚大学的讲演，费城，1975 年。这两篇论文的主题都是关于黄金分割的。
128　朱塞佩·塔奇 (Guiseppe Tucci)，《Geheimnis des Mandala》，Scherz Verlag，伯尔尼，1972 年，第 31 页；以及皮柏／贾兹周 (Pieper/Gutschow)，《Indien》，第 129 页。
129　卡尔·古斯塔夫·荣格 (Carl Gustav Jung)，《Mandala，Bilder aus dem Unbewußten》，Walter-Verlag，杜塞尔多夫，1977 年，第 116 页。
130　卡尔·古斯塔夫·荣格，《Mandala》，荣格对有着严格的秩序并且建立在本身的文化环境中的曼陀罗具有表现力的形式作出了描述，他把它称为"对变得迷惑的心理状态的一个补充"并且声称它可以通过自然进行自我治疗 (第 115 页)。

图 142

图 143

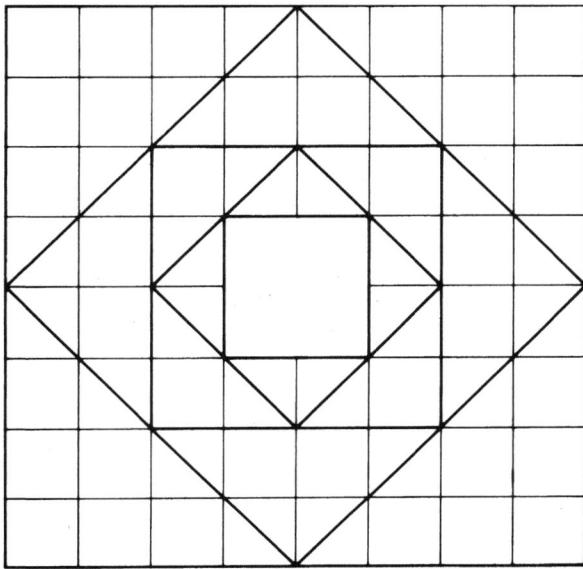

图 142—143
曼陀罗图解

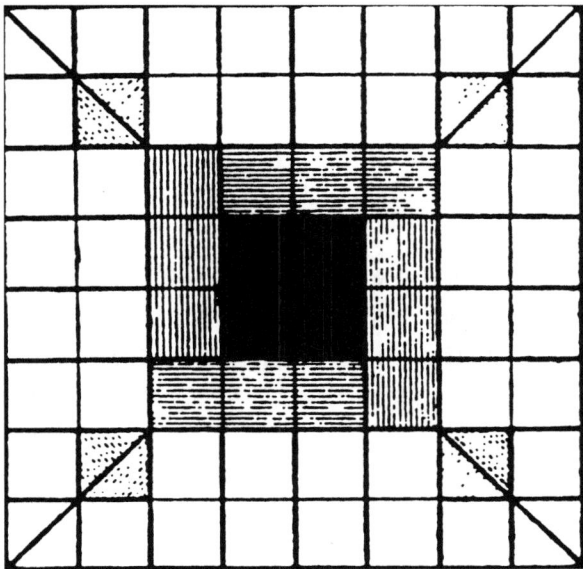

的总结仍然是永恒的潜在能量。在某种精神状态下，宇宙的力量和绝对的认知变成了"内在之光"，它完美的"光芒"融合了主观和客观。它可以通过冥想和沉思来体验，并且在理想的最终状态下——在生命的束缚的相互依存中——它通过"开悟"使通往绝对的道路变得轻松。[131] 因此，在印度的哲学中，生命是必须通过美德来克服的中间状态。象征会提供几乎是关键的、适当的支持，因此抑制力可以从我们对它们深度的理解和我们方法的强度中释放出来。

作为心理宇宙星盘的曼陀罗通过它的象征意义帮助我们打开了通往"开悟"的大门。它用抽象的、没有感情色彩的几何图形把个人的灵魂和宇宙的力量结合起来，它的几何图形是无限的空间和时间的扩张和沿着一个"世界中心"旋转的至关重要的过程。它在真实世界中的表现可以是对山的表现或者对石头的摹仿：中间的、有着制高点的建筑（与宇宙的连接点的"山顶"）。因此，在建筑中有无数的标志着世界之间的分区边界的曼陀罗的设计。从中可以建立起类似于佛教中的浮屠一样抽象的、三维的宇宙转变形式；这是在一个圆形或者方形基座上的半球形结构，顶部是一面位于方形基座上的屏障作为结束和强调的点，或者也会有一座印度教的寺庙，它的形式根据一种特殊的受控制的信仰或者地区而确定。它的塔仍然和所有山的象征的次生物有着共同点，通过把原始的方形转变成一

个圆形的多种方式不断地发生变形，从而获得了上面所说的"把圆形变方"的效果。这种想法在把祭祀的区域扩展到整个日常生活的范围——城市——的过程中得到延续。如果它是一个理想的曼陀罗，那么它的居民几乎自动地存在于绝对的门口，而作为破坏力的来源的无序将面对*有序世界的灵魂*。

在它最普通的基本结构——曼陀罗的图形——被布置在一个斜向的或者正交的轴线的交叉点和中心周围的 5 个部分和 4 条相等的边上（罗盘上的 4 个点）。[132] 在自然形式中，它与印度具有深远的象征意义的莲花是一致的，并且通过很多途径破解了宗教仪式中的数字 5，在这里，它被命名为一个崇拜 5 个神以及 5 种世界元素：土、水、火、气和球的例子。[133]

见图 142

把曼陀罗的方形分解成 8×8=64 个方形的网格（以及 9×9=81）的做法现在把我们带回到了 $\sqrt{2}$ 关系链 5—7—10—14—20 的起始方形（见图 141）中：在"生长"的斜向方形和 8×8=64

见图 143

131 朱塞佩·塔奇，《Geheimnis des Mandala》，第 13 页。
132 64 个方形的曼陀罗。
133 克劳斯·费舍（Klaus Fischer），迈克尔·杨森（Michael Jansen），让·皮柏，《Architektur des indischen Subkontinents》，Wissenschaftliche Buchgesellschaft，达姆施塔特，1987 年，第 72 页；以及皮柏/贾兹周，《Indien》，第 123 页。

的网格的结合中，它很快被看作是*类似于我们已经描述过的曼陀罗图解*。在这里 2×2 的网格的起始数值和它的起始数字 5 以及它空的中心作为微观世界和宏观世界的轴线和中心而存在。

在这里，在分析过程的终点上，这种类比方法确定了起始方形的尺寸不是随意地选择来形成整个建筑的各个部分，而是作为来自于印度哲学的几何和比例关系体系的图形而存在的观点。这个类比方法，可以通过入口方形的结构和可以理解的印度曼陀罗的基本图形之间的尺寸和几何加以证明，也可以通过数字 5 在印度思想中的象征意义加以证实。我还增加了在犹太人的基督教中非常重要的、象征着世界的丰富、完整和完美的数字 7，由数字 5 和 7 形成了入口方形。

这些最后的事实让我们产生了这样的思索，通过入口方形的发明，康打造了一把不仅仅是理解包罗万象的内在秩序的钥匙，而且还是区别东西方精神世界的钥匙，它是*直觉和理性的结合*。

从台阶看入
口大厅

设计变更

印度管理学院的设计，也就是我们已经分析过的建筑群，也包括周围的教员住宅、已婚学生的宿舍和服务用房（见图 91）。它们的位置显然是被控制在整个建筑的几何结构之内的，在这里也不会把它们看作是延续了很多年的。今天，当我们去基地参观的时候，可以看到一个类似于城镇的景象，那是由拉吉和他的妻子在那里建造的办公室所扩展的。他们建了住所、一座包括教室和酒店式住所的"管理发展中心"、以及带有休息大厅和会议室的最近刚刚完工的报告厅。

从康的"结合在一起"的学校建筑综合体中偏离出来的东西导致了设计图纸和实际建成的建筑之间的区别，我们的分析则建立在设计图纸之上的。这两个版本所有不同部分的程序在很大程度上是一致的。这个区域包括了 4 栋 4 层的办公楼、前面 3 层后面 5 层的图书馆、以及 6 栋 2 层的教室和 1 层用作办公和储藏的地下室。总共有 18 栋学生宿舍楼，中间是 5 栋 4 层的和 6 栋 3 层的。在下面的周边区域的 5 栋宿舍楼在首层上面有两个楼层，它们上面是两层带有独立的卫生空间的住宿层。右上角是 3 栋在楼内设有卫生间的 4 层的建筑。

对最初的版本最重要的改变是位于轴线上的厨房和餐厅消失了。它本来试图形成一个内部庭院的边界，但是它的两层楼仍然把庭院和外部空间连接起来，并且强调了建筑布局的等级体系：图书馆是"头"，教室和办公楼是"身体"（见图 95）。接下来的图形由面向庭院的就餐区和运输区、有着两个附属物的圆形厨房组成，它们都正好沿着庭院的轴线产生，通过加倍的做法加强了对称感。餐厅和相邻的可以通过数字 144 来确定的建筑之间的划分线体现了关键的楼层，首层的厨房和餐厅中的区域（地面层）和通往学校建筑综合体的主要通道层（一层夹层）在这里统一起来。它们标志着一个具有最大程度的透明性、并且可以让人进入到上面的上人屋面的环形路线的连接点（见图 95）。餐厅被 2 个方形围合，暗示着从学生和教员的用房中隔离出来。它用支撑上面结构的空心柱来体现它们的角部，并且通过同样被分成两部分的服务区域和厨房结合在一起。康

见图 144
图 145

图 144

图 145

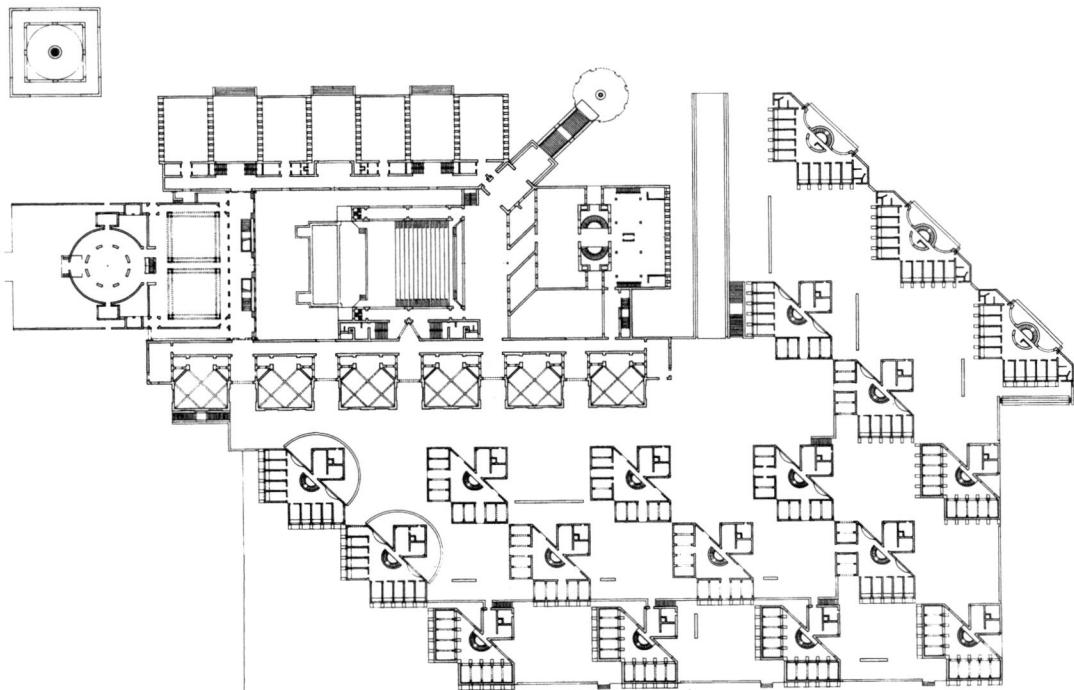

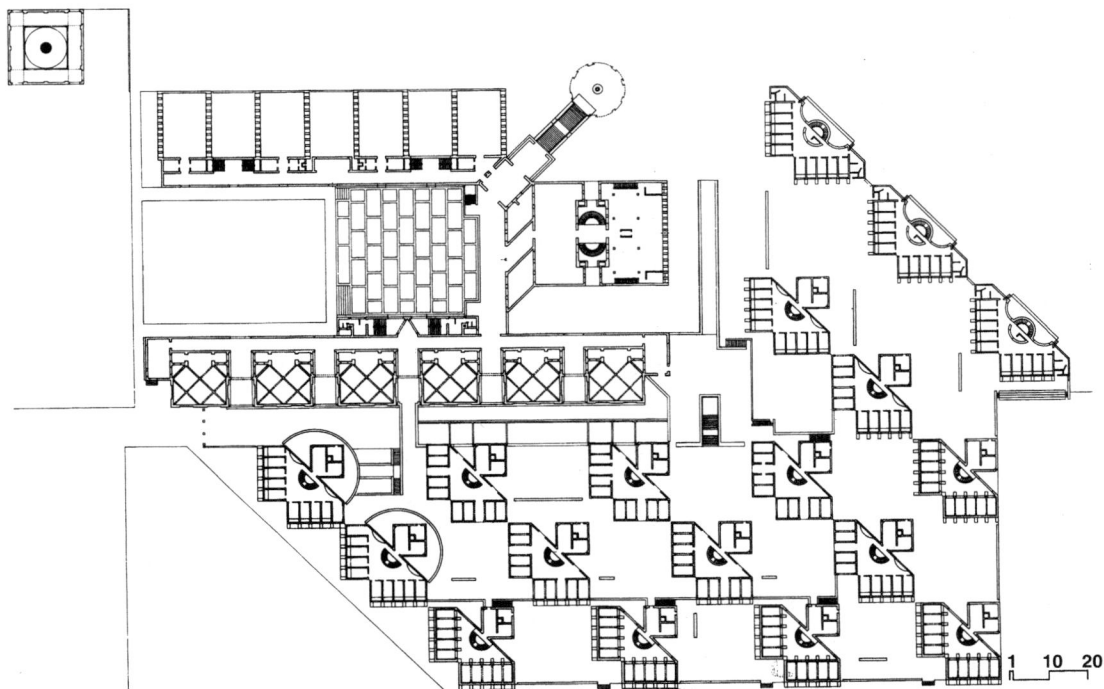

图 144、145
印度管理学院
主要楼层的平
面图（一层夹
层），上面的是
设计时的版本，
下面是实际建
成的版本

1　10　20

用中间的准备区调整了它的圆形形式，从功能上来讲它们是一台"通风设备"。[134] 沿着两个对称的附属储藏室，方和圆既互相对比又紧密联系的几何形体产生了形成基于场地往西倾斜的斜坡之上的、远处的庭院的中间区域，它们之间在标高上的微小差别形成了台阶和狭窄的入口；它们直接和西侧的运输区连接在一起。

剧场也在轴线上和餐厅相关，带有台阶的教室则把它们自己在它的前面隔离出来。在整个建筑群的中间是用作座位的台阶和舞台，与图书馆和入口大厅之间开敞的"休息厅"连接起来，并且由两栋被看作是侧厅的狭窄的建筑所限定，这些建筑的台阶与庭院相通。它们的高度被看作是跨越在剧场上的灵活的华盖的支撑结构。餐厅和剧场之间的水池直接与舞台相连，它和树一起被作为一个自然的元素布置在花园的边缘。由建筑群中大量彼此相关的次要部分组成的"一整套的家具"是为了这个庭院而设计的，它们是把图书馆和餐厅这两个面对面的图形连接起来的一个手段（见图95）。

这个庭院的变化对在两个周围的圆形区域中无论是在概念上、还是实际建成的效果上都显得端庄而朴素的立面进行了说明：通向教室的洞口是根据它们的用途按照等级关系建立起来的，办公室走廊有点狭窄的视野与它们附加的建筑体量的节奏相关的。它们形成了一种平静的背景，为一个实际上后来没有建成的运动的前景限定了两侧的景观。

因此，在实际建成的学校建筑综合体中，庭院因为没有了康设计的包括重要的餐厨建筑在内的部分而显得残缺不全（见图145），它从结实的头部——图书馆以及它的设备塔——到蹲着的厨房的和谐的进展过程被剥夺了。康为了避免烹饪的味道给办公楼带来的问题而努力地把厨房转移到整体的建筑群之外，但是却没有成功。[135] 这两个建筑的圆形链条都是集中朝向的，他从一开始就确定了概念，与它相关的多方面的通道最后也没有建成。这导致了单一的自主结构很不自然地并列在一起，立面也显得很"缄默"，它的后面是通向死胡同的走廊。因此，只是充当精心制作的舞台的背景立面，也在很大程度上失去了它们的效果。

庭院边界的元素被移走之后，它也因为资金的原因失去了它的"家具"：花园、水池、带有华盖的剧场都没有建成。但是庭院确实获得了一种新的完全是空的特质，在中间结束的石头平台标志着它的高差变化，与冲出这个区域的绿色草坪形成了对比。在横剖面图中，庭院有3个台阶：首先是在图书馆前厅作为"通路"的一层夹层，然后是在分析中提到的地面层中微微抬高的平台（被称为"路易斯·I·康广场"）。它让我们回想起剧场的图形，它的石板是根据康最后一次去基地的时候设计的模式排列的[136]，并且有一种建立在不同的台阶宽度的基础上的斜线关系。最后，在平坦的往西延伸的地形标高上的庭院的第二部分有一个没有建成的开放区域，它体现了在本书写作的时候学校建筑综合体的状态，也就是它的最终的状态。

在上面提到的最后一次基地之行中，康提出应该用一个封闭的剧场建筑（"小提琴"）来取代厨房和餐厅的位置，从而保全最初的概念。其中还提到了与平台相邻的开放区域。[137] 但是他没有画平面图，因此现状看上去就保持在康去世之后的状态之中。

庭院令人印象深刻的空旷感，和过于巨大的砖墙的荒凉结合在一起，有着棱柱一样尖锐的边线立方体和没有玻璃的洞口后面身后的黑影，这些都加重了康想发展的几乎与设计者的时代相背离，仅仅代表它们自己的古老建筑的想法。在它的中心一侧的洞口现在获得了新的重要地位：它不再是集中的、内向的，而是在轴线的、外向的，把外部空间包括在内的，这种新的表达方式在精神上对它的使用者提出了要求。

134 约翰·W·库克（John W Cook）和海因里希·克劳茨（Heinrich Klotz），《Architektur im Widerspruch》，Verlag 建筑的狩猎女神，苏黎世，1974年，第233页；以及乌曼，《What will be...》，第199页。

135 在最后设计的版本中关于一个外面的、圆形的厨房的想法一开始被业主所接受（也是在与克劳茨／库克进行会面的时候），但是最终还是由于上面提到的原因而遭到了拒绝。

136 作者于1990年3月对石材的铺装和两侧的台阶进行了实地测量。康在1974年3月15日在艾哈迈达巴德把厨房和餐厅移走的时候第一次绘制了它的草图，见罗纳／贾文理，第232页，草图名为"IIM147"。

137 同上。

教室在庭院
一侧的对称
的立面图形

实际建成的
不完整的庭
院，以及石
头平台和冲
出它之外的
草坪

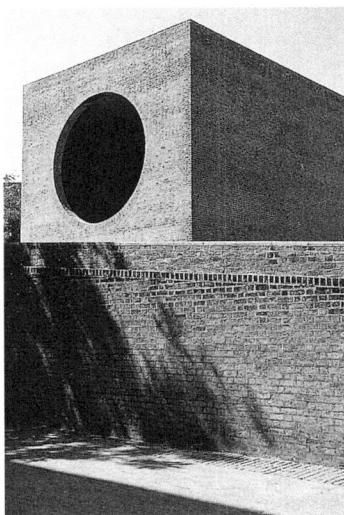

康对古老建筑
语言的追求

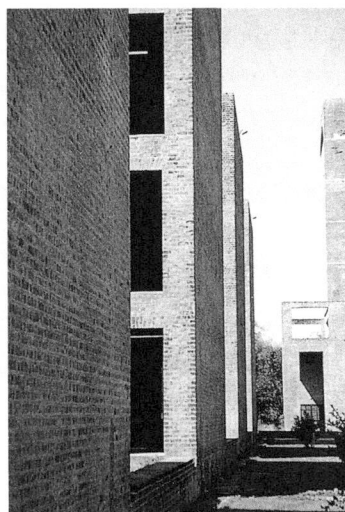

办公楼和水
塔边缘之间
经过改变的
距离

在办公楼中，对设计图纸的变化仅限于删除了作为通向远处庭院通道的室外台阶上，它在几何图形的体系中是非常重要的。另一个在最左侧的教室边缘、通向宿舍一层夹层的室外楼梯在几何上与台阶联系在一起。它的存在成了这一层改变的牺牲品，同时也意味着调节几何形体的先天的关系网络在一定程度上被处理掉了。水塔变得很孤立，失去了它早期重要的、作为把整个建筑群想像中的框架的轮廓线联系在一起的一个周边图形的位置；这种结果是由于对水箱的尺寸和容量、不同的洞口和有3条额外的外线的新的结构方法提出的新要求而造成的。就像我们已经提到的那样，由于挖湖而人为造成的教室的一层夹层没有完成。这导致了在教室和宿舍之间形成了一条沟状的下沉地带，上面有一座在轴线上与教室图形相关的桥，试图成为这两个区域之间的中央通道。原来设想的通过教室之间在一个连续的标高上可以互相渗透的休闲区把教学区和生活区交织在一起的想法，因此而变成了它的反面。这个变化是对原来的设计概念第二个严重的损害，它导致了一道堆积起来的基础墙，[138] 并且作为一层夹层的替代物把教室和平行于桥的台阶的梯段连接起来，一侧的种植区与被转移到西侧的餐厅连接起来。西南侧的宿舍最初的两个半圆形墙体限定了作为学生起居室和只能在下面的楼层见到的卫生设施的采光井的宿舍楼一层夹层的高地。坡道的轴线被作为几何框架的界定线而保留了下来，但是和水塔的边线一样，它经过变化的轮廓线失去了它们在几何图形体系内的关系。它们退化成了随意的产物，这强制地减少了与通向第二排的教学楼的主要通道台阶面对面的坡道的有意识的状态。

一个带有教室群和图书馆之间的台阶、与坡道平行并且与它非常接近的内衬元素也被省略了，这个元素可以提供明显要短得多的垂直通道。它的功能在原则上是圆形的综合体内的一个连接体，一个被拉伸的*重点元素*，这一点对于一个"发生偏离"的图形来说是非常必要的，事实上，实际建成的建筑形成了一个不完整的、完全缺乏张力的令人不满意的状态。

尽管在宿舍西侧的区域清走了大量的泥土，但是环绕它们的湖面还是没有建成。康想在布局中加入一个自然元素，但是它也是把学校建筑和附属的学生宿舍与教员住宅和服务人员的住所隔离开来的手段。在实际建成的建筑中，湖面被一个令人很不满意的需要不断浇水的草坪所取代。

138 现存的墙体的轮廓线可以在图145中教室的外围和左侧原来设计的台阶起始点上的端点上确定下来。作者于1990年3月对它的深度和进展的本质进行了调查。

康的设计原则

在康的设计中普遍有效的各个方面经常被武断地描述成"对空间理解的一种重构"并被不正确的定义成"几何结构主义"，或者片面地被定义为"对光的戏剧化控制"。但是后来类似把建筑形体古语化或者把设计与包罗万象的秩序相结合这样诗意的标准仍然是无法估量的，没有进行更加深入的解释。

然而在这里我们强调了一种理性的方法，可以用实际存在的证据加以检测，尽最大可能避免不确定的陈述。这种分析方法的理性可以清楚地和维特鲁威的概念（优雅、美丽、今天通常所说的设计、艺术创造、结构、设计）建立联系。在这个领域中，3个超越了实用主义并且拓宽了康的作品的视野的主要方面，是在整个建筑群中间的经由挑选的本质，它开始把上面提到的秩序概念具体化，后来通过刚刚确定的*对比和运动*的原则而完成。

秩序

维特鲁威把建筑分成了3个主要的类型[139]，排除一些偶然的因素，他的分类今天依然是正确的，因为它是一个非常简洁和精确的定义。在这个秩序中，他把 *firmitas* 定义成力量（也就是今天所说的：结构），*utilitas* 定义成有用（今天的：功能），*venustas*，也就是维纳斯似的，定义成优雅（今天的：艺术创造、设计）。在这里，最后一个概念——*venustas*——是非常重要的；它的意义很难精确地表达——因为它属于特殊的历史时代和阶段——而且这个概念被不断地重新解释着。

维特鲁威自己把这个概念与希腊的古代遗迹联系起来，并且作出了不太准确的解释[140]；直到15世纪中期它才由里昂·巴蒂斯塔·阿尔伯蒂（Leon Battista Alberti）作出明确的定义，在他的定义中，这3个条目开始接近我们现代的结构、功能、艺术创造或者设计的概念，虽然德语的翻译通常很僵硬，给 venuslike 这个概念的翻译造成了一些困难。[141] 对优雅或者美丽的解释把我们带到柏拉图的定义[142]，他提出美的完美状态只存在于脱离于无法具体化的人的意识之外的永远正确的物质的思想之中。他把美变成了一个"思想"的世界，是事物连续的而且无法改变的最初形式或者最初原则[143]，对于它来说人类／艺

术家仍然可以讲述它们以及它们的世界是怎样的短暂。

"这样的美是美好的而且是永远的"[144]定义了 *venustas* 的绝对概念，而"不朽是所有事物中最美的"[145]通过描述美本身的永恒性，它能成为永恒的特性（也就是说它的本质），而扩展这个概念。"事物，或者问题的正确性……存在于一直存在的、而且将永远存在的事物之中"[146]的结论把不朽和正确等同起来，因此也认为正确的东西就是美的。最近，我们开始理解康直接与柏拉图相关的言论："过去一直存在，现在一直存在，将来也一直存在"。[147]它背离了柏拉图的思想背景，说明事物的正确性等同于它们的不朽本质。因此，这一点澄清了康对永恒的特殊品质的看法。

"时间上的过去和将来已经形成"[148]，这是人类所能想像的有限的宇宙、连续运动的行星世界的图像，它的元素是由数字决定的。[149]它们的组成部分的数字构成了建立世界秩序的基础[150]并且确定了人类的存在和它最接近正确或者永恒的创造成果之间的相关性。元素之间决定了行星和宇宙的形式和运动的

139 维特鲁威（也就是：马库斯·维特鲁威·波利奥或者 L·维特鲁威·马姆拉，全名不详），公元前 84 年—公元前 10 年，《建筑十书》。德语版的译者是科特·芬斯特布斯奇（Curt Fensterbusch）博士，Wissenschaftliche Buchgesellschaft，达姆施塔特，1964 年，这里是第四版，1987 年。

140 维特鲁威没有直接定义 venustas，但是在他的第二章中，在把建筑划分成 3 个主要的类型之前，他命名了 8 个普遍的"基本的建筑美学概念"（德语版的第 37—43 页）关于这一点，乔治·基曼（Georg Germann）确定了 3 个基本概念：对称、完美的比例、装饰，乔治·基曼，《建筑理论史导论》，Wissenschaftliche Buchgesellschaft，达姆施塔特，1987 年第二版，第 18—23 页。

141 里昂·巴蒂斯塔·阿尔伯蒂（1404—1472 年），《论建筑》，由马克思·塞乌尔（Max Theuer）翻译成德语，卷 2—3（结构），卷 4—5（功能），卷 6—9（设计）；Wissenschaftliche Buchgesellschaft，达姆施塔特，1991 年，没有经过改变的第一本的原始版本，维也纳，1912 年。阿尔伯蒂继承了维特鲁威的分类法，并且对它们作出了更加精确的陈述。见：汉诺—沃尔特·克鲁夫特（Hanno—Walter Kruft），《建筑理论史》，Verlag C. H. Beck，慕尼黑，1985 年，这里采用的是 1986 年的第二版，第 46—52 页。

142 柏拉图，引用数字根据亨利克思·史蒂芳斯（Henricus Stephanus）的版本确定，巴黎，1587 年。德语版由弗莱德利什·斯科里尔马契（Friedrich Schleiermacher）和海龙尼姆斯·穆勒（Hieronymus Müller）翻译，这里采用的是 Rowohlt Verlag，汉堡，1957—1988 年版。

143 埃尔文·帕诺夫斯基（Erwin Panofsky），《Idea, Ein Beitrag zur Begriffsgeschichte der älteren Kunsttheorie》，Wissenschaftsverlag Spieß，柏林，1924 年，这里采用的是 1989 年第六版，第 1—6 页。

144 柏拉图，Cratylus，引用 439d。

145 柏拉图，Timaeus，引用 29a/b。

146 柏拉图，Cratylus，引用 397c。

147 乌曼，《What will be...》，附录来自：《The Notebooks and Drawings of Louis I. Kahn》，R·S·乌曼和尤金·费尔德曼（Eugene Feldman），猎鹰出版社，纽约，1962 年。

148 柏拉图，Timaeus，引用 37e。

149 柏拉图，Timaeus，引用 38c—e 和 39a—d。

150 柏拉图，Timaeus，引用 40a/b。

数字关系把我们带到了像数学一样可以破解整个世界并且是人类的先天记忆的几何学。[151]"每个人都一直知道所有事情"[152]的言论——也就是说知道世界结构内的所有事物的本质——在后来通过与它相关的分类学、比例把几何学带入到了永恒的正确的领域。

埃尔文·帕诺夫斯基（Erwin Panofsky）感到柏拉图对艺术创作的价值判断是通过理论的，尤其是数学的认识来决定的[153]，并且把柏拉图的哲学定义成实际上是"与艺术背道而驰的理论"[154]，因为艺术家———直存在的事物（理想）的工具和创造者——是拒绝任何柏拉图认为可以作为典范的、在古埃及受到规则限制的艺术中的理想的表达的独创性和个性。因此在维特鲁威包罗万象的秩序的艺术创作和数学表达方面也可以在对通过比例来丈量建筑的一个组成部分的 ordinatio 概念中找到。但是它也表现在作为整个建筑中的计量部分——模数——的协调的对称概念中[155]，尽管这两个概念不能直接归为 venustas。

对于像圣·奥古斯汀（St. Augustine）那样的中世纪思想家来说，秩序 (ordo) 这样的概念定义了作为世界和宇宙的基本秩序的人类世界的画面。秩序是建立在作为解释所有非理性事物的出发点的数字和尺寸的理性之上的。但是接着，阿尔伯蒂用不同的方式在他的 10 本书中的第 4 卷中定义了作为精确描述的 venustas 的一个很明确的组成部分的美。他把数字放到了他的标准清单的首位，然后又提到了关系 (Finitio) ——包括实际上备受阿尔伯蒂推崇的比例，最后是布局 (collocatio) ——对建立在从自然形式中发现的景象特征之上的对称的理解。[156] 阿尔伯蒂让所有的概念都服从于规律性 (concinnitas) 概念中所表达的、与自然世界秩序一致的数学上的理性，他坚信柏拉图思想传统中的"理想"。

与维特鲁威的追随者和阿尔伯蒂不同，被叫做维尼奥拉（Vignola，1507—1573 年）的 Jacopo Barozzi 在确定 5 种"柱式"的时候，不是从先验的、反映人体结构的数学和比例中，而是从他通过对古罗马建筑遗迹的经验主义的观察，而对它们的规则作出解释的出版物（《建筑五柱式规范》，1562 年）中寻找尺寸。[157] 维尼奥拉关于决定比例的模数的观念在 20 世纪的教学中依然非常实用，而且由于过度的简化而变成了教条。后来 18 世纪晚期的让－尼古拉斯－路易斯·唐纳德（Jean-Nicolas—Louis Durand）等建筑师所发表的言论都来自于维尼奥拉。

因此，当理想的理论在中世纪占据统治地位的认识中牢牢地巩固了它作为完全神圣的思想的逻辑和神圣的外观表达艺术的地位的时候[158]，15 世纪的作家阿尔伯蒂把它们的特征从理论的固执和形而上学中移开了。它现在作为人的直接组成部分，尤其是艺术精神而存在，并且如米开朗琪罗那样，导致了把描述上帝形象的艺术家们奉为"圣者"。[159]

"秩序是"，康用简短的公式得到了强有力的表达并且对它的神圣精华深信不疑，因为柏拉图的一幅世界的图画诗意地宣称秩序是先验的。它允许艺术家从中汲取自己的创造力，通过直觉把对秩序的介绍看作两种品质的"练习"，并且在创作过程中，甚至在自然界中，对所采用的秩序和美之间作出区分：

"秩序是创造力"。
"莫扎特的作曲是设计，它们是关于直觉的秩序的练习"。
"秩序不能体现美，同样的秩序创造了侏儒和阿多尼斯"。[160]

151 柏拉图，Menon，引用 85e。
152 柏拉图，Euthydemos，引用 296d。
153 帕诺夫斯基，《Idea》，第 2—3 页。
154 同上。
155 维特鲁威，《建筑十书》，第二章，第 37 页，以及基曼，《建筑理论史导论》，第 18/19 页。
156 阿尔伯蒂，《建筑十书》，卷 6venustas，第 293 页；以及克鲁夫特，《建筑理论史导论》第 50—52 页。
157 基曼，《建筑理论史导论》，第 118—119 页，以及克鲁夫特，《建筑理论史》第 88 页。
158 圣·托马斯·阿奎因（St. Thomas Aquinas）《关于存在和本质》（写于 1252 年）。德语版译者为鲁道夫·阿勒斯（Rudolf Allers），Wissenschaftliche Buchgesellschaft，达姆施塔特，1953 年，这里采用的是 1989 年的版本；第 49—50 页。"因此精神必须由形式和存在所组成，并且从第一个、也是惟———个存在开始就具有这种本质。但是这是第一个原因，那就是上帝。"
159 帕诺夫斯基，《Idea》，第 64—72 页。
160 "Order is"，康的诗意的论文，第一次发表于耶鲁建筑杂志《Perspecta》第 3 期，耶鲁大学，纽黑文，1955 年，第 59 页。

康在实际建成的建筑中贯彻这种关于秩序的理想的想法在埃及金字塔的图形中达到顶峰。它的与功能无关的绝对性与柏拉图的把它作为创作过程的出发点和让过程本身清晰可见的形式的想法非常吻合。它意味着理想的理论和一方面是单个确定的秩序理论，另一方面是建成形式的理性之间的一个"交叉点"。

康说："金字塔试图对你说：'让我告诉你我是由什么做成的。'"[161] 他指的是它们的起源，特别是它们的结构秩序——几何关系，它变成形式并且让人能够理解。作为数学世界里体现永恒之美的数字和比例的产物的几何学，象征着通过精确阐述的标准达成的规律性[162]。在康关于"纯粹的"方形和圆形几何形体的形式的想法中，考虑的是那些站在他的创作过程的出发点上的图形。几何形体是对秩序的直接表达，而且作为意识的产物，它等同于它相互依赖的"生长的"形体之间的内在结构的本质，并且把设计（venustas）和结构（firmitas）与功能（utilitas）结合在一起，几乎到了彼此融合的地步。

"生长是一种建构"[163]，结构的生长直接与自然的秩序相关，它给康的整个作品赋予了复杂的几何形式。在彼此依赖并且因此而确定设计中所有组成部分的平面布局的几何图形序列——通常是方形以及按比例确定的矩形——详细的分析步骤中我们可以看到生长的过程：一种偏心的美和对理性的理解和感性的感受的区分，从作为中心象征的居中的方形开始的康的设计，都与*中心的遗失*进行着对抗。[164] 这种同心的特征让人回想起宇宙星盘、印度原始曼陀罗中有秩序的图形。几何形体和它们的生长的联系可以直接从彼此镶嵌在一起的无限延伸并且旋转了45°的方形链中进行理解。首先它们依赖于1：0.707或者1：1.414（$\sqrt{2}$）的比率，这组成了整个建筑群的次图形。然后是它们以同样的比例或者以黄金分割比1：0.618或者1：1.618进行生长的矩形，这些图形来自于以自我为中心的方形的一种动态的延伸。把轮廓线图形彼此独立的设计的各个部分联合或者融合在一起的做法，体现了康想要达成类似有机生长的效果的想法。

次图形彼此之间的关系最终是建立在巴黎美术学院"分布、排列和构成"[165]主要的秩序概念之上的，它使得康在受训期间曾经受到极多主义的影响这件事变得清楚起来。

因此，作为在康实际建成的建筑中已经进行了详细表达的复杂概念，*秩序*可以直接从几何形体的理性中进行理解；它体现了系统的复杂性并且试图实现阿尔伯蒂的3个关于美的标准（数字——关系——布局）；数字（numerus）指的是阿尔伯蒂的理性数字；在这里它是图形演变过程的出发点并且具有象征意义。一方面它用数字5体现了土、水、火、空气和球这些元素可能的密码，另一方面柏拉图的数字7是宇宙的数字。关系（finitio）包括作为重要组成部分的比例，它决定了整个建筑的数字和图形。

布局（collocatio）是通过秩序的概念和它的所有次图形的对称，以及它们结合成一个整体的方法来实现的。

在建筑的实施过程中，无论是整体还是局部都在用抽象的立方体——通常是棱柱体——表现出来的平面和它们具有远古特征的对称的立面图形中，找到了同样的、秩序的重要性。

对比

康的建筑中先天的秩序面临着虽然不会导致"无序"但是会产生一种可以使它避免几何结构的停顿和单调的内在的、双重性的一种力。然后，在平面和立面图中采用单一的图形，比如说网格，或者根据比例确定的矩形图形或者"框架"的时候，

161 乌曼，《What will be...》，第1页；康"On Order"的言论来自：《Perspecta》第3期，耶鲁大学建筑杂志，耶鲁大学，纽黑文，1955年。

162 鲁道夫·威特科尔，《Architectual Principles in the-Age of Humanism》；德语版，Beck-Verlag，慕尼黑，1962年，第92—95页；威特科尔描述了"阿尔伯蒂创造的尺寸的比例"，它后来由弗朗西斯科·迪·乔吉·马提尼（Francesco di Giorgio Martini）与毕达哥拉斯－柏拉图学说的"宇宙的和谐"联系起来，更加精确的讲述了"神圣的"7个数字的排列1-2-3-4-8-9-27（第83—87页）。也可以见：安妮·G·唐，《Louis I. Kahn's "Order" in the Creative Process》，第277页，拉特沃尔《Louis I. Kahn, l'nomo, il maestro》，罗马，1986年。

163 摘自《Order is》。

164 汉斯·赛德尔梅耶（Hans Sedlmayr），《Verlust der Mitte》，Otto Müller Verlag，萨尔茨堡，1948年，这里采用的是1965年第8版，写于1943—1945年。

165 亚瑟·德克斯勒（Arthur Drexler），《The Architecture of the Ecole des Beaux-Arts》，以及理查德·查菲（Richard Chafee）、亚瑟·德克斯勒、尼尔·莱文（Neil Levine）和戴维·凡·赞腾（David van Zanten）的论文，现代艺术博物馆，纽约，1977年，第112—114页。

就必然会出现这个作品会变得机械和单调的危险。这一点可以通过采用强烈对比的原则强调建筑的复杂性来加以避免。

对比是风格主义的一个元素，帕诺夫斯基把它解释成对抗文艺复兴生硬的数学规则的元素。[166] 万物趋向于建立在毕达哥拉斯——柏拉图学说的数字信念上的和谐，现在则开始服从于它的反面，也就是设计原则的变形和扭曲。[167] 对柏拉图理想的理论的进一步改变是通过对数学理想的背叛而实现的，它解放了文艺复兴时期英雄的艺术精神，并且进一步回归到柏拉图和中世纪的形而上学。在风格派中，艺术家自由创作的作品浓缩了 *曲折的图形* (figura serpentina) 的母题，[168] 偏离了他自己，但是又像神一样的吸取灵感，并且在把自由的力量结合在一起的理性边界中注入动力 (disegno interno)。[169] 艺术被称为是一个理性的组织起来的宇宙，[170] 在它承受张力的双重性中体现了与康的建筑的一致性。正如传统的风格派典范的形而上学在康的建筑中被折射成"上帝的映像"一样，[171] 变形、替换甚至是扭曲也可以在一个有秩序的结构的框架中找到。

1950—1951 年康在罗马的生活和他稍后对后来成为他的助手并且在他的事务所里工作多年的罗伯特·文丘里[172] 的思想的研究，使得他开始接近乔凡尼·巴蒂斯塔·皮拉内西 (Giovanni Battista Piranesi, 1720—1778 年) 的建筑神话。他的观念[173] 是一个复杂的结构，由存在的、预先考虑过的、可以通过对比的极端综和的形式结合成创新的整体的元素所组成的。风格派在皮拉内西的风格中不是为了实现而设计的，它导致了 1762 年的"罗马马尔茨广场图"的诞生，这是一幅由古罗马马蒂斯校园完全对立的、对称的自主的次图形所组成的、富有创造力的拼贴画，它成了康的设计用之不竭的源泉。

文丘里写于 1962 年并且于 4 年后发表的《建筑的复杂性和矛盾性》一书，抵制了 20 世纪 60 年代依然广为流传的"密斯的教条"。[174] 这是一种对可以使建筑变得丰富的不受约束的矛盾性和复杂性呼吁，这是文丘里对当今一直到远古的建筑的看法。看来文丘里关于矛盾的建筑是复杂性的一个决定性的方面的论断依然很重要，对康后来的作品无一例外的产生了影响，康在特林顿浴室中已经准备好了要采用这样的方法，但是没有直接地表现出来。[175] 文丘里把注意力放到了弗兰克·弗内斯

(1839—1912 年) 在费城的建筑，其中的大多数都被破坏了。他设计的远见人寿和信托公司的银行、共和国国家银行或者他在康任教[176] 的宾夕法尼亚大学校园里设计的美术图书馆（文丘里在 1988—1992 年收集）都体现了采用运用对立元素和头上顶着古典法则光环的比例准则的讽刺性的引用而展现出的折衷主义，这些建筑都用奇异的形状进行了夸张。

这种结合激发了文丘里，很快从不接受他的建筑中对比观点的康那里离开了。这种观点后来还是对康的建筑产生了影响。[177] 在他的书中，文丘里把矛盾性分成了模糊型、矛盾性、并置的矛盾性、室内和室外、与整体的关系和双重功能。为了阐述他的 *模糊性* 的概念，文丘里引用了对康造成影响[178] 的包豪斯画家约瑟夫·阿尔伯斯 (Joseph Albers) 的话，"物理上的事实和心理上的效果之间的差异"是变成"艺术起源"的矛盾性。[179]

166 帕诺夫斯基，《Idea》，第 39—40 页。

167 帕诺夫斯基，《Idea》，第 41 页。

168 帕诺夫斯基，《Idea》，第 42—43 页。

169 帕诺夫斯基，《Idea》，第 47—49 页。

170 帕诺夫斯基，《Idea》，第 43 页。

171 凯萨尔·理帕 (Cesare Ripa)，《Iconologia》，罗马，1603 年；在帕诺夫斯基，《Idea》，第 111 页中有所提到。

172 这些细节来自于 1988 年 9 月作者在费城和罗伯特·文丘里的对话。

173 汉斯·沃尔克曼 (Hans Volkmann)，《Giovanni Battista Piranesi, Architekt und Graphiker》Bruno Hessling Verlag，柏林，1965 年。以及，约翰·威尔顿－埃里 (John Wilton—Ely)，《The Mind and art of Giovanni Battista Piranesi》，伦敦，1978 年。

174 罗伯特·文丘里，《建筑的矛盾性与复杂性》，当代艺术博物馆，纽约，1966 年。

175 当问到康和文丘里之间的关系的时候，文丘里回答说可能存在着一种"大师向小学生学习"的关系。

176 詹姆斯·F·奥吉曼 (James F. O' Gorman)，《The Architecture of Frank Furness》，费城艺术博物馆，费城，1973 年。美术图书馆的首层收藏着《Louis I. Kahn Collection》，它现在重新被用作经营的图书馆。

177 1988 年 9 月作者在费城与埃瑟·康女士和安妮·格里斯沃尔德·唐博士的会谈中，提到了康对文丘里的建筑的批判的态度，这一点他从来没有公开发表过。

178 约瑟夫·阿尔伯斯 (1888—1976 年)，德绍包豪斯的教师，后来于 1950 年来到纽黑文的耶鲁大学，并且在那里进行了他的"方形"系列绘画，就像他的写诗的方法一样，给康留下了深刻的印象，他的诗和康的诗意的描述有着形式上的相似性。在布朗宁／德·龙《路易斯·I·康；在建筑的王国中》第 45—46 页中有所提及。

179 文丘里，《建筑的复杂性和矛盾性》，第 20 页。

真实和想像之间的区别，以及可能来自于它的模糊性，在康的建筑中提出了柏拉图关于先验的、永远正确的秩序世界是否可以直接在实际建成的建筑中传达出来的问题。康的解释是建立在观察者个人想像力的发展之上，还是以对于人类的理解来说是通用的先验的模式为基础，这一点还有待考证。秩序的形象既可以被看作是古老的形式中超越历史的东西，也可以被看作是某个特殊时期的抽象设计。我们也不清楚作为创作过程的出发点的图形的形式（理想）是否会像詹姆斯所说的那样，保留在最终的形式中。阿克曼在关于米开朗琪罗的文本[180]或者——按照阿尔伯蒂的要求——在方形平面中起始的立方体，在这里变得非常简单，它只代表它自己，因为三维的过程彻底把它扭曲了。

例如，在费舍住宅中出现的模糊性，它的平面体现了2个占统治地位的方形，但是从室外的体量看，它们彼此融合，由于它们同样的高度和材质，形成了一个连续的、统一的形体。在印度管理学院的学生宿舍中（见图144、145），平面图形中几何形的"凹槽"要么切碎了想像中的封闭的方形，要么把整个图形表现成一系列三角形、矩形和方形的个体的组合。这个宿舍图形的演变过程，正如我们所看到的，可以从几何上进行精确地分析，但是它在最终的图形中依然显得很模糊。

文丘里描述的另一个概念是矛盾性[181]，这个概念意味着一种"既这样又那样"的悖论。通常用它来表现对比的形式和功能，但同时也用来表现与文丘里对 venustas 的分类密切相关的双重性。在埃克塞特图书馆中可以看到这种对比，在那里，双向轴线对称的建筑要求有一个突出的、明确的入口，但是实际上，它却被藏在一个低矮的拱廊下面。在印度管理学院的一个楼梯间轴线结构的主入口中也可以感受到类似的东西，这个入口一开始就被一棵几乎位于中间的树所干扰，然后又通过戏剧化地往外伸展而形成了出乎意料的入口效果。它既不是一个室内的目标，也不是建筑的高潮，除了露天的庭院之外什么都不是。整个第一惟一神教堂和印度管理学院建筑群中的每一个次图形都有它自己的对称轴，它们通过偏移而使整体效果变得柔和，并且因此而只保留了单个图形的重要性。建筑被中心的对称隔离开来，但是局部之间的联结和融合又抵制了这种分隔。

并列的矛盾性[182] 确定了设计手法和对比元素的完全并列。这在达卡的国家首都建筑群的布局中表现得非常清楚，它完全单独的轮廓线暗示着每一个部分都是自主的，但是所有的部分又都披着同质的"外衣"，它们通过同样的高度统一成了一个整体。在原始的印度管理学院设计的庭院中（见图145和图95），位于端头的居统治地位的图书馆和低矮的餐厅形成了一种令人兴奋的并置关系，并且通过旁边的建筑协调在一起。巨大的建筑体量和单薄透明的表皮在这两个设计中也体现了一种对比，用同质的块状的特点来和展现建筑室内的巨大的洞口形成对比。

室内和室外[183] 的对比提出了建筑的外部轮廓线和它的室内之间是保持一致还是形成对比的问题，这个问题经常还涉及到模糊性。金贝尔美术馆的室外有大量作为室内外之间的过渡的柱廊，它既属于室内又属于室外。但是在达卡的议会大楼中，具有戏剧化的立面的过渡区域既不属于室内也不属于室外，它们是独立的空间，只和光影有关，因此也只和它们自己有关。印度管理学院图书馆的前庭以及它的斜向的特征和洞口看上去是独立和脱离的，它似乎"想要"成为室外的一部分，但是它的轮廓线又是完全和建筑结合在一起的。被文丘里称为"对困难的整体所承担的义务"[184] 的局部与整体的关系确定了具有多面性的整体和部分之间的合作和它们之间的相互作用，并且声明部分本身也可以成为一个整体或者一个具有高度统一性的片断。因此，在金贝尔美术馆中，附加的元素在整体中起到了一个主要的作用，无论在室内还是室外都显得非常突出。在这里，局部由于与整体结合得非常紧密而失去了它们的个体性。在达

180 詹姆斯·S·阿克曼（James S. Ackerman），《The Architecture of Michelangelo》，A. Zwemmer 有限公司，伦敦，1961 年，文丘里在《建筑的复杂性与矛盾性》第 44 页有所提及。
181 文丘里，《建筑的复杂性与矛盾性》，第 23－32 页。
182 文丘里，《建筑的复杂性与矛盾性》，第 56－69 页。
183 文丘里，《建筑的复杂性与矛盾性》，第 70－87 页。
184 文丘里，《建筑的复杂性与矛盾性》，第 88－105 页。

卡的中心议会大厦中也是单个的部分在轮廓线中非常地突出，"似乎想要"保持它们的自主性，但是又把它们自己紧紧地和整体图形联系在一起——它们的高度相同，材质也相同——模糊成了一个更高层次的整体。印度管理学院教室区楼梯间的体量也是被隔离出来的；它与它自己和邻近的教室体量相结合，但是接着又打破了周围的单调，庭院墙体的尺寸和它微小的体量与外面次图形的尺度取得了呼应。

　　*双重功能*的概念也具有特殊的重要性。文丘里把它和"功能和结构的特殊性"结合起来，与上面提到的既这样又那样形成了对比，它更关注于在局部和整体的关系中划出界线。[185] 接着，塞德尔梅耶和威特科尔也对双重功能进行了不同的描述。对于威特科尔来说，人和同样的建筑的组成部分首先和一件事情有关，然后再和另一件事有关，造成了清楚的感受的缺失。结果是一种与清晰的稳定性相对的不稳定的感觉，这一点已经在特林顿浴室的空心柱和理查德楼背面不相等但是仍然是对称的通风道中提到过了。在印度管理学院的办公楼和庭院的结合中也能看到类似的东西，它们具有同样的宽度，并且通过显著的台阶进行了强调，它们中的每一个都具有双重关系。在教室的图形中，垂直摆动的连接墙体把邻近的两栋建筑联系在一起，因此，在这里每一个次要的元素都具有"双重的"功能。这种双重联系在宿舍和它们分成两部分的立面上也可以看到；从对角线方向看，它们是对称的，它们的体量平均地分布在两侧。

　　威特科尔所说的*倒置*表现了各种各样的双重功能[186]，它意味着相似的或者不相似的建筑元素通过对比的方式一个个叠加起来；那些在印度管理学院办公楼立面上暗含的东西，它们看上去是独立的，但是又通过参观者来回移动的眼睛联系在一起。[187] 在这里，矩形的洞口和它们上面的弧形的片断结合在一起，形成了一个视觉上的整体，尽管它们分别属于不同的楼层。在教室立面的墙体层次中可以建立起清晰的空间界限；它们不能被明确的定义成结合在它们后面的墙体之上的宽壁柱，因为

就像它们的基础和墙体融合在一起那样，它们是有可能形成实际的室外墙体和中间封闭的洞口的统一体。威特科尔把这种模糊性称作*置换*。[188]

办公楼走廊部分的"生长的"立面洞口

185 文丘里，《建筑的复杂性与矛盾性》，第 34—40 页。
186 鲁道夫·威特科尔，《Das Problem der Bewegung innerhalb der manieristischen Architektur》，Kunsthistorisches Institut Florenz，第 626 页。
187 同上。
188 威特科尔，《Das Problem der Bewegung innerhalb der manieristischen Architektur》，第 628 页。

运动

刻板和运动不仅是一种双重性和力的统一体，而且还是对抗的两极。这两个既冲突又联系的方面在康的建筑中形成了一个统一体，并且——就像上面的普遍原理一样——体现了最系统的*有机特性*并且可以感受到其中的张力。运动是建立起来之后又遭受质疑的秩序的结果。没有秩序和转变、弯曲、曲线和直角以及双重功能的对比，就无法形成建筑中的运动。

威特科尔的"运动的元素"（Bewegungsmoment）是上面提到的双重功能、倒置和置换、以及塞德尔梅耶的双重结构的产物，它意味着让参观者感觉不安全的建筑元素不稳定的运动过程：他们的眼睛犹犹豫豫地来回摇摆，很难一下子抓住整个过程的复杂性。它的目的是要通过对几何上非常严格而清晰、并且导致了对建筑进行强化的研究的结构进行模糊和溶解而形成一种"*愉快活跃的感情状态*"（pendelnde Gefühlslage）[189]；这可以被看作是风格派设计的一个基本特征。*图形的扭曲*意味着对背离文艺复兴后期的雕塑在数学上和技术上的刻板的一种戏剧化表达，它转动的螺旋象征着对先前稳定的和谐思想强有力的背叛。这作为康的建筑中微妙的变形过程的一种记忆而存在，但是又没有跟柏拉图和毕达哥拉斯主要的图形离得太远。

1828 年产生于巴黎美术学院的 *Marche* 概念[190]，意味着与某种秩序有关的具有特殊方向的过程。它也意味着由于空间连接、局部、生动的光影的组织而形成了序列，它可以被看作是康对局部进行变形的运动的一个方面。

在康已经确立的建筑语汇中第一个可以直接感受到的运动，可以在阿德勒和德·沃尔的住宅（见图 10 和图 11）的平面中看到；它们进行了转移——运动——而且创造了空间的结构的整体体现了一个原始的网格，静止和运动作为一对力量而出现。在特林顿浴室中，我们第一次看到了以单个建筑元素之间的交替关系的形式出现的双重功能（见图 8 和图 9），沿着中心的旋转运动则可以在理查德实验室中看到（见图 14）；当我们步行或者开车经过从远处才能看到效果的达卡议会大厦的时候，可以感受到在一个集中的整体中的次图形的运动。印度管

理学院体现了建筑元素可以直接理解的运动；图书馆前厅的变形显著地打破了建筑在庭院轴线上的对称关系，形成了弯曲和张力，就像它牢牢地锚固在邻近的建筑中那样。整个建筑群中刻板的、单独的次图形本身是对称的，它们因相互连接而处于运动的状态之中，因此对对称轴的变异形成了稳定的运动状态或者持续的运动。教室之间移动的连接墙形成了一种不稳定感。我们对康把单个图形的对称性和整体布局的不对称性结合在一起的手法进行了研究。

力之间动态的相互作用因为框架体系以及创造并按比例确定了各个组成部分的位置和尺寸的矩形图形而变得"驯服"。这些可以从外轮廓中感受到、并且决定了设计的整体形势的框架元素通过垂直方向上的运动以及水平方向上的来回移动使它们自己处于运动状态之中，这些运动决定了整个区域的边界线的延伸或者模糊。

机械的运动可以在一系列的情况中进行确定：相同建筑的增加和聚集可以通过联系和框架来形成张力，而当它们从以网格为基础的结构原则上发生偏离的时候，就会形成折射、转变和打破。不同的建筑部分开始突破和分裂，同时又在把它们联系起来的时候进行了延伸和转变。

运动首先是由双重功能、不稳定和不受控制所造成的，然后，作为一种受控制的或者不受控制的物理和机械的过程，可以通过平面分析的办法解释得非常清楚，它体现了康的建筑中一个重要的方面。它的起源超越了风格派运动之美的概念[191]，通过自身组分的和谐与互相变化的变形与移动的相互作用（维特鲁威的"完美的比例"）而被界定。

---

189 威特科尔，《Das Problem der Bewegung》，第 629 页。
190 德莱克斯勒（Drexler），《Ecole des Beaux-Arts》，第 163 页。
191 基曼，《建筑理论史导论》，第 21 页，关于维特鲁威的"完美的比例"的概念。

"秩序是"

本文中所提到的研究主要关注的是对建筑设计中的理性原则的方法进行研究。它们体现了几何图形中虽然无法直接感知，但是一直作为一种潜在的证据存在于现有建筑的平面图中的内在结构。设计中的理性表现在那些很明显地决定了所有次图形的结合关系中。它们在结构上的复杂性决定了建筑的建造方法；它是可以被分解成体现空间和框架的多重联系、根据比例关系确定的图形的无所不包的秩序的体现。在这里，作为完全独立的要素的几何形体和比例关系与作为框架的几何图形融合在一起。它们是有无数种变化可能性的、永远正确的确定形式的原则的一部分。它们表现在两个经典的比率——$\sqrt{2}$和黄金分割比之中，这两个比率被康几乎平等地使用和结合在一起，并且不断对作为起始图形的方形进行确认。以$\sqrt{2}$为基础的约束成了一个完整的几何和比例的综合体，它的较长部分或者较短部分（较大值或者较小值）同样也在几何上形成了方形，然后在下一个步骤之中进行加倍或者减半，但是其中一个是基本的有理数。我们不得不承认，在这里它无法回答康是否给平面图中的特殊比例安排了明确的"功能"，或者说每个比例图形是否和某种状态相关的问题。康对黄金分割比和$\sqrt{2}$比例地运用的双重性或者反向性保留在平面结构中最重要的图形之中，尤其是我们提到的类似有机生长的过程中。

在对印度管理学院的详细分析中，对比例图形地分析主要集中在作为起始图形和后来图形的发生器的特殊的斜向的入口方形上。在比例上相关的图形（框架）与网格结构相联系并结合起来，从而形成了叠加。同时，形成了相互依赖的相似图形的微小变化和有意识的运动：任何一个整体图形连续的相关的组成部分都体现了通过转移、延伸、突破甚至旋转而形成的运动过程，尤其是在第一惟一神教堂中，证实了印度管理学院和达卡议会大厦中通过相邻的棱柱形简洁的轮廓线而形成的"力量的实验"。存在于古老的几何图形中内在的刻板和变形过程中

的动态之间的对抗，非常典型地说明了康在处理这个作为完全可以理解的秩序表现的复杂的几何图形时的鉴别力和个性。对平面的分析可以证明康一直对在包括每一个设计部分在内的整体中创造秩序具有浓厚的兴趣。建筑的过程包括所有的细节，一直到作为模数的砖也包括在内；这意味着微观的世界已经被打破，并且暗示着与有机的生长过程的相似性，因为它是独立的、建立在等级体系上的，并且从一个"起点"开始。另一方面，秩序的理想具有一个宏观的尺度：在实际建成的、彼此依赖的复杂的几何形体中，一种*宇宙的法则*被解码成一种普遍联系的图形。康在亚洲的建筑体现了一种通过把东西方的思想和文化结合在一起而把"东方人"和"西方人"[192]联系起来的意图。这个融合和中立化的过程是形成建筑的*主要形式*的方法[193]，它是不受地域的影响的。这个意图通过把类似古老的模型和单个的、精神元素之类的古典的"模式"包括在内而体现出来。康相信建筑中蕴含着历史的宝藏、确定形式的原则和超越时空的永远正确的法则，必须对它们进行转变才能在今天的情况下

192 "东方人"（Ostmensch）和"西方人"（Westmensch）来自于艺术家约瑟夫·博伊于斯（Joseph Beuys）的概念世界；他的意图是想要说服人们放弃这些归类，这个过程的顶点是"欧亚"（Eurasia）的概念。

193 康关于可以把所有东西统一起来的整个设计的起始点的想法可以在他的被称为"零卷"的言论中看到，这本书一直没有写，它表达了整个寻找古老的、永远正确的结构的愿望："……第一章我读得非常认真，每次我打开这本书的时候，都回翻到第一章，认真地阅读和寻找，因为我的记性很差，任何时候都可以从中找到新的东西。我知道它是什么：它是我想要感受零卷的愿望。负一卷。寻找开始的感觉，因为我知道——开始……是一种永恒的确认。我说永恒，因为……永恒和人的本质有关。"康引自：帕特丽夏·麦克·拉夫林（Patricia Mc Laughlin），《How'm I Doing, Corbusier?》，宾夕法尼亚政府公报，第71卷，1972年第3期，第20页。以及，亚历山德拉·唐，《Beginnings》，第132页。以及；约瑟夫·A·布顿（Joseph A. Burton），《The Architectural Hieroglyphics of Louis I. Kahn》，第5页和第63—65页。
布顿把"零卷"解释成"精神的主要基础"，并且把这个理想和康所有的《On Growth and Form》以及《Book of Creation》这两本书联系起来（这两本书都已经找不到了），并且说出了康在起点上赋予一种世界精神的浪漫的愿望"。

加以运用。[194] 各个洲的文化虽然从来没有彼此交流过，但是它们确定建筑形式的法则却是类似的。因此我们可以假设一种*普遍的建筑精神*，它意味着对秩序的连续地理解已经融入到实际建成的建筑中去，就像一直追溯到过去的知识（印度或者中国的哲学）的一个组成部分。

在印度管理学院最初的设计版本中（见图 144），康试图创造一种与所有组成部分相关的、"可以满足功能要求的"有机组织。它也是系统的抽象的表现和解释，由于对话的整体的重要组成部分的缺失，因此它只能出现在建成的建筑中的想像（见图 145）。显然，即使是很小的变化，也可以在很大程度上削弱他的目的。但是，尽管实际建成的建筑是非常不完整的，但是并没有对设计的概念造成很大的影响。虽然这个概念经受了很大的变化，但是康一直坚持着对它的追求，它仅仅是在一个可逆的过程中造成了局部的重新解释和重构。

平面分析主要是想在设计的演变过程中对建筑中理性的部分进行详尽地阐述。但是它的作用远远不止于此，它以理性研究的名义大踏步地跨入了象征和直觉的王国，相关的对理想以及哲学和形而上学的观点的发现体现了设计师的思想结构。在这里，我们不得不再一次提前考虑可能的误解——只是理性方面的研究导致了设计过程中的高品质的结果，以及仅仅运用复杂的几何形体就可以使建筑具有类似数学计算的结果。恰恰相反，对图形的尺寸和几何形体的改变是建立在"非理性"的直觉之上的，这才是设计的基本要求（见康的草图 76—80）。这两种方法是相互补充的，并且通过建立在个人能力之上的直觉和理性地综合而达到它们的效果。因此，建筑产品永远都不能从孤立的一两个方面来实现它们的品质。

康关于秩序的想法反映了勒·柯布西耶在 1948 年出版的《模度》[195] 一书中进行了详细解释的与几何和比例相关的秩序的思想。勒·柯布西耶直接把建筑和历史的模型包含在内的做

法，被康在 20 世纪下半叶以一种新的方式进行了强化，这是勒·柯布西耶在历史主义和现代主义之间的中间位置的证明，甚至在他早期的 20 世纪 20 年代的重要论文《建筑》[196] 中也可以看到。康把勒·柯布西耶经过详细描述、并且有意识的形成对比效果的建筑结构看作是一个复杂的整体，这种看法对康造成了很大的影响。正如康自己所说的[197]，它的特征是具有普遍正确的形式；它再一次作为一种平行的元素出现在康的作品中，并且证明了他所说的除了克雷特之外[198]，勒·柯布西耶才是他真正的老师。

康在巴黎美术学院跟随克雷特学习以及他早期研究赖特的时候，对作为建筑起源的要求的秩序的原则已经有了详细的了解。赖特的学生诺伊特拉（Neutra）和辛德勒（Schindler）在他们的设计中反映了赖特的秩序的思想，它们的几何形体中充满了模数和比例。康对密斯所谓的"建筑是绝对的"言论的关心，以及他对勒·柯布西耶对黄金分割比的重视（"上帝在这里工作"）[199] 的理解，巩固和加强了他自己的信念。从 1947 年威斯住宅附加的、几乎是自我解释的平面布局（见图 4）、1950 年耶鲁美术馆尤其是它的独立的、位于建筑的对称轴上的、只和自己相关的圆柱形楼梯间（见图 6）的设计开始，康创造了对*形式的自主性和它*的分类价值的一种新的认识。这一点在 1954 年的阿德勒和德·沃尔住宅和它们的附加的方形（见图 10 和图 11）中得到了加强。这种理性方法的顶点是 1955 年的特林

194 布顿，《The Architectural Hieroglyphics of Louis I. Kahn》，第 59—61 页。
根据布顿所说，康的"宇宙文化"的认识体现在他对无数设计中的伦理形式的兴趣上，他的关于希伯来人和巴比伦人的符号系统，埃及、墨西哥和印度的建筑和书法，所有这些都被他看成是建立在一种有关内在重要性的可以理解的、普遍的语言之上的。
195 勒·柯布西耶，《Modulor》，巴黎，1948 年。
196 勒·柯布西耶，《Vers une architecture》，巴黎，1924 年。
197 乌曼，《What will be…》，手写说明的附录，包括康的言论："密斯和柯布西耶，谁更美？柯布西耶的作品是永恒的……"
198 路易斯·I·康，"勒·柯布西耶，我怎么做？"这句话是与帕特丽夏·麦克·拉夫林的会谈中提到的。
199 勒·柯布西耶，《Modulor》，德语版，斯图加特，1978 年，第 238 页。

顿浴室（见图 8 和图 9），这个设计把毫无意义的功能主义概念归纳成谬论，并且以"纯粹的"艺术创作的方法变成了 20 世纪建筑的一个转折点。

由希区柯克和约翰逊定义的国际式的功能主义思想、一种在结构角度上与希腊古代遗迹和哥特建筑相关的建筑[200]，对康造成了很大的影响：

1. 结构和外墙不再是彼此独立的概念，而是结合在一起的。

2. 像赖特或者密斯·凡·德·罗之类的建筑师所提倡的"自由平面"或者"流动空间"已经不再流行，取而代之的是把清晰的空间轮廓线结合在一起。

3. 给人以稳定感和大地的感觉的实体和体量取代了单薄的表皮似的、透明的"容器"，用石头的材料创造出一种三维的特征和室外的重量感，并且用光影的"舞蹈"把立面独立出来。

4. 结构和洞口的发展过程非常明确，它只严格地服从于很难一眼看出来的建筑生长的需要，它们通过对比和双重关系来确定。它是一种把功能方面的要求变成依赖于主要的设计过程的一个模糊的概念的建筑。

5. 结构体系不必在建筑实体中加以阐述，结构的组成部分本身不再是预制的、最小化的产品，而是以它自己的能力从一种更高层次的设计意愿中生长出来的。

6. 建筑元素的内在价值在个性中得到了提高，规范的标准化和强制执行保留在通常看不到的次要元素中。

7. 建筑的布局是由对称的平衡和精心设计的不对称所控制的，它取代"如画的效果"和强制性的不对称；每一个建筑的组成部分都是由完全对称的单体构成的。

8. 几何图形和轴线关系创造了基本的秩序，但是作为与它相反的力量的不对称和双重关系在静止和运动之间产生了一种飘移的不稳定感。

9. 材料的双重性和表面的质感用它们自己合理性强化的材料作为决定形式的媒介的状态，并且终止了表面的中立性和它教条化的白色，允许与材料一致的颜色出现在立面上，从而体现出它们的存在。

10. 建筑不再是一个标准化的系列产品，而是一个存在于普遍秩序之内的复杂的个体。

印度管理学院学生房间内的砖墙

200 希区柯克和约翰逊，《The International Style，Architecture since 1922》，现代艺术博物馆，纽约，1932 年，前言。
201 B·V·多什，《Le Corbusier—Acrobat of Architecture》，论文日期不明，1990 年 3 月在艾哈迈达巴德交给作者，用来总结他与勒·柯布西耶和康共事的时候的想法和体验。

路易斯·l·康的建筑受到一种像勒·柯布西耶一样强烈地想要创造秩序的愿望的驱动。虽然途径和结果不同，但是康在印度的同事多什还是称之为他们俩共有的“普遍的直觉”。[201]由于他们的精神背景，使得印度人特别容易感受到这种力量。它可以帮助我们找到印度管理学院中，康和勒·柯布西耶的建筑之间的共性。

　　在研究康的时候，我们很难把他对柏拉图哲学的特殊信仰，跟他建立在历史上的建筑模型和充满了矛盾冲突的自主性以及它们在实际建成的复杂的几何形体中的实现结合在一起。

　　从这个角度对康的建筑中理性的方面进行研究，可以让我们认识到在康的作品中有一种无所不包的秩序，这就是可以被理解成：“秩序是”的那种秩序。

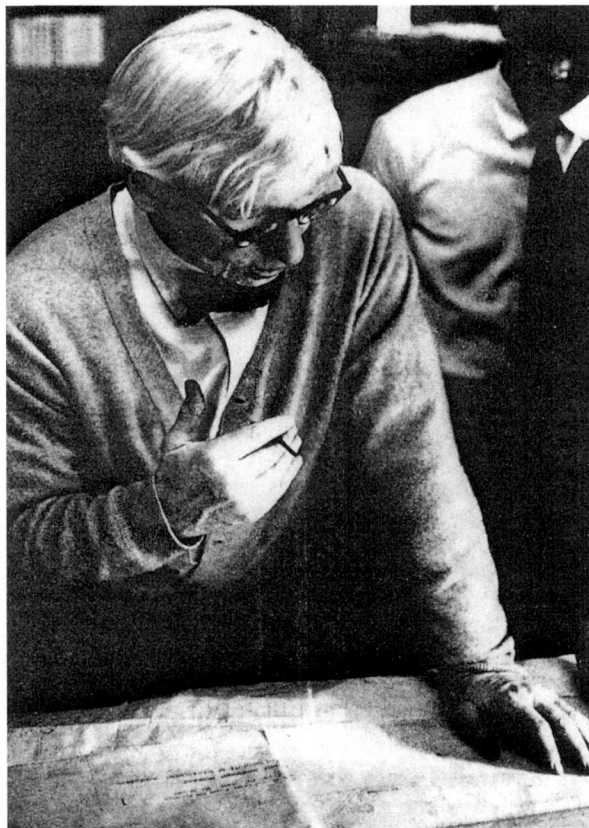

路易斯·l·康

几何法则

第 26 页（注释 20）和 40 页（注释 34）的说明

注释 20 方形的无理数值 1：$\sqrt{2}$（等于 1.414）根据方形的对角线确定了它的边长。

本书主要采用了以 $\sqrt{2}$ 比例的几何结构的两种可能性：首先就是文中所说的方形的对角线，当把它添加到边上的时候就导致了——和黄金分割相类似——一个矩形的图形。其次，当方形的对角线被转移到外轮廓线的角部的时候，就会形成下一个最大的"围合的方形"。$\sqrt{2}$ 比例的较小和较大部分的无理数值分别为：

1：0.707（较小部分）和 1：1.414（较大部分）

13 世纪的维拉尔·德·洪内库尔（Villard de Honnecourt）（《维拉尔·德·洪内库尔草图集》，Hahnloser，1935 年）采用了的毕达哥拉斯、柏拉图（"Menon"）和维特鲁威所说的求积分的法则，尤其是把它作为在哥特式的尖塔建筑中的"位置的求积法"〔劳立沙（Roriczer），"Puechlen der fialen gerechtikait"，关于尖顶的正确性的小册子，雷根斯堡，1486 年〕。它在文艺复兴时期阿尔伯蒂和塞利奥（Serlio）、乔治·马尔蒂尼（Giorgio Martini）和佩鲁奇（Peruzzi）、以及莱昂纳多·达·芬奇和丢勒的作品中都有所体现，并且被柏拉图称作是"最好的比率之一"。这种奇妙的比例关系一部分是来自于不断生长的"纯粹"的方形几何结构的简单性，另外还来自于在它的可能的数列中的理性和非理性的结合，数列中的每一个数字——都是隔一个数的两倍——都可以被看作是理性的。例如：

5—7.07—10—14.14—20 等等。

上面提到的内容和书目来自：鲁道夫·威特科尔，《人文主义时期的建筑原则》以及保罗·V·纳兰迪－雷纳（Paul V. Naredi-Rainer），《建筑与和谐》。

注释 34 "黄金分割" 在 1500 年由莱昂纳多·达·芬奇定义为 "Sectio Aurea"，同时，意大利的理论家和数学家卢卡斯·德·贝戈（Lucas de Bergo，1445—1514 年，也被称作帕西奥卢斯，后来又被叫做卢卡·帕西奥利）在他的论文中把它定义成"神圣的比例"（La Divina Proportione）——有人猜测他是从他的老师皮耶罗·德拉·弗兰切斯卡（Piero della Francesca）的文章中发展而来的；它有时候也被翻译成英语 "Divine Proportion"。它描述了对一条线的无理数的分割，它分割后的较短部分与较长部分的比例与较长部分和整个长度的比例是相等的；用公式表示就是：

$$a：b = b：(a+b)$$

用无理数的比率则可以表示为：

1：0.618 或者 1：1.618

本书中经常提及的黄金分割简单的几何结构通常被假设为与方形的存在有关，这个方形被圆弧所改变的对角线的一半被用来形成方形的边，它体现了方形和矩形之间的线和面积的黄金分割比率。

甚至早在公元前 2650 年，埃及古老王国的第三王朝高度文明开始的时候，我们就可以在人类历史上第一座石头纪念性建筑"马斯塔巴台阶"，或者在国王 Djoser 和他的建筑师 Imhotep 在塞加拉一个类似台阶形的构筑物中看到它的平面对角线的长度和高度的比值，以及在后来的吉萨金字塔群中的 Cheops 金字塔精确得多的宽度和高度的比例中〔详细的资料参见西格弗里德·吉迪翁（Siegfried Giedion）《永恒的现在》，纽约和科隆，1965 年〕都可以看到黄金分割。欧几里德和毕达哥拉斯认为，柏拉图把古希腊遗址中的黄金分割看成是来自

埃及的分割比率（Timaeus），在罗马，则由维特鲁威（《建筑十书》，第 9 册前言）对柏拉图和毕达哥拉斯的学说进行了引用。这一点后来由文艺复兴时期叫做斐波纳契（Filius Bonacci）的数学家莱昂纳多·达·比萨在以前两个数之和为第三个数的数列〔"斐波纳契数列"，也因后来的法国数学家加百利·兰姆（Gabriel Lame）而被称作"兰姆数列"：1、2、3、5、8、13、21、34、55、89、144、233……〕中进行了证实；随着数字的增长，两个相邻数字之间的比值越来越接近抽象的黄金分割的比值。在意大利文艺复兴早期，可以在佛罗伦萨大教堂〔萨尔曼（Saalman），伦敦，1980 年〕的结构中看到"神圣的比例"。在阿尔伯蒂和塞利奥的论文中对它进行了专门的宣传，而且据说是隐藏在米开朗琪罗图解的布局方式后面的法则（Linnenkamp，格拉茨，1980 年）。

黄金分割是 19 世纪科学研究的对象。特别是阿道夫·蔡辛（Adolf Zeising，《关于比例的论文集》，莱比锡，1854—1888 年）和弗朗茨·克萨韦尔·波菲（Franz Xaver Pfeifer，《黄金分割》，威斯巴登，1885 年），和柏拉图一样，在整个世界体系中寻找证据，这导致了在哲学和玄学上把它解释成打开宇宙结构的钥匙：他们断定这个比例出现在所有生物的组成和结构之中，在植物世界中，在地球上的陆地和水面的比值之中，以及在太阳系的星座图和宇宙螺旋星云的距离之中都可以看到黄金分割比。

古斯塔夫·特奥多尔·费希纳（Gustav Theodor Fechner，《初级美学》，莱比锡，1878 年）和波菲把黄金分割看作是被称作"多种事物之间统一联系原则"（"自然分割准则"）的世界"法则"的结果。多样性和"完美的不变性"（黄金分割作为一种分割比例的特征与与众不同之处）以及这些始终不变的划分比率的"中立性"在数学上可以通过简单的极端比例的相加得到证明：0：1 加 1：1 等于 1：2，1：1 加 1：2 等于 2：3，1：2 加 2：3 等于 3：5 等等（斐波纳契数列），从而得出了这样的结论："黄金分割是对彻底的不变性和中立性的表达。"从这一点上可以得出一个自然哲学的假设：如果不变和中立的法则可以在自然界中得到完全的表达，那么它们一定会被表现为黄金分割。费希纳谈到了"人类在积极的或者可以接受的关联中对多重性的需要……"在这里，指的是多样性和复杂性，它在人类灵魂中赋予了黄金分割崇高的位置。

1975 年，作为康的长期合作者的安妮·格里斯沃尔德·唐博士在费城宾夕法尼亚大学的一次学术演讲《建筑中的抽象能量：一个创作的原则》中提出，建筑中的结构和重复的体系与自然和生物体系是一致的。她谈到了——这里指的是她举的例子——1：1.618 比率的出现就像是在红血球的结构中的一个距离而 1：0.618 则是神经腱中大脑内的一个加固序列。在这里，她假设"神圣的比例"——黄金分割——可能是宇宙中有两种可能的解决方式可以重复的过程的平均值。

关于这个题目的详细内容（包括上面已经提到的那些）参见：

赫曼·格拉夫（Hermann Graf），《关于比例问题的书目》，Pfälzische Landesbibliothek，斯派尔，1958 年（只有 1957 年，威特科尔完成的《人文主义时期的建筑原则》）；

保罗·冯·纳兰迪－雷纳，《建筑与和谐》；

1500 年意大利修士和数学家卢卡·帕西奥利在他的著作《神圣的比例》中把"较短部分"和"较长部分"作为一条以黄金分割比彼此相关的线的两个部分的名字（纳兰迪－雷纳，第 196 页）。

参考文献

Alberti, Leon Battista, *"De re aedificatoria"*, German edition translated by Max Theuer, Darmstadt 1991, unchanged 2nd original edition of the 1st edition, Vienna 1912.

Aquinas, St. Thomas, *"De ente et essentia"* (written approx. 1252), German edition translated by Rudolf Allers, Darmstadt 1953, here 1989.

Aubert, Hans Joachim, *"Nordindien"*, Cologne 1989.

Badawy, Alexander, *"Ancient Egyptian Architectural Design; A Study of the Harmonic System"*, Los Angeles 1965.

Bailey, James, *"Louis I. Kahn in India: an old order at a new scale"*, in: Architectural Forum, July/August 1966.

Banerji, Anupam, *"Learning from Bangladesh"*, in: The Canadian Architect, October 1980.

Banham, Reyner, *"The new brutalism"*, in: Architectural Review, December 1955.

Banham, Reyner, *"The buttery-hatch aesthetic"*, in: Architectural Review, March 1962.

Banham, Reyner, *"Theory and Design in the First Machine Age"*, XXX 1960.

Bauer, Hermann, *"Form, Struktur, Stil: Die formanalytischen und formgeschichtlichen Methoden"*, pp. 158–162, in: Kunstgeschichte, eine Einführung, Berlin 1985.

Benevolo, Leonardo, *"Geschichte der Architektur des 19. und 20. Jahrhunderts"*, Munich 1960, 3 volumes, here 5th edition, 1990.

Bissing, Friedrich W. von, *"Das Re-Heiligtum des Königs Ne-User-Re"*, Berlin 1905.

Blake, Peter, *"The mind of Louis Kahn"*, in: Architectural Forum, July 1972.

Boesiger, Willy and Girsberger, Hans (ed.), *"Le Corbusier, Oeuvres complètes 1910–65"*, Zurich 1967.

Boles, Doralice D., *"The legacy of Louis Kahn"*, in: Progressive Architecture, December 1984.

Bonta, Juan Pablo, *"Architecture and Its Interpretation"*, London 1979.

Bottero, Maria, *"Indian Journey: Le Corbusier and Louis Kahn in India"*, in: Zodiac 16, 1966.

Bottero, Maria, *"Organic and rational Morphology in the work of Louis Kahn"*, in: Zodiac 17, 1967.

Braudy, Susan, *"The Architectural Metaphysic of Louis Kahn"*, in: The New York Times Magazine, 15. November 1970.

Brooks Pfeifer, Bruce (ed.), *"Frank Lloyd Wright, Letters to Architects"*, letters to and from F. L. W., selected and with a commentary by Brooks Pfeiffer, Los Angeles 1984.

Brown, Jack Perry, *"Louis I. Kahn, A Bibliography"*, New York and London 1987.

Brownlee, David B. and De Long, David, *"Louis I. Kahn, In the Realm of Architecture"*, New York 1991.

Burton, Joseph Arnold, *"The Architectural Hieroglyphics of Louis I. Kahn, Architecture as Logos"*, Philadelphia 1983.

Burton, Joseph Arnold, *"Louis I. Kahn, personal library"*, The Louis I. Kahn Collection, Philadelphia, no date.

Chipiez, Charles and Perrot, Georges, *"Geschichte der Kunst im Altertum-Ägypten"*, Leipzig 1884.

Choisy, Auguste, *"Histoire de L' Architecture"*, Paris 1898.

Choisy, Auguste, *"L' Art de Bâtir chez les Egyptiens"*, Paris 1902.

Conrads, Ulrich, *"Programme und Manifeste zur Architektur des 20. Jahrhunderts"*, Braunschweig/Wiesbaden 1975/1986.

Cook, John W. and Klotz, Heinrich, *"Conversations with Architects"*, New York 1973.

Correa, Charles, in: *"Vistara, Die Architektur Indiens"*, Haus der Kulturen der Welt, New York 1991.

Curtis, William J. R., *"Authenticity, Abstraction and the Ancient Sense: Le Corbusier's and Louis Kahn's Ideas of Parliament"*, in: Perspecta 20, The Yale Architectural Journal, New Haven 1983.

Curtis, William J. R., *"Balkrishna V. Doshi, an Architecture for India"*, Ahmedabad 1989.

De Long, David and Brownlee, David B., *"Louis I. Kahn, In the Realm of Architecture"*, New York 1991.

Devillers, Christian, *"L'Indian Institute of Management ad Ahmedabad 1962–1974 di Louis I. Kahn"*, in: Casabella 571, September 1990.

Doshi, Balkrishna Vithaldas, in: *"Architecture and Urbanism, Louis I. Kahn"*, essays by Louis I. Kahn, Vincent Scully, Stanford Anderson, Balkrishna V. Doshi, Fumihiko Maki, Peter Smithson and Uttam C. Jain; Tokyo 1975.

Doshi, Balkrishna Vithaldas, *"Le Corbusier – Acrobat of Architecture"*, documentation of experiences in dealings with Le Corbusier and Kahn, no date.

Drexler, Arthur (ed.), *"The Architecture of the Ecole des Beaux-Arts"*, with essays by Richard Chafee, Arthur Drexler, Neil Levine and David van Zanten, The Museum of Modern Art, New York 1977.

Dunnett, James, *"Sher-e-Banglanagar, The city of the tiger"*, in: The Architectural Review, December 1980.

Eames, Charles and Ray, *"Eames-Report"*, study of designers Charles and Ray Eames, Los Angeles, on the situation of the Indian Design Institute, Los Angeles 1957.

Edwards, I. E. S., *"The Pyramids of Egypt"*, New York 1952.

Fechner, Gustav Theodor, *"Vorschule der Ästhetik"*, Leipzig 1878.

Feldman, Gene and Wurman, Richard Saul, *"The Notebooks and Drawings of Louis I. Kahn"*, New York 1962.

Fischer, Klaus and Jansen, Michael and Piper, Jan, *"Architektur des indischen Subkontinents"*, Darmstadt 1987.

Foerster, Bernd, *"Only what matters, an architectural review"*, in: The Unitarian Universalist Register-Leader, Rochester 1964.

Frampton, Kenneth, *"Louis Kahn and the French Connection,"* in: Oppositions, no. 22, Sept. 1980.

Frankl, Paul, *"Die Entwicklungsphasen der neueren Baukunst"*, Leipzig 1914.

Friedman, Mildred (ed.), *"De Stijl: 1917–1931, Visions of Utopia"*, essays by Kenneth Frampton et. al.; Walker Art Center, Minneapolis, New York 1982.

Fusaro, Florindo, *"Il Parlamento e la nuova capitale a Dacca di Louis I. Kahn, 1962–1974"*, Rome 1985.

Gandhi, Mohandas Karamchand ("Mahatma"), *"My life is my message"*, the life and impact of M. K. Gandhi; Gandhi – Informationszentrum Berlin, Kassel 1988.

Germann, Georg, *"Einführung in die Geschichte der Architekturtheorie"*, 2nd edition, Darmstadt 1987.

Ghyka, Matila, *"Le Nombre d' or"*, Paris 1931.

Ghyka, Matila, *"The Geometry of Art and Life"*, New York 1977, first edition 1946.

Giedion, Siegfried, *"Space, Time and Architecture. The growth of a new tradition"* (1941), Cambridge, Mass. and London 1967.

Giedion, Siegfried, *"Ewige Gegenwart, Der Beginn der Architektur"*, New York 1964.

Girsberger, Hans and Boesiger, Willy (ed.), *"Le Corbusier, Œuvres complètes 1910–65"*, Zurich 1967.

Giurgola, Romaldo, *"Louis I. Kahn"*, in: Perspecta 3, The Yale Architectural Journal, Yale University, New Haven 1955.

Giurgola, Romaldo, *"Louis I. Kahn, Œuvres 1963–1969"*, in: L' architecture d' aujourd' hui no. 142, 1969.

Giurgola, Romaldo, *"Louis I. Kahn"*, Zurich 1979.

Giurgola, Romaldo, *"Giurgola on Kahn"*, in: American Institute of Architects Journal, Washington, August 1982.

Graf, Douglas, *"Diagrams"*, in: Perspecta 22, The Yale Architectural Journal, Yale University, New Haven, New York 1986.

Graf, Hermann, *"Bibliographie zum Problem der Proportionen"*, Speyer 1958.

Guerin, Jules, *"Egypt and its Monuments"*, Illustrator, second edition, New York 1880.

Gutschow, Niels and Piper, Jan, *"Indien"*, Cologne 1986.

Hambidge, Jay, *"Practical Applications of Dynamic Symmetry"*, New Haven 1930.

Hahnloser, Hans Rudolf, *"Villard de Honnecourt"*, Graz 1972, first edition Vienna 1935.

Hennessy, Richard, *"Current monumental architecture"*, in: Architectural Forum, 1970.

Hitchcock, Henry-Russell and Johnson, Philip, *"The International Style: Architecture since 1922"*, The Museum of Modern Art, New York 1932.

Hitchcock, Henry-Russell, *"Architecture of the Nineteenth and Twentieth Century"*, The Pelican History of Art, Harmondsworth, Middlesex 1958.

Hitchcock, Henry-Russell, *"Notes of a traveller: Wright and Kahn"*, Zodiac 6, 1960.

Hichens, Robert Smythe, *"Egypt and its Monuments"*, second edition, New York 1880.

Hochstim, Jan, *"The Paintings and Sketches of Louis Kahn"*, New York 1991.

Huxtable, Ada Louise, in: *"The New York Times"*, 1970; quoted from: Susan Braudy, *"The Architectural Metaphysic of Louis Kahn"*, in: *"The New York Times Magazine"*, 15 November 1970.

James, Kathleen, *"Ahmedabad, Ruins, Cutouts and Courtyards: Louis I. Kahn's Indian Institute of Management"*, master's thesis at the University of Pennsylvania, Prof. Brownlee, 1988.

Jansen, Michael and Fischer, Klaus and Piper, Jan, *"Architektur des indischen Subkontinents"*, Darmstadt 1987.

Johnson, Philip and Hitchcock, Henry-Russell, *"The International Style: Architecture since 1922"*, The Museum of Modern Art, New York 1932.

Jung, Carl Gustav, *"Mandala, Bilder aus dem Unbewußten"*, Düsseldorf 1977.

Kahn, Louis I., *"Monumentality"*, essay 1944, published in Perspecta 2, The Yale Architectural Journal, Yale University, New Haven 1953.

Kahn, Louis I., *"On order"*, in: Perspecta 3, The Yale Architectural Journal, Yale University, New Haven 1955.

Kahn, Louis I., *"New Frontiers in Architecture: CIAM in Otterlo"*, New York 1961.

Kahn, Louis I., *"Remarks"*, Perspecta 9/10, The Yale-University Journal, Yale University, New Haven 1965.

Kahn, Louis I., Interview in: Architectural Forum, July/August 1966.

Kahn, Louis I., *"Statements on Architecture"*, in: Zodiac 17, 1967.

Kahn, Louis I., *"Silence and Light"*, in: Ronner/Ihaveri, Complete Work, lecture at the ETH Zurich 1969.

197

Kahn, Louis I., — *"How' m I Doing, Corbusier?"*, The Pennsylvania Gazette, Volume 71, no. 3, Dec. 1972.

Kahn, Louis I., — *"Louis Kahn Defends"*, in: Wurman, Richard Saul, *"What will be has always been – The words of Louis I. Kahn"*, New York 1986.

Kahn, Louis I., — The Louis I. Kahn Archives, *"The Personal Drawings of Louis I. Kahn in Seven Volumes"*, New York 1987–88.

Kass, Spencer R., — *"The voluminous wall"*, in: The Cornell Journal of Architecture, Cornell University, Ithaca, New York 1987.

Kaufmann, Emil, — *"Three revolutionary Architects, Boullée-Ledoux-Lequeu"*, American Philosphical Society, October 1952; German edition: Staatliche Kunsthalle Baden-Baden und Gesellschaft der Freunde junger Kunst e. V., second impression 1971, published jointly with the Institute for the Arts, Rice University, Houston.

Klotz, Heinrich and Cook, John W., — *"Conversations with Architects"*, New York 1973.

Komendant, August, — *"18 Years with Architect Louis I. Kahn"*, Englewood, New Jersey, 1975.

Kruft, Hanno-Walter, — *"Geschichte der Architekturtheorie"*, Munich 1985, 2nd impression 1986.

Kultermann, Udo, — *"Kleine Geschichte der Kunsttheorie"*, Darmstadt 1987.

Langford, Fred, — *"Concrete in Dhaka"*, in: "Mimar 6", The Architectural Journal, Singapore, Oktober 1982.

Latour, Alessandra (ed.), — *"Louis I. Kahn, L'uomo, il maestro"*, Rome 1986.

Latour, Alessandra (ed.), — *"Louis I. Kahn, Writings, Lectures, Interviews"*, New York 1991.

Latour, Alessandra (ed.), — *"Louis I. Kahn, Die Architektur und die Stille"*, selected texts in German translation, Basel 1993.

Le Corbusier, — *"Vers une Architecture"*, Paris 1924

Le Corbusier, — *"Modulor"*, Paris 1948.

Le Corbusier, — *"Modulor 2"*, Paris 1955.

Le Corbusier, — *"Œuvres complètes 1910–65"*, edited by Willy Boesiger and Hans Girsberger, Zurich 1967.

March, Lionel and Sheine, Judith, — *"RM Schindler, Composition and Construction"*, London and Berlin 1993.

McLaughlin, Patricia, — Interview mit Kahn: *"How' m I Doing, Corbusier?"*, in: The Pennsylvania Gazette, Volume 71, no. 3, Dec. 1972.

Meyers, Marshall, — *"The wonder of the natural thing"*, interview with Louis I. Kahn in August 1972; The Louis I. Kahn Collection, University of Pennsylvania, Philadelphia, Box LIK 113.

Moessel, Ernst, — *"Urformen des Raumes als Grundlagen der Formgestaltung"*, Munich 1931.

Moholy-Nagy, — *"The Future of the Past"*, in: Perspecta 7, The Yale Architectural Journal, Yale University, New Haven 1961.

Naredi-Rainer, Paul von, — *"Architektur und Harmonie"*, Cologne 1982/89.

Naredi-Rainer, Paul von, — *"Musiktheorie und Architektur"*, essay 1983.

Neumeyer, Fritz, — *"Mies van der Rohe, das kunstlose Wort"*, Berlin 1986.

Newman, Oscar (ed.), — *"New Frontiers in Architecture: CIAM in Otterlo"*, New York 1961.

O'Gorman, James F., — *"The Architecture of Frank Furness"*, Philadelphia Museum of Art, Philadelphia 1973.

Panofsky, Erwin, — *"Idea, Ein Beitrag zur Begriffsgeschichte der älteren Kunsttheorie"*, Berlin 1924, here 6th impression 1989.

Panofsky, Erwin, — *"Aufsätze zu Grundfragen der Kunstwissenschaft"*, Berlin 1964/1992.

Perrot, Georges and Chipiez, Charles, — *"Geschichte der Kunst im Altertum-Ägypten"*, Leipzig 1884.

Pevsner, Nikolaus, — *"Pioneers of Modern Movement"*, London 1936, New York 1949.

Pfeifer, Franz Xaver, — *"Der Goldene Schnitt"*, Wiesbaden 1885.

Piper, Jan, — *"Die anglo-indische Station"*, Antiquitates Orientales vol. 1, Bonn 1977.

Piper, Jan and Fischer, Klaus and Jansen, Michael, — *"Architektur des indischen Subkontinents"*, Darmstadt 1987.

Plato, — Complete Works. German translation by Friedrich Schleiermacher and Hieronymus Müller, Hamburg 1957/58.

Reed, Peter S., in: Brownlee, David B. and De Long, David, — *"Louis I. Kahn, In the Realm of Architecture"*, New York, 1991.

Ronner, Heinz and Ihaveri, Sharad, — *"Louis I. Kahn, Complete Work 1935–1974"*, Basel/Boston 1987.

Ronner, Heinz, — *"Zur Entstehung des Complete Work von Louis I. Kahn"*, essay, ETH Zurich 1988.

Rothermund, Dietmar, — *"Indien"*, Munich 1990.

Rowe, Colin, — *"The Mathematics of the Ideal Villa and Other Essays"*, The Massachusetts Institute of Technology, Cambridge and London 1982, here 1989.

Rykwert, Joseph, — *"The First Moderns"*, The Massachusetts Institute of Technology, Cambridge 1980.

Sarnitz, August, — *"Rudolph Michael Schindler, Architect"*, New York 1988; original edition: Akademie der Bildenden Künste, Vienna 1986.

Schindler, Rudolph Michael, — *"Selected Writings"* (and other essays) in: *"RM Schindler, Composition and Construction"*, ed. by Lionel March and Judith Sheine, London and Berlin 1993.

Scully, Vincent, — *"The heritage of Wright"*, in: Zodiac 6, 1960.

Scully, Vincent, — *"Louis I. Kahn"*, from the series *"Architects of Today"*, New York 1962; German edition 1962, Ravensburg.

Scully, Vincent, — *"Light, Form and Power"*, in: Architectural Forum, 1964.

Scully, Vincent, — *"American Architecture and Urbanism"*, New York 1969 and new edition 1988.

Scully, Vincent, — *"Works of Louis I. Kahn and his method"*, lecture at the IAUS-Konferenz in New York, 1974; published as an essay in: "Architecture and Urbanism, Louis I. Kahn", Tokyo 1975.

Scully, Vincent, — *"Travel Sketches of Louis Kahn"*, Pennsylvania Academy of Fine Arts, Philadelphia 1978.

Sedlmayr, Hans, — *"Gestaltetes Sehen"*, essay in: Belvedere 8, 1925.

Sedlmayr, Hans, — *"Die Architektur Borrominis"*, original edition Piper Verlag, Munich 1939, new edition Hildesheim 1986.

Sedlmayr, Hans, — *"Verlust der Mitte"*, Salzburg 1948, 8th impression 1965, written 1943–45.

Serenyi, Peter, — *"Timeless but of its Time: Le Corbusier's Architecture in India"*, in: Perspecta 20, The Yale Architectural Journal, Yale University, New Haven and The Massachusetts Institute of Technology, Cambridge 1983.

Smith, Baldwyn, — *"Egyptian Architecture as Cultural Expression"*, New York 1938; in: Fine-Arts Library, University of Pennsylvania, Philadelphia, Furness-Building.

Smithson, Peter and Alison, — *"Louis Kahn"*, in: "Architects Yearbook no. 9", 1960.

Taylor, Brian Brace, — *"Dhaka"*, in: "Mimar 6", The Architectural Journal, Singapore October 1982.

Thies, Harmen, — *"Grundrißfiguren Balthasar Neumanns. Zum maßstäblich-geometrischen Rißaufbau der Schönbornkapelle und der Hofkirche in Würzburg"*, Florence 1980.

Thies, Harmen, — *"Michelangelo, Das Kapitol"*, published by the Art-Historical Institute in Florence, Munich 1982.

Thies, Harmen, — *"Zu den Wurzeln der Modernen Architektur, Teil 1"*, journal of the Braunschweigische Wissenschaftliche Gesellschaft, Göttingen 1988.

Tigerman, Stanley, — in: Wurman, Richard Saul, *"What will be has always been – The words of Louis I. Kahn"*, New York 1986.

Tigerman, Stanley, — *"Mies van der Rohe: A Moral Modernist Model"*, in: Perspecta 22, The Yale Architectural Journal, Yale University, New Haven, New York 1986.

Tucci, Guiseppe, — *"Geheimnis des Mandala"*, Bern 1972.

Tyng, Alexandra, — *"Beginnings, Louis I. Kahn's Philosophy of Architecture"*, New York 1984.

Tyng, Anne Griswold, — *"Louis I. Kahn's 'Order' in the Creative Process"*, in Latour, *"Louis I. Kahn's, l'Uomo, il Maestro"*, Rome 1986.

Tyng, Anne Griswold, — *"The Energy of Abstraction in Architecture: a Theory of Creativity"*, dissertation at the University of Pennsylvania, Philadelphia 1975.

Vallhonrat, Carles Enriquez, — *"Tectonics Considered"*, in: Perspecta 24, The Yale Architectural Journal, Yale University, New Haven, New York 1988.

Venturi, Robert, — *"Complexity and Contradiction in Architecture"*, Museum of Modern Art, New York 1966.

Vitruv (Marcus Vitruvius Pollio) — *"De architectura libri decem"*. German translation by Dr. Curt Fensterbusch, Darmstadt 1964, 4th edition 1987.

Volkmann, Hans, — *"Giovanni Battista Piranesi, Architekt und Graphiker"*, Berlin 1965.

Williams, Robin B., — in: Brownlee, David B. and De Long, David, *"Louis I. Kahn, In the Realm of Architecture"*, New York, 1991.

Wilton-Ely, John, — *"The Mind and Art of Giovanni Battista Piranesi"*, London 1978.

Wittkower, Rudolf, — *"Das Problem der Bewegung innerhalb der manieristischen Architektur"*, in: manuscript of the Festschrift for Walter Friedländer's 60th birthday, Art-Historical Institute Florence, no. C 1109 q (by Thies).

Wittkower, Rudolf, — *"Systems of Proportions"*, Architects Yearbook 5, Journal of The Warburg and Courtauld Institutes, London 1953.

Wittkower, Rudolf, — *"Architectural Principles in the Age of Humanism"*, London 1949 and London and New York 1952.

Wright, Frank Lloyd, — Complete Works, edited by Bruno Zevi, Zurich 1980.

Wright, Frank Lloyd, — *"Letters to Architects"*, letters to and from F. L. W. selected and with a commentary by Bruce Brooks Pfeiffer, Los Angeles 1984.

Wurman, Richard Saul and Feldman, Gene, — *"The Notebooks and Drawings of Louis I. Kahn"*, New York 1962.

Wurman, Richard Saul, — *"What will be has always been – The words of Louis I. Kahn"*, New York 1986.

Zeising, Adolf, — *"Schriften zur Proportionslehre"*, Leipzig 1875.

Zevi, Bruno, — *"Frank Lloyd Wright"*, Zurich 1980.